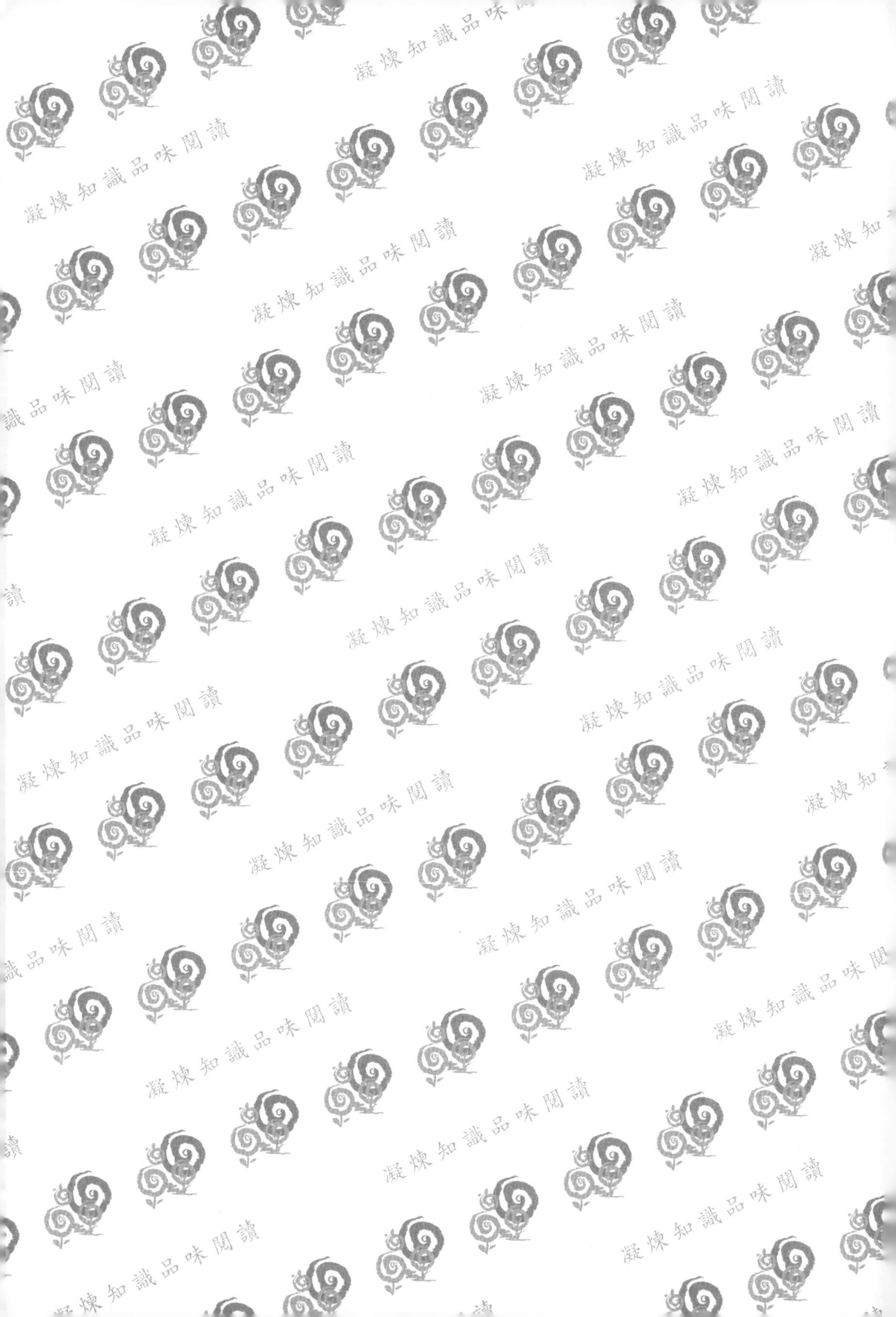
凝煉知識品味閱讀

基礎微積分

—第七版—

Basic Calculus

黃學亮 編著

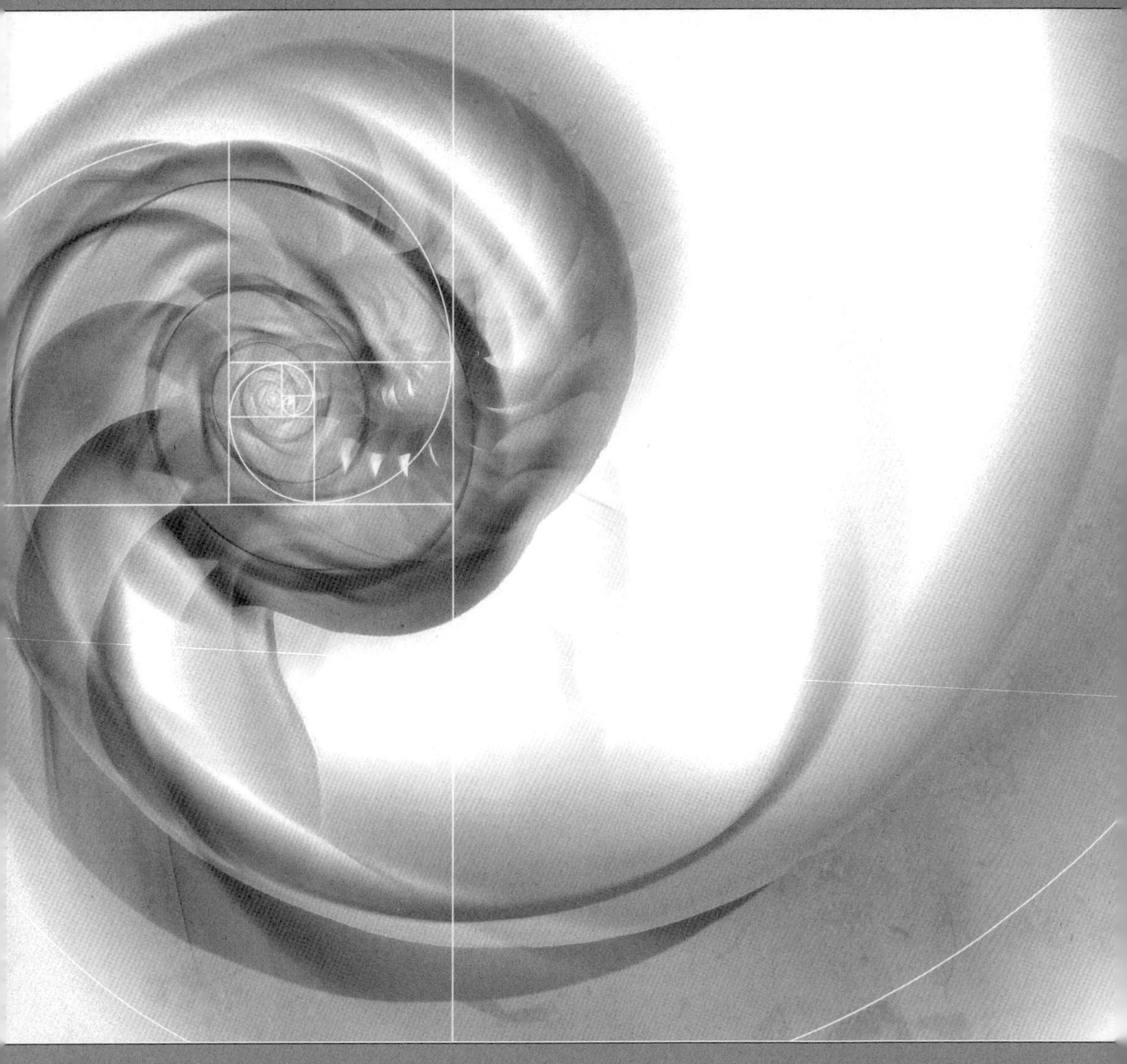

五南圖書出版公司 印行

自序

這本書專供「微積分」或「基礎數學」課程教學使用，因此在寫作上保持精簡、易讀二大原則：

1. 所有例題、習題均經篩選，在難度上均不脫離基本問題之框架；同時有許多例題是以題組或一題多解方式出現，讀者可比較它們解法上之異同，同時亦可啓發讀者學習上之靈感。
2. 本書在寫作上不特別強調嚴謹性，部分定理除非在導證過程中具有啓發性或可提升讀者解題技巧外，均只列結果而不予導證。
3. 在每節重要或關鍵處均設有隨堂演練，教師可在課堂上先令同學練習然後請幾位同學在黑板演算，教師可從旁對其解題過程、表達方式予以評論，同時也可驗收教學成效。如果成效不理想，教師可再提供訓練教材，並施以隨堂演練。以我的教學經驗，這種教學方式可收最佳學習效果之利。

本書之適用範圍很廣，不同之讀者群各有其特殊之研究領域，學習生命科學的讀者或許對環境污染或生態方面之數學模式感到興趣，但對經濟之需求彈性、生產函數等興趣缺缺，反之亦然。因此本書將這些專業應用排除在外，以便讀者能焦注於奠定微積分基礎，為了彌補這方面之不足，教師得令同學蒐集微積分在自己專業領域應用之有關報告，應更有意義且更能提高同學學習之動機。

五南編輯部在本書寫作過程中，給我許多寶貴意見，在此特予致謝，此外因作者在這方面經驗仍嫌不足，謬誤之處在所難免，尚祈海內外方眾不吝賜正，不勝感荷。

黃學亮　敬識

目　錄

第 1 章

函數與極限

1.1 函數

1.1.1 函數定義

微積分之課題不論極限微分，積分，無窮級數等均以函數爲討論主題，因爲函數已爲讀者所熟悉，所以我們只做扼要復習。

定義 若 A, B 爲二個非空集合，若對 A 中之每一個元素 x 都能在 B 中恰有一個元素 y 和 x 對應，則稱這種對應爲函數，以 $y = f(x)$ 或 $f : x \to y$ 表示。所有 x 所成之集合爲**定義域**（Domain），所有所成之集合爲**值域**（Range）。

函數 $y = f(x)$ 之 x 稱爲**自變數**（Independent Variable），y 爲**因變數**（Dependent Variable）。

函數 $f(x)$ 之 x 爲**啞變數**（Dummy Variable）。意即二個函數，若它們有相同之對應域及對應法則，那麼我們稱這二個函數相等。例如 $f(x) = x^2$，$1 \geq x \geq 0$，$g(t) = t^2$，$1 \geq t \geq 0$，$h(y) = y^2$，$1 > y > 0$，則 $f = g$ 但 $f \neq h$，$g \neq h$（因定義域不同）

例 1. 問下列那個對應是函數，何故？

(1)

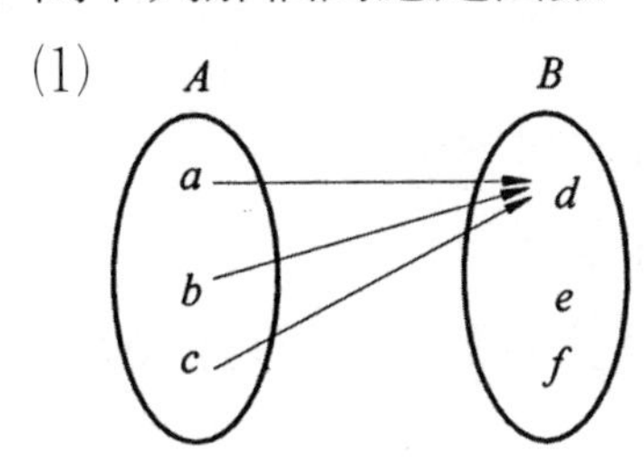

(2)

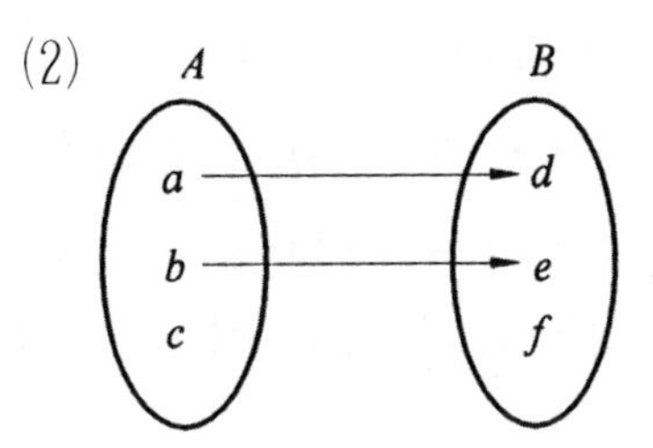

(3)

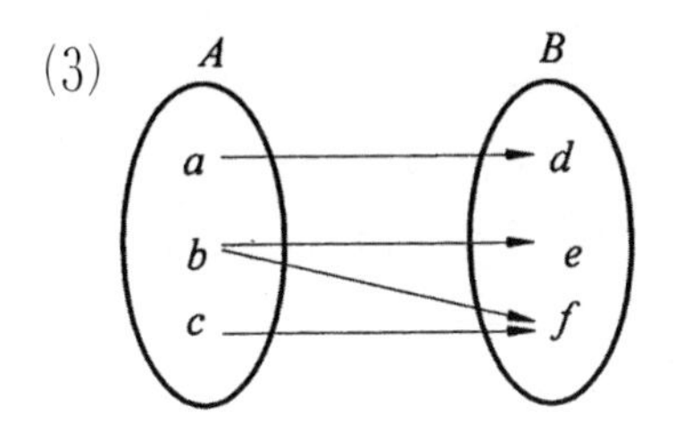

解 (1) A 中每一元素在 B 中均恰有一元素 d 與之對應，故爲函數。

(2) A 中之元素 c 在 B 中沒有元素與之對應，故不爲函數。

(3) A 中之元素 b 在 B 中有 2 個元素 e 與 f 與之對應，故不爲函數。

例 2. 若 $f(x) = 2x^2 + 1$，求 (1) $f(-2)$，(2) $f(0)$，(3) $f(3)$？

解 (1) $f(-2) = 2(-2)^2 + 1 = 2 \cdot 4 + 1 = 9$

(2) $f(0) = 2(0)^2 + 1 = 2 \cdot 0 + 1 = 1$

(3) $f(3) = 2(3)^2 + 1 = 2 \cdot 9 + 1 = 19$

例 3. $f(x) = \begin{cases} x^2 + 1 & ,x \le 1 \\ 2x - 3 & ,x > 1 \end{cases}$，求 (1) $f(-2)$，(2) $f(4)$，(3) $f(0)$，(4) $f(1)$？

解 (1) $f(-2)=(-2)^2+1=4+1=5$

(2) $f(4)=2\times 4-3=5$

(3) $f(0)=(0)^2+1=0+1=1$

(4) $f(1)=(1)^2+1=1+1=2$

我們將稱類似例 3 之函數爲分段函數或條件函數。

隨堂演練

1.1A

1. 若 $f(x)=\begin{cases}3x^2-1, & 6\le x\le 15\\ 2x+5, & -6\le x<6\\ -3, & x<-6\end{cases}$，求 $f(20)$, $f(10)$, $f(6)$, $f(-6)$

2. 若 $f(x)=\begin{cases}x+|x-2|, & x>-3\\ x-|3x-2|, & x\le -3\end{cases}$，求 $f(2)$, $f(0)$, $f(-4)$？

〔提示〕

1. 無意義，299，107，-7

2. 2，2，-18

例 3. 中有因代數上之理由而必須對定義域加以限制的情形。本書以 R 表示實數。

例 3. 求下列各函數之定義域？

(1) $f_1(x)=x^2-3x+1$，

(2) $f_2(x)=\sqrt{x-2}$，

(3) $f_3(x)=\dfrac{1}{\sqrt{x-2}}$，

(4) $f_4(x)=log(1-x)$，

(5) $f_5(x)=\dfrac{1}{x^2+x-2}$。

解 (1) $f_1(x)=x^2-3x+1$ 之定義域為所有實數（因對任一個實數 x 而言，$f_1(x)=x^2-3x+1$ 均有意義）。

(2) $f_2(x)=\sqrt{x-2}$ 之定義域為 $x-2\geq 0$ 即 $x\geq 2$。

(3) $f_3(x)=\dfrac{1}{\sqrt{x-2}}$ 之定義域為 $x>2$（$\because$ $x=2$ 時分母為 0，造成 $f_3(x)$ 無意義）。

(4) $f_4(x)=log(1-x)$ 之定義域為 $1-x>0$ 即 $x<1$。

(5) $f_5(x)=\dfrac{1}{x^2+x-2}=\dfrac{1}{(x+2)(x-1)}$ 之定義域為除了 $-2, 1$ 外之所有實數 x（$\because$ $x=-2, 1$ 時 $f_3(x)$ 之分母為 0，造成 $f_5(x)$ 無意義）。在微積分我們常用**區間**（Interval）來表達不等式範圍：

不等式	區間	圖示
$a<x<b$	(a, b)	a b
$a<x\leq b$	$(a, b]$	a b
$a\leq x<b$	$[a, b)$	a b
$a\leq x\leq b$	$[a, b]$	a b

$a < x < \infty$	(a, ∞)	a
$a \leq x < \infty$	$[a, \infty)$	a
$-\infty \leq x < b$	$(-\infty, b)$	b
$-\infty < x \leq b$	$(-\infty, b]$	b

若不等式一端有 ∞ 或 $-\infty$ 時，其對應之區間將稱無限區間，∞ 與 $-\infty$ 之意義將在後面說明。

我們過往學習函數時，是將函數式併同定義域一併寫出才稱完整。我們在微積分常用**自然定義域**（Natural Domain）。

自然定義域是指使函數式有意義之所有實數所成之集合，例如：當看到一個敘述「對 $f(x) = \log(x-1)$ 微分」，我們便可知 $f(x)$ 之定義域為 $x > 1$，即 $(1, \infty)$，採自然定義域時之定義域可不必寫而逕寫函數式即可。

隨堂演練

1.1B

1. 求 $f_1(x) = x^2 + x + 1$ 之定義域。
2. 求 $f_2(x) = \dfrac{3}{x^2 - 1}$ 之定義域。

〔提示〕

1.R　2. $x \neq \pm 1$

本書以 R 表示所有實數所成之集合。

1.1.2 合成函數

合成函數（Composition of Functions）是指一個變數之函數值作爲另一個函數之定義域元素，下圖便是一個合成函數的圖示：

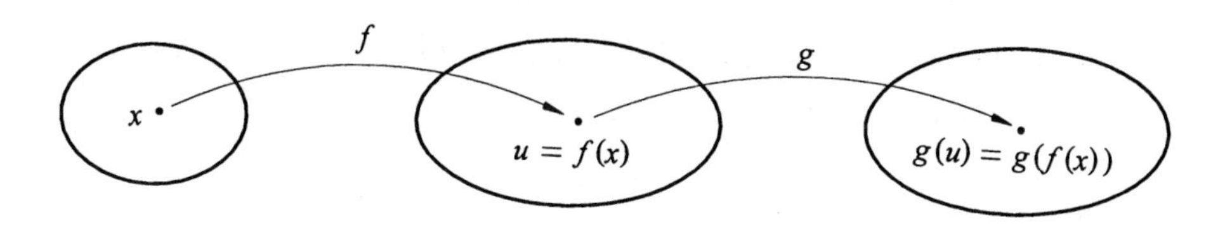

我們可用系統的觀點來看合成函數，在系統Ⅰ，我們把 x 投入，經過轉換 $f(x)$ 而得到產出 $u=f(x)$，再將 $u=f(x)$ 投入系統Ⅱ，透過系統Ⅱ之轉換而得到產出 $g(u)=g(f(x))$。

定義 設 f, g 爲二個函數：其中 $f: x \to f(x)$，$x \in A$；
$g: x \to g(x)$，$x \in B$，則定義：
$f(g(x))$ 之定義域爲 $\{x \mid g(x) \in A$ 且 $x \in B\}$
$g(f(x))$ 之定義域爲 $\{x \mid f(x) \in B$ 且 $x \in A\}$

合成函數之定義域看似複雜，但它是很直覺的，以 $f(g(x))$ 爲例，在計算 $f(g(x))$ 時首先 $f(x)$ 必須有意義，故 $g(x)$ 必須在 f 之定義域 A 內，其次 $g(x)$ 要有意義，則 x 必須在 g 之定義域 B 內，因此 $f(g(x))$ 之定義域爲 $\{x \mid g(x) \in A$, 且 $x \in B\}$，其餘之情況同理可推。

我們可以說合成函數是函數的函數，下面是有關合成函數的幾個計算例。

例 4. 若 $f(x)=2x+1, g(x)=x^2$，求：(1) $f(f(x))$，(2) $f(g(x))$，(3) $g(f(x))$，(4) $g(g(x))$？

解 (1) $f(f(x))=2f(x)+1=2(2x+1)+1=4x+3$

(2) $f(g(x))=2g(x)+1=2x^2+1$

(3) $g(f(x))=(f(x))^2=(2x+1)^2$

(4) $g(g(x))=(g(x))^2=(x^2)^2=x^4$。

例 5. 若 $f(x)=2x+1$，求 $f(x-1)$？

解 取 $g(x)=x-1$ 則 $f(x-1)=f(g(x))=2g(x)+1=2(x-1)+1=2x-1$

例 6. 若 $t(x)=(x^2+1)^4$，試找出二個函數 $f(x)$ 與 $g(x)$，使得 $f(g(x))=t(x)$。

解 我們可取 $f(x)=x^2, g(x)=(x^2+1)^2$，則

$f(g(x))=f((x^2+1)^2)=((x^2+1)^2)^2=(x^2+1)^4$

當然我們也可取 $f(x)=x^4, g(x)=x^2+1$，或 $f(x)=x^8$, $g(x)=\sqrt{x^2+1}$……，因此，取法不只一種。

例 7. 若 $t(x)=\sqrt[3]{(x^2+1)^2}+\dfrac{1}{x^2+1}$，試找出二個函數 $f(x), g(x)$ 使得 $f(g(x))=t(x)$。

解　$t(x)=\sqrt[3]{\square^2}+\dfrac{1}{\square}$，$\square=x^2+1$

$\therefore$我們可取 $f(x)=\sqrt[3]{x^2}+\dfrac{1}{x}$, $g(x)=x^2+1$

隨堂演練

1.1C

1. $f(x)=x^2$, $g(x)=3x-1$

   求 $f(g(x))$, $g(g(x))$, $f(f(x))$, $g(f(x))$？

2. 若 $f(x)=(x+1)^2+\dfrac{1}{(x+1)^4}$，試求二個函數 $g(x)$ 及 $h(x)$ 使得 $g(h(x))=f(x)$？

〔提示〕

1. $(3x-1)^2$，$9x-4$，x^4，$3x^2-1$

2. $g(x)=x+\dfrac{1}{x^2}$，$h(x)=(x+1)^2$ 或 $g(x)=x^2+\dfrac{1}{x^4}$，$h(x)=x+1$……

例 8. 若 $f(x+1)=x^2+x+1$，求 $f(x)$

解　方法一（代換法）

取 $y=x+1$，則 $x=y-1$，代此入 $f(x+1)=x^2+x+1$

得 $f(y)=(y-1)^2+(y-1)+1=y^2-y+1$

即 $f(x)=x^2-x+1$

方法二（湊型法）：

$$f(x+1)=x^2+x+1=(x+1)^2-x$$

$$=(x+1)^2-(x+1)+1$$

$\therefore f(x)=x^2-x+1$

例 9. 若 $f\left(x+\frac{1}{x}\right)=x^2+\frac{1}{x^2}$，求 $f(x)$

解 利用湊型法：

$$f\left(x+\frac{1}{x}\right)=x^2+\frac{1}{x^2}=\left(x+\frac{1}{x}\right)^2-2$$

$$\therefore f(x)=x^2-2$$

例 10. 若函數 f 滿足 $f(x)+f(y)=f(xy),\ \forall x, y\in R$，

(a) 試證 $f(1)=0$

(b) $f(x)=-f(\frac{1}{x}),\ x\neq 0$

(c) $f(\frac{x}{y})=f(x)-f(y),\ y\neq 0$

解 (a) 令 $x=y=1$ 則 $2f(1)=f(1)$ $\therefore f(1)=0$

(b) $f(x)+f(\frac{1}{x})=f(x\cdot\frac{1}{x})=f(1)=0$

$\therefore -f(\frac{1}{x})=f(x)$

(c) $f(\frac{x}{y})=f(x)+f(\frac{1}{y})=f(x)-f(y)$，由 (b)

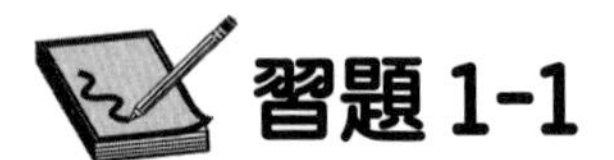

習題 1-1

1. $f(x)=\begin{cases}3x-2 & ,x>3\\ 2+x & ,3\geq x>-1\\ -5 & ,x\leq -1\end{cases}$

求 (1) $f(4)$ (2) $f(3)$ (3) $f(-1)$ (4) $f(0)$ (5) $f(-\pi)$

(6) $f(\frac{\pi}{2})$？

2. 求 (1) $f_1(x)=\sqrt{9-x^2}$　(2) $f_2(x)=\sqrt{x^2-9}$

　(3) $f_3(x)=\dfrac{1}{\sqrt{9-x^2}}$　(4) $f_4(x)=\dfrac{1}{\sqrt{x^2-9}}$ 之定義域？

3. 下列哪一個函數滿足 $f(x+y)=f(x)+f(y)$？

　(1) $f_1(x)=3x$　(2) $f_2(x)=2x+5$　(3) $f_3(x)=3^x$。

4. 若 $f(x)=x^2, g(x)=3x-5$，求 (1) $f(f(x))$　(2) $f(g(x))$

　(3) $g(f(x))$　(4) $g(g(x))$　(5) $f(f(f(x)))$？

5. $f(x)=\dfrac{x}{x-1}$，求 (1) $f(\dfrac{1}{x})$　(2) $f(f(x))$　(3) $f(\dfrac{1}{f(x)})$

　(4) $f(\dfrac{1}{f(x)-1})$

6. 若 $f(2x)=2f(x)+1$ 且 $f(1)=1$，求 $f(8)=$？

7. $f(x)=x$，$g(x)=\sqrt{x^2}$ 問 $f(x)=g(x)$ 是否成立？

8. $f(x)=\begin{cases}1 & ,0\le x\le 1\\ -1 & ,1<x\le 2\end{cases}$，求 (a) $f(3x)$ 與 (b) $f(x-1)$ 又 (c) 它們的定義域為何？

9. $f(x)=\sqrt{\dfrac{x+1}{x}}$，$g(x)=\dfrac{\sqrt{x+1}}{\sqrt{x}}$，$f(x)$ 與 $g(x)$ 是否相等？

10. 若函數 f 滿足 $f(x+y)=f(x)+f(y)$ 對所有實數 x, y 均成立，(1) 求 $f(0)$，(2) 由 (1) 求 $f(-1)+f(1)$

1.2 極限

1.2.1 直觀極限

極限（Limit）在微積分裡占有很重要的地位，因為以後討論的微分、定積分均建立在極限的基礎上。我們先從直觀之角度來看極限 $\lim_{x\to a} f(x) = l$ 之意思。

我們可想像有一個動點 x，它可從比 a 大的方向（即 a^+）與比 a 小的方向（a^-）不斷向 a 逼近，如果逼近的結果趨向某一個特定值 l，那麼我們說，$f(x)$ 在 $x = a$ 處之極限為 l，反之，若逼近的結果無法趨向某一特定值，那麼我們說 $f(x)$ 在 $x = a$ 處之極限不存在。

a^-　　a　　a^+

例 1. 試猜出 $\lim_{x\to 1}(3x - 1) = ?$

解 我們在 1 之左右鄰近取值：

x	0.997	0.998	0.999	1	1.001	1.002	1.003
$f(x)$	1.991	1.994	1.997	?	2.003	2.006	2.009

因此，當 x 趨近 1 時，$f(x) = 3x - 1$ 趨近 2，即 $\lim_{x\to 1}(3x - 1) = 2$

例 2. 試猜出 $\lim\limits_{x\to 1}\dfrac{x^2-1}{x-1}=$？

解 我們在 1 之左右鄰近取值：

x	0.9997	0.9998	0.9999	1	1.0001	1.0002	1.0003
$f(x)$	1.9997	1.9998	1.9999	？	2.0001	2.0002	2.0003

因此，當 x 趨近 1 時，$f(x)=\dfrac{x^2-1}{x-1}$ 趨近於 2。

在例 1. 中，我們彷彿是將 $x=1$ 代入 $f(x)=(3x-1)$ 中，在例 2. 彷彿是將 $x=1$ 代入 $f(x)=\dfrac{x^2-1}{x-1}=\dfrac{(x-1)(x+1)}{x-1}=x+1$ 中。事實上這種「先消後代」也是計算函數極限之基本方法。

應注意的是，$x\to a$ 表示 x 不斷地趨近定值 a，但是 $x\neq a$。我們將用圖示的方法說明：

右圖是用幾何方式說明極限 $\lim\limits_{x\to 1}\dfrac{x^2-1}{x-1}$，當 x 不斷趨近 1 時 $f(x)$ 則不斷地趨近 2。

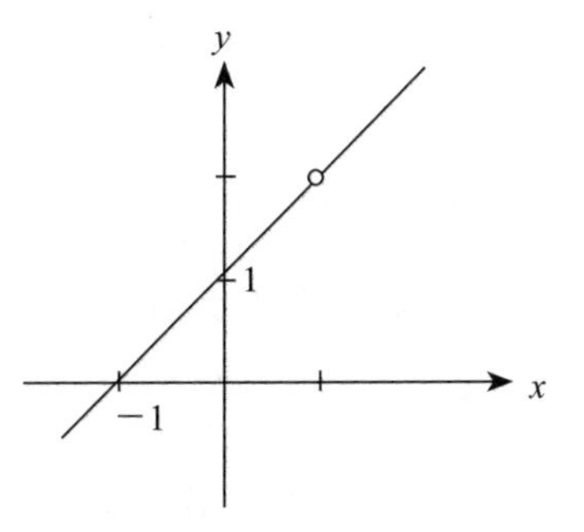

右圖是用幾何方式說明極限敘述 $\lim\limits_{x\to 1}(3x-1)$，當 x 不斷趨近 1 時 $f(x)$ 則不斷地趨近 2。

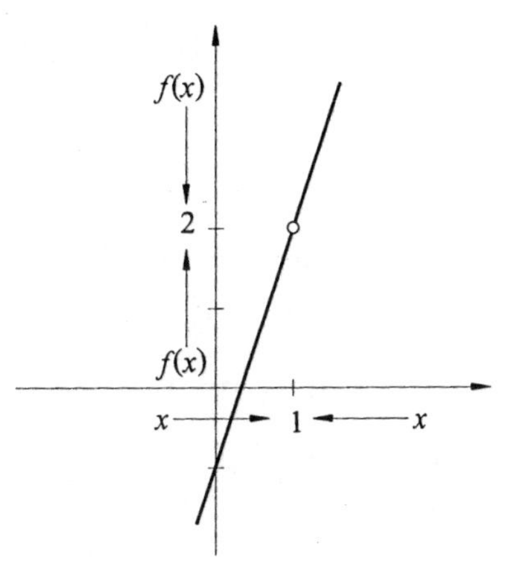

隨堂演練

1.2A

試猜出 $\lim_{x \to 1} \sqrt{x+3} = ?$（可以用電子計算器）

〔提示〕

2

1.2.2 單邊極限

我們在本節前面即已說過 $\lim_{x \to a} f(x) = l$ 之直觀意義，在此，我們將作稍微具體之說明：x 為一動點（a 為固定值），x 由 a 之左邊不斷地向 a 逼近，此時我們可得到一個單邊極限 l_1，以式子表示則為 $\lim_{x \to a^-} f(x) = l_1$，同樣地，我們可由 a 之右邊不斷地向 a 逼近，則我們又可得到另一個單邊極限 l_2，以式子表示則為 $\lim_{x \to a^-} f(x) = l_1$，如果這兩個極限值相等（即 $l_1 = l_2$），便稱 $f(x)$ 在 $x = a$ 時有一極限存在，而這個極限就是 $l_1 = l_2$。

例 3. 若 $f(x) = \sqrt{x}$，(1) $f(0) = ?$ (2) 求 $\lim_{x \to 0^+} \sqrt{x} = ?$ $\lim_{x \to 0^-} \sqrt{x} = ?$
(3) 這個例子說明了什麼？

解 (1) $f(0) = 0$

(2) $\lim_{x \to 0^+} \sqrt{x} = 0$；

$\lim_{x \to 0^-} \sqrt{x}$ 不存在（我們可考慮一個很小的正數 ε，

當 $x\to0^+$ 時，可取 $x=0+\varepsilon(=\varepsilon)$，$x\to0^-$ 時可取 $x=0-\varepsilon(=-\varepsilon)$，則 $\sqrt{x}=\sqrt{-\varepsilon}$ 不在實數系內，故不存在。)

(3) 這個例子說明了 $f(x)$ 之 $f(a)$ 存在，但 $\lim\limits_{x\to a}f(x)$ 未必存在。

注意：微積分中討論者均限於實數系。

例 4. 求 $\lim\limits_{x\to1^+}\sqrt{1-x}=?$ $\lim\limits_{x\to1^-}\sqrt{1-x}=?$

解 我們可仿例 3. 作法當 $x\to1^+$ 時，我們取 $x=1+\varepsilon$，ε 為一很小的正數，則 $\sqrt{1-x}=\sqrt{1-(1+\varepsilon)}=\sqrt{-\varepsilon}$ 不為實數，故 $\lim\limits_{x\to1^+}\sqrt{1-x}$ 不存在。

同理：$\lim\limits_{x\to1^-}\sqrt{1-x}=0$，

因此 $\lim\limits_{x\to1}\sqrt{1-x}$ 不存在。

在例 4 我們也可用下列方法求解：

令 $y=1-x$，則 $x\to1^+$ 時 $y\to0^-$，$x\to0^-$ 時 $y\to0^+$

$$\therefore \lim_{x\to1^+}\sqrt{1-x}\xlongequal{y=1-x}\lim_{y\to0^-}\sqrt{y}\text{ 不存在（由例 3）}$$

$$\lim_{x\to1^-}\sqrt{1-x}\xlongequal{y=1-x}\lim_{y\to0^+}\sqrt{y}=0\text{（由例 3）}$$

上述方法稱為變數變換法。變數變數在微積分解題上非常重要。

例 5. 求 (1) $\lim\limits_{x\to4^+}\sqrt[3]{x-4}=?$ (2) $\lim\limits_{x\to4^-}\sqrt[3]{x-4}=?$

解 (1) $x\to4^+$ 時，我們取 $x=4+\varepsilon$，ε 為一很小的正數，則

$\because \sqrt[3]{x-4}=\sqrt[3]{(4+\varepsilon)-4}=\sqrt[3]{\varepsilon}\to0$

$\therefore \lim_{x \to 4^+} \sqrt[3]{x-4} = 0$

(2) $x \to 4^-$ 時，我們取 $x = 4 - \varepsilon$，ε 為一很小的正數，則

$\because \sqrt[3]{x-4} = \sqrt[3]{(4-\varepsilon)-4} = \sqrt[3]{-\varepsilon} \to 0$（$\sqrt[3]{-\varepsilon}$ 仍為實數）

$\therefore \lim_{x \to 4^-} \sqrt[3]{x-4} = 0$

隨堂演練

1.2B

求 $\lim_{x \to -1^+} \sqrt[4]{1+x} = ?$ 及 $\lim_{x \to -1^-} \sqrt[4]{1+x} = ?$

〔提示〕

1. 0　2. 不存在

1.2.3　最大整數函數

x 為一實數，其最大整數函數，記做 $[x]$，若 $n+1 > x \geq n$，n 為整數，則 $[x] = n$，例如 $[3.5] = 3$，$[2] = 2$，$[-1.6] = -2$ 等，故當 x 為整數時 $[x] = x$，若 x 不為整數時，x 之最大整數函數值便是 x 所在那個區間最左邊的整數 n。

本小節要研究有關最大整數函數之極限問題。

例 6. 繪出 $f(x) = [x]$，$-\frac{5}{2} \leq x \leq \frac{5}{2}$ 之圖形。

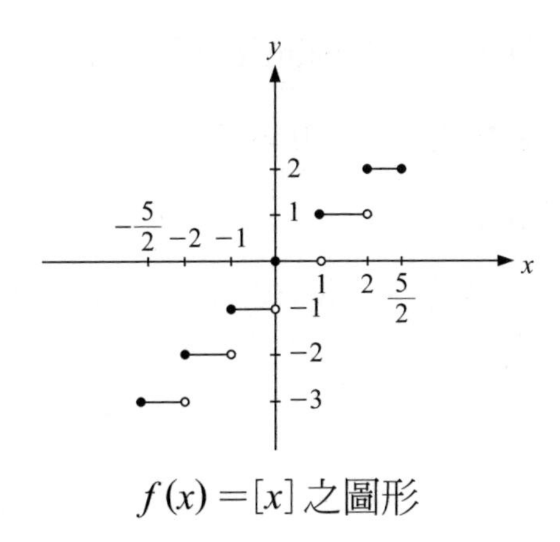

$f(x)=[x]$ 之圖形

例 7. 繪出 $f(x)=[2x]$，$-1 \le x \le 1$ 之圖形。

解

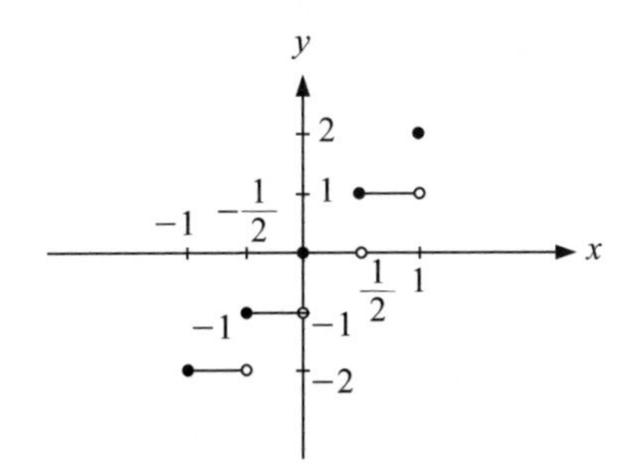

隨堂演練

1.2C

試繪出 $f(x)=[x+1]$ 與 $g(x)=[x]+1$ 之圖形。$-1 \le x \le 1$

現在我們看如何求最大整數函數之極限。

例 8. 求 $\lim_{x \to 1}[x]$，$\lim_{x \to 6.6}[x]$

解 (a) $\lim_{x\to 1^+}[x]=[1+\varepsilon]=1$，$\lim_{x\to 1^-}[x]=[1-\varepsilon]=0$

ε 為很小的正數 $\therefore \lim_{x\to 1}[x]$ 不存在

(b) $\lim_{x\to 6.6}[x]=[6.6]=6$

若 $\lim_{x\to a} f(x)$ 為整數，$\lim_{x\to a}[f(x)]$ 在計算上通常要考慮左、右極限

例 9. 求 $\lim_{x\to 1}[2x-3]$

解 $\lim_{x\to 1^+}[2x-3]=[2(1+\varepsilon)-3]=[-1+2\varepsilon]=-1$

$\lim_{x\to 1^-}[2x-3]=[2(1-\varepsilon)-3]=[-1-2\varepsilon]=-2$，$\varepsilon$ 為很小的正數

$\therefore \lim_{x\to 1}[2x-3]$ 不存在。

隨堂演練

1.2D

求 $\lim_{x\to 2^+}[3x-1]$，$\lim_{x\to 2^-}[3x-1]$

〔提示〕

1. 5　2. 4

1.2.4 分段函數

例 10. 若 $f(x)=\begin{cases} x+1, & x\geq 1 \\ 2x-3, & x<1 \end{cases}$，求 $\lim_{x\to 2} f(x)$，$\lim_{x\to 1} f(x)$

解

$\lim_{x\to 2} f(x) = \lim_{x\to 2}(x+1) = 3$

$\lim_{x\to 1} f(x)$：

$\lim_{x\to 1^+}(x+1) = 2$ 及 $\lim_{x\to 1^-}(2x-3) = -1$

$\therefore \lim_{x\to 1} f(x)$ 不存在。

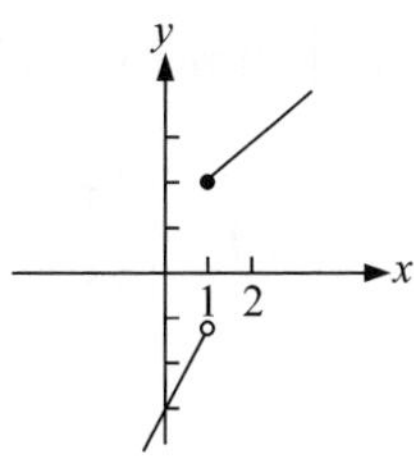

在例 10，$f(x)$ 為分段函數，$x=1$ 為轉折點。在求轉折點之極限便要討論左、右極限。

隨堂演練

1.2E

$f(x)=\begin{cases} x^2, & x>1 \\ x+1, & x\le 1 \end{cases}$，求 $\lim_{x\to 1} f(x)$ 及 $\lim_{x\to -2} f(x)$。

〔提示〕

1. 不存在　2. -1

習題 1-2

1. 求 $\lim_{x\to 1^+}(1+x+x^2)$？
2. 求 $\lim_{x\to 0^+}\sqrt{1+x}=$？
3. 求 $\lim_{x\to -2^-}\sqrt{3+x}=$？
4. 求 $\lim_{x\to 1^+}\sqrt[4]{1+x^2}=$？
5. 求 $\lim_{x\to -1^+}\sqrt[4]{1+3x^2}=$？
6. 求 $\lim_{x\to -2^+}\sqrt{1+x}=$？
7. 求 $\lim_{x\to 0^+}\frac{|x|}{x}=$？及 $\lim_{x\to 0^-}\frac{|x|}{x}=$？
8. 求 $\lim_{x\to 1^-}[1-x]$

9. 求 $\lim\limits_{x\to 2^+}[3x+1]$

10. 求 $\lim\limits_{x\to 1^-}[1+x^2]$

11. $f(x)=\begin{cases}3x+2，x\geq 3\\15-x，x<3\end{cases}$，求 $\lim\limits_{x\to 3}f(x)$

1.3 極限定理

1.2.1 之直觀定義無法方便我們求函數極限，因此，我們需要一個嚴謹之極限定義，從而發展出一套可供有效計算之定理。

1.3.1 極限定義

定義 若存在一個常數 A，使得對任意正數 ε（ε 不論它是多小）均存在正數 δ，使得 $0<|x-a|<\delta$ 時恆有 $|f(x)-A|<\varepsilon$，則稱 x 趨近 a 時 $f(x)$ 之極限爲 A，以 $\lim\limits_{x\to a}f(x)=A$ 表之。

我們將舉一些例子說明極限定義。它在解題上有 2 個步驟：第一步是求 δ 與 ε 之關係，亦即找出一個函數 f，使 $\delta=f(\varepsilon)$，第二步是驗證你找出的關係是正確的，亦即你找出的 δ 與 ε 之關係能合乎極限之定義。

例 1. 求證 $\lim_{x\to 1}(3x+2)=5$

解 （第一步：找出 δ 與 ε 之關係）

$|f(x)-A|=|(3x+2)-5|=3|x-1|<\varepsilon \Rightarrow |x-1|<\frac{\varepsilon}{3}$，

取 $\delta=\frac{\varepsilon}{3}$；

（第二步：證明你找的 δ 與 ε 之關係是對的）

取 $\delta=\frac{1}{3}\varepsilon$，則對任一正數 $\delta>0$ 時，當 $0<|x-1|<\delta$

時恆有 $|(3x+2)-5|=3|x-1|<3\cdot\frac{\varepsilon}{3}=\varepsilon$

由定義 $\lim_{x\to 1}(3x+2)=5$

例 2. 求證 $\lim_{x\to -1}(3x+2)=-1$

解 （第一步：找出 δ 與 ε 之關係）

$|f(x)-A|=|(3x+2)-(-1)|=3|x+1|<\varepsilon$；

$|x+1|<\frac{\varepsilon}{3}$，$\therefore$取 $\delta=\frac{\varepsilon}{3}$。

（第二步：證明你找的 δ 與 ε 之關係是對的），

對 $\delta=\frac{1}{3}\varepsilon$，則對任一正數 $\delta>0$ 時，當 $0<|x+1|<\delta$

時恆有

$|(3x+2)-(-1)|=3|x+1|<3\cdot\frac{\varepsilon}{3}=\varepsilon$

由定義 $\lim_{x\to -1}(3x+2)=-1$

★ 例 3. 求證 $\lim_{x\to a}\sqrt{x}=\sqrt{a}$，$a>0$

解　（第一步：找出 δ 與 ε 之關係）

$$|f(x)-A|=|\sqrt{x}-\sqrt{a}|=\left|\frac{x-a}{\sqrt{x}+\sqrt{a}}\right|=\frac{|x-a|}{\sqrt{x}+\sqrt{a}}<\frac{|x-a|}{\sqrt{a}}=\varepsilon$$

取 $\delta=\sqrt{a}\varepsilon$，

（第二步：證明你找的 δ 與 ε 之關係是對的），由 $\delta=\sqrt{a}\varepsilon$，則對任一正數 $\delta>0$ 時，當 $0<|x-a|<\delta$ 時

恆有 $|\sqrt{x}-\sqrt{a}|=\left|\dfrac{x-a}{\sqrt{x}+\sqrt{a}}\right|<\dfrac{|x-a|}{\sqrt{a}}\cdot\sqrt{a}\varepsilon=\varepsilon$

$\therefore \lim\limits_{x\to a}\sqrt{x}=\sqrt{a}$

隨堂演練

1.3A

求證 $\lim\limits_{x\to 1}(4x-1)=3$

1.3.2　極限定理

上節雖提供我們極限上之一些直覺觀念，但不便用之解算極限問題，因此建立一些基本定理是有其必要的。細心的讀者或可發現這些定理竟與函數計算公式極為相似。

根據定義，我們就可推得一些極限運算之定理：

若 $\lim\limits_{x\to a}f(x)$ 存在；$\lim\limits_{x\to a}g(x)$ 存在，則：

（加則）$\lim\limits_{x\to a}[f(x)+g(x)]=\lim\limits_{x\to a}f(x)+\lim\limits_{x\to a}g(x)$

（減則）$\lim\limits_{x\to a}[f(x)-g(x)]=\lim\limits_{x\to a}f(x)-\lim\limits_{x\to a}g(x)$

（乘則）$\lim\limits_{x\to a}[f(x)\cdot g(x)]=\lim\limits_{x\to a}f(x)\cdot\lim\limits_{x\to a}g(x)$

$\lim\limits_{x\to a}cf(x)=c\lim\limits_{x\to a}f(x)$

（除則）$\lim\limits_{x\to a}\dfrac{g(x)}{f(x)}=\dfrac{\lim\limits_{x\to a}g(x)}{\lim\limits_{x\to a}f(x)}$，$\lim\limits_{x\to a}f(x)\neq 0$

（冪則）$\lim\limits_{x\to a}[f(x)]^p=[\lim\limits_{x\to a}f(x)]^p$，$[\lim\limits_{x\to a}f(x)]^p$存在。

證明　（我們只證明加則）

$$\because\begin{cases}\lim\limits_{x\to a}f(x)=A & \therefore 0<|x-a|<\delta_1\Rightarrow|f(x)-A|<\dfrac{\varepsilon}{2}\\ \lim\limits_{x\to a}g(x)=B & \therefore 0<|x-a|<\delta_2\Rightarrow|g(x)-B|<\dfrac{\varepsilon}{2}\end{cases}$$

取 $\delta=\min(\delta_1,\delta_2)$，則 $0<|x-a|<\delta$ 時有

$$|(f(x)+g(x))-(A+B)|=|(f(x)-A)+(g(x)-B)|$$

$$\leq|f(x)-A|+|g(x)-B|<\frac{\varepsilon}{2}+\frac{\varepsilon}{2}=\varepsilon$$

$$\therefore\lim_{x\to a}[f(x)+g(x)]=A+B=\lim_{x\to a}f(x)+\lim_{x\to a}g(x)$$ ■

在「除則」裡，我們應該知道，若 $\lim\limits_{x\to a}f(x)\neq 0$ 則「除則」毫無問題自然成立，但 $\lim\limits_{x\to a}f(x)=0$ 時，若

(1) $\lim\limits_{x\to a}g(x)=0$ 時，則 $\lim\limits_{x\to a}\dfrac{g(x)}{f(x)}$ 爲不定式。它的極限可能存在也可能不存在。

(2) $\lim\limits_{x\to a}g(x)\neq 0$ 時，則 $\lim\limits_{x\to a}\dfrac{g(x)}{f(x)}$ 不存在。

下面這個公式將是帶動上述定理運算之軸心。

定理 B 若 $f(x)=c_0+c_1x+c_2x^2+\cdots+c_nx^n$，則 $\lim_{x\to a}f(x)=c_0+c_1a+c_2a^2+\cdots+c_na^n=f(a)$

我們將舉一些例子說明上述定理之運算功能。

例 4. 計算：

(1) $\lim_{x\to 1}(3x^2+5x-1)=?$

(2) $\lim_{x\to 1}(3x^2+5x-1)^5=?$

(3) $\lim_{x\to 1}(3x^2+5x-1)(\sqrt{5x+4})=?$

(4) $\lim_{x\to 1}\frac{3x^2+5x-1}{x^2+x-2}=?$

解

(1) $\lim_{x\to 1}(3x^2+5x-1)=3(1)^2+5(1)-1=7$

(2) $\lim_{x\to 1}(3x^2+5x-1)^5=[\lim_{x\to 1}(3x^2+5x-1)]^5=7^5$（由(1)）

(3) $\lim_{x\to 1}(3x^2+5x-1)(\sqrt{5x+4})$

$=\lim_{x\to 1}(3x^2+5x-1)\cdot\lim_{x\to 1}\sqrt{5x+4}$

$=7\sqrt{\lim_{x\to 1}(5x+4)}=7\sqrt{9}=21$

(4) $\lim_{x\to 1}\frac{3x^2+5x-1}{x^2+x-2}=\frac{\lim_{x\to 1}(3x^2+5x-1)}{\lim_{x\to 1}(x^2+x-2)}=\frac{7}{0}$ ∴不存在

隨堂演練

1.3B

1. 求 $\lim_{x\to 1}\sqrt{x^2+1}=?$　2. 求 $\lim_{x\to 1}(x^3+2x+1)(2x-1)=?$

3. 求 $\lim_{x\to 1}\frac{(x+2)(3x+1)}{x^2+x+1}=?$

〔提示〕

1. $\sqrt{2}$　2. 4　3. 4

1.3.3 極限計算之基本方法

本小節我們將介紹極限計算之三個基本方法：因式分解法、有理化法與變數變換法。

因式分解法

例 5. 求 (1) $\lim_{x\to 1}\frac{x^2-1}{x-1}=?$ (2) $\lim_{x\to 1}\frac{x^3-1}{x^2-1}=?$

解

(1) $\lim_{x\to 1}\frac{x^2-1}{x-1}\overset{\frac{0}{0}}{=}\lim_{x\to 1}\frac{(x-1)(x+1)}{x-1}=\lim_{x\to 1}(x+1)=2$

(2) $\lim_{x\to 1}\frac{x^3-1}{x^2-1}\overset{\frac{0}{0}}{=}\lim_{x\to 1}\frac{(x-1)(x^2+x+1)}{(x-1)(x+1)}=\frac{\lim_{x\to 1}(x^2+x+1)}{\lim_{x\to 1}(x+1)}$

$=\frac{3}{2}$

例 5. 之 $\lim_{x\to 1}\frac{x^2-1}{x-1}$ 與 $\lim_{x\to 1}\frac{x^3-1}{x^2-1}$ 均爲 $\frac{0}{0}$ 型，即不定式，但最

後算得之結果卻不相同，這或許是這類極限問題被稱爲不定式之緣由，在求多項式極限，我們知道 $f(x)$ 爲一 n 次多項式時 $\lim_{x\to a} f(x) = f(a)$（定理 B），因此 $\lim_{x\to a}\frac{g(x)}{f(x)} = \frac{\lim_{x\to a} g(x)}{\lim_{x\to a} f(x)}$ 爲 $\frac{0}{0}$ 型時，$g(x)$ 與 $f(x)$ 必定都有 $x-a$ 的因子，因此可透過約分將 $(x-a)$ 提出消掉。

例 6. 求 $\lim_{x\to 1}\frac{x^3-1}{x^2-3x+2}=?$

解

$$\lim_{x\to 1}\frac{x^3-1}{x^2-3x+2} \qquad \left(\frac{0}{0}\right)$$

$$=\lim_{x\to 1}\frac{(x-1)(x^2+x+1)}{(x-1)(x-2)}=\frac{\lim_{x\to 1}(x^2+x+1)}{\lim_{x\to 1}(x-2)}=-3$$

在此，我們將表列一些常用之因式分解公式以供讀者參考。

$$x^2-y^2=(x+y)(x-y)$$
$$x^3-y^3=(x-y)(x^2+xy+y^2)$$
$$x^3+y^3=(x+y)(x^2-xy+y^2)$$
$$x^n-y^n=(x-y)(x^{n-1}+x^{n-2}y+x^{n-3}y^2+\cdots+xy^{n-2}+y^{n-1})$$

例 7. 求 $\lim_{x\to -1}\frac{x^2+x-2}{x+1}=?$

解

$$\lim_{x\to -1}\frac{x^2+x-2}{x+1}=\frac{\lim_{x\to -1}(x^2+x-2)}{\lim_{x\to -1}(x+1)}=\frac{-2}{0}\text{（不存在）}$$

例 8. 求 $\lim_{x\to 1}\frac{1}{x-1}(\frac{1}{x+2}-\frac{1}{2x+1})=?$

解

$$\lim_{x\to 1}\frac{1}{x-1}(\frac{1}{x+2}-\frac{1}{2x+1}) \quad (\infty \cdot 0)$$

$$=\lim_{x\to 1}\frac{1}{x-1}\left(\frac{(2x+1)-(x+2)}{(x+2)(2x+1)}\right)$$

$$=\lim_{x\to 1}\frac{1}{x-1}\cdot\frac{x-1}{(x+2)(2x+1)}$$

$$=\lim_{x\to 1}\frac{1}{(x+2)(2x+1)}=\lim_{x\to 1}\frac{1}{x+2}\cdot\lim_{x\to 1}\frac{1}{2x+1}$$

$$=\frac{1}{3}\cdot\frac{1}{3}=\frac{1}{9}$$

例 8. 是 $0\cdot\infty$型之不定式，這也是除了 $\frac{0}{0}$ 型外另一種常見之不定式，除此之外，不定式還有 $\infty-\infty$, $\frac{\infty}{\infty}$, 1^{∞}, 0^{∞} 等型態，我們會在爾後章節中陸續介紹。

隨堂演練

1.3C

1. 求 $\lim_{x\to -a}\frac{x^2-a^2}{x+a}=?$　　2. 求 $\lim_{x\to -2}\frac{x^3+8}{x^2+3x+2}=?$

3. 求 $\lim_{x\to 0}\frac{1}{x}(\frac{1}{x+2}-\frac{1}{2})=?$

〔提示〕

1. $-2a$　2. -12　3. $-\frac{1}{4}$

有理化法

例 9. 求 $\lim_{x\to 1}\frac{\sqrt{x}-1}{x-1}=?$

解

方法一：$\lim_{x\to 1}\frac{\sqrt{x}-1}{x-1} \quad (\frac{0}{0})$

$$=\lim_{x\to 1}\frac{\sqrt{x}-1}{x-1}\cdot\frac{\sqrt{x}+1}{\sqrt{x}+1}=\lim_{x\to 1}\frac{(\sqrt{x}-1)(\sqrt{x}+1)}{(x-1)}\cdot\lim_{x\to 1}\frac{1}{\sqrt{x}+1}$$

$$=\lim_{x\to 1}\frac{x-1}{x-1}\cdot\lim_{x\to 1}\frac{1}{\sqrt{x}+1}=1\cdot\frac{1}{2}=\frac{1}{2}$$

方法二：$\lim_{x\to 1}\frac{\sqrt{x}-1}{x-1}=\lim_{x\to 1}\frac{\sqrt{x}-1}{(\sqrt{x}-1)(\sqrt{x}+1)}=\lim_{x\to 1}\frac{1}{\sqrt{x}+1}=\frac{1}{2}$

例 10. 求 $\lim_{x\to 1}\frac{\sqrt{1+x}-\sqrt{2}}{x-1}=?$

解

$$\lim_{x\to 1}\frac{\sqrt{1+x}-\sqrt{2}}{x-1}=\lim_{x\to 1}\frac{\sqrt{1+x}-\sqrt{2}}{x-1}\cdot\frac{\sqrt{1+x}+\sqrt{2}}{\sqrt{1+x}+\sqrt{2}}$$

$$=\lim_{x\to 1}\frac{(\sqrt{1+x}-\sqrt{2})(\sqrt{1+x}+\sqrt{2})}{x-1}\cdot\lim_{x\to 1}\frac{1}{\sqrt{1+x}+\sqrt{2}}$$

$$=\lim_{x\to 1}\frac{(\sqrt{1+x})^2-(\sqrt{2})^2}{x-1}\cdot\lim_{x\to 1}\frac{1}{\sqrt{1+x}+\sqrt{2}}$$

$$=\lim_{x\to 1}\frac{1+x-2}{x-1}\cdot\lim_{x\to 1}\frac{1}{\sqrt{1+x}+\sqrt{2}}=\lim_{x\to 1}\frac{x-1}{x-1}\cdot\lim_{x\to 1}\frac{1}{\sqrt{1+x}+\sqrt{2}}$$

$$=1\cdot\frac{1}{2\sqrt{2}}=\frac{1}{2\sqrt{2}}$$

讀者在學過下章的微分學後，易知例 10 相當於求「若 $f(x)=\sqrt{1+x}$，那麼 $f'(1)=?$」在計算上將可省力不少。

隨堂演練

1.3D

求 $\lim_{x\to 2}\frac{\sqrt{x^2+1}-\sqrt{5}}{x-2}=?$

〔提示〕

$\frac{2}{\sqrt{5}}$，在學過微分學後不妨再解若 $f(x)=\sqrt{x^2+1}$ 那麼 $f'(2)=?$

變數變換法

變數變換法之技巧在微積分中極爲重要。

例 11. 求 $\lim_{x\to 1}\frac{1-x}{1-\sqrt[3]{x}}$

解

方法一（有理化法）：

$$\lim_{x\to 1}\frac{1-x}{1-\sqrt[3]{x}}\cdot\frac{1+\sqrt[3]{x}+\sqrt[3]{x^2}}{1+\sqrt[3]{x}+\sqrt[3]{x^2}}$$

$$=\lim_{x\to 1}\frac{1-x}{1-x}(1+\sqrt[3]{x}+\sqrt[3]{x^2})$$

$$=\lim_{x\to 1}\frac{1-x}{1-x}\lim_{x\to 1}(1+\sqrt[3]{x}+\sqrt[3]{x^2})=3$$

方法二（因式分解法）：

$$\lim_{x\to 1}\frac{1-x}{1-\sqrt[3]{x}}=\lim_{x\to 1}\frac{(1-\sqrt[3]{x})(1+\sqrt[3]{x}+\sqrt[3]{x^2})}{1-\sqrt[3]{x}}$$

$$=\lim_{x\to 1}(1+\sqrt[3]{x}+\sqrt[3]{x^2})=3$$

方法三（變數變換法）：

取 $y=\sqrt[3]{x}$，$x\to 1$ ∴ $y\to 1$

$$\lim_{x\to 1}\frac{1-x}{1-\sqrt[3]{x}}$$

$$\overset{y=\sqrt[3]{x}}{=\!=}\lim_{y\to 1}\frac{1-y^3}{1-y}=\lim_{y\to 1}\frac{(1-y)(1+y+y^2)}{1-y}$$

$$=\lim_{y\to 1}(1+y+y^2)=3$$

例 12. 求 $\lim_{x\to 1}\frac{1-\sqrt{x}}{1-\sqrt[3]{x}}$

解

方法一：$\lim_{x\to 1}\frac{1-\sqrt{x}}{1-\sqrt[3]{x}}$

$$=\lim_{x\to 1}\frac{1-\sqrt{x}}{1-\sqrt[3]{x}}\cdot\frac{1+\sqrt[3]{x}+\sqrt[3]{x^2}}{1+\sqrt[3]{x}+\sqrt[3]{x^2}}\cdot\frac{1+\sqrt{x}}{1+\sqrt{x}}$$

$$=\lim_{x\to 1}\frac{(1-\sqrt{x})(1+\sqrt{x})}{(1-\sqrt[3]{x})(1+\sqrt[3]{x}+\sqrt[3]{x^2})}\lim_{x\to 1}\frac{1+\sqrt[3]{x}+\sqrt[3]{x^2}}{1+\sqrt{x}}$$

$$=\lim_{x\to 1}\frac{1-x}{1-x}\lim_{x\to 1}\frac{1+\sqrt[3]{x}+\sqrt[3]{x^2}}{1+\sqrt{x}}$$

$$=\lim_{x\to 1}\frac{1+\sqrt[3]{x}+\sqrt[3]{x^2}}{1+\sqrt{x}}=\frac{3}{2}$$

方法二（變數變換法）：

分母中之根式爲 $\sqrt[3]{x}$，分子之根式爲 $\sqrt{x}$，要如何變數變換才能將根號脫去？一個可行的辦法是取冪次分母 2, 3 之最小公倍數 6，令 $y=x^{\frac{1}{6}}$，則 $x\to 0$ 時 $y\to 0$：

$$\lim_{x\to 1}\frac{1-\sqrt{x}}{1-\sqrt[3]{x}}$$

$$\overset{y=x^{\frac{1}{6}}}{=\!=\!=}\lim_{y\to 1}\frac{1-y^3}{1-y^2}=\lim_{y\to 1}\frac{(1-y)(1+y+y^2)}{(1-y)(1+y)}$$

$$=\lim_{y\to 1}\frac{1+y+y^2}{1+y}=\frac{3}{2}$$

在例 12 之方法二顯然比方法一方便，另一個簡便的方法是用導數之定義 $f'(a)=\lim_{x\to a}=\frac{f(x)-f(a)}{x-a}$。

隨堂演練

1.3E

用變數變換法求 $\lim_{x\to 1}\frac{\sqrt{x}-1}{x-1}$。

〔提示〕

$\frac{1}{2}$

★ **例 13.** 求 $\lim_{x\to 1}\frac{\sqrt[3]{x}+\sqrt{x}-2}{2\sqrt{x}-\sqrt[3]{x}-1}$

解 本例用有理化法可能相當吃力，但用變數變換法，將可省力不少。

$$\therefore \lim_{x\to 1}\frac{\sqrt[3]{x}+\sqrt{x}-2}{2\sqrt{x}-\sqrt[3]{x}-1}\overset{y=\sqrt[6]{x}}{=\!=\!=}\lim_{y\to 1}\frac{y^2+y^3-2}{2y^3-y^2-1}$$

$$=\lim_{y\to 1}\frac{(y^3-1)+(y^2-1)}{(y^3-y^2)+(y^3-1)}$$

令 $y=\sqrt[6]{x}$，則 $x\to 1,\ y\to 1$

$$=\lim_{y\to 1}\frac{(y-1)(y^2+y+1)+(y-1)(y+1)}{y^2(y-1)+(y-1)(y^2+y+1)}$$

$$=\lim_{y\to 1}\frac{y^2+2y+2}{2y^2+y+1}=\frac{5}{4}$$

雜例

當我們面對像

$\lim_{x\to 1}\frac{x^2+2x+a}{x^2-1}=b$，求 a, b

遇到這類問題時，$\lim_{x\to 1}\frac{x^2+2x+a}{x^2-1}=\frac{\lim_{x\to 1}(x^2+2x+a)}{\lim_{x\to 1}(x^2-1)}=b$

因 $\lim_{x\to 1}(x^2-1)=0$，故 $\lim_{x\to 1}(x^2+2x+a)$ 非等於 0 不可，否則極限不存在，應用這個道理，我們可進入例 14～15

例 14. 若 $\lim_{x\to 1}\frac{x^2+2x+a}{x^2-1}=b$，求 a, b

解 $\because \lim_{x\to 1}\frac{x^2+2x+a}{x^2-1}=b$ 且 $\lim_{x\to 1}(x^2-1)=0$

$\therefore \lim_{x\to 1}(x^2+2x+a)=3+a=0$

得 $a=-3$

$\therefore b=\lim_{x\to 1}\frac{x^2+2x-3}{x^2-1}=\lim_{x\to 1}\frac{(x-1)(x+3)}{(x-1)(x+1)}=\lim_{x\to 1}\frac{x+3}{x+1}=2$

例 15. 若 $\lim_{x\to 2}\frac{x^2-4}{x^2+x+a}=b$，$b\neq 0$ 存在，求 a, b 及極限。

解 $\lim_{x\to 2}\frac{x^2-4}{x^2+x+a}=b$，$b\neq 0$ 且 $\lim_{x\to 2}(x^2-4)=0$

$\therefore \lim_{x\to 2}(x^2+x+a)=6+a=0$，得 $a=-6$

從而 $b=\lim_{x\to 2}\frac{x^2-4}{x^2+x-6}=\lim_{x\to 2}\frac{(x-2)(x+2)}{(x-2)(x+3)}=\frac{4}{5}$

習題 1-3

1. 計算

(1) $\lim\limits_{x\to 0}\dfrac{x^2+x}{x}=?$

(2) $\lim\limits_{x\to -2}\dfrac{x^2+5x+6}{x^2+4x+4}=?$

(3) $\lim\limits_{x\to 3}\dfrac{x^2-2x-3}{x^3-27}=?$

(4) $\lim\limits_{x\to 1}\dfrac{x-1}{x^2-x}=?$

(5) $\lim\limits_{h\to 0}\dfrac{\dfrac{1}{8+3h}-\dfrac{1}{8}}{h}=?$

(6) $\lim\limits_{x\to 1}(\dfrac{1}{1-x}-\dfrac{2}{1-x^2})=?$

(7) $\lim\limits_{x\to 0}\dfrac{1}{x}\cdot(\dfrac{1}{x+1}-1)=?$

(8) $\lim\limits_{h\to 0}\dfrac{\sqrt{x+h}-\sqrt{x}}{h}=?$

(9) $\lim\limits_{x\to 25}\dfrac{\sqrt{4+\sqrt{x}}-3}{5-\sqrt{x}}=?$

(10) $\lim\limits_{x\to a^+}\dfrac{\sqrt{x}-\sqrt{a}}{\sqrt{x-a}}$? $a\geq 0$

2. 計算

(1) 若 $\lim\limits_{x\to 1}\dfrac{x^2-7x+a}{1-x}=b$，求 a, b。

(2) 若 $\lim\limits_{x\to 3}\dfrac{x^2+ax-3}{x^3-27}=b$，求 a, b。

3. 證明

(1) $\lim\limits_{x\to a}c=c$

(2) $\lim\limits_{x\to 1}(2x+3)=5$

1.4 連續

由字義而言，一連續函數之圖形應是沒有洞（Holes）或者是躍起（Gap）之未斷曲線，換言之，這種連續函數之圖形是可用筆在正常情況下一筆繪成的。下圖便是典型的連續函數圖形，但是我們可用極限與函數之觀念來對函數之連續性做更精確之描述：

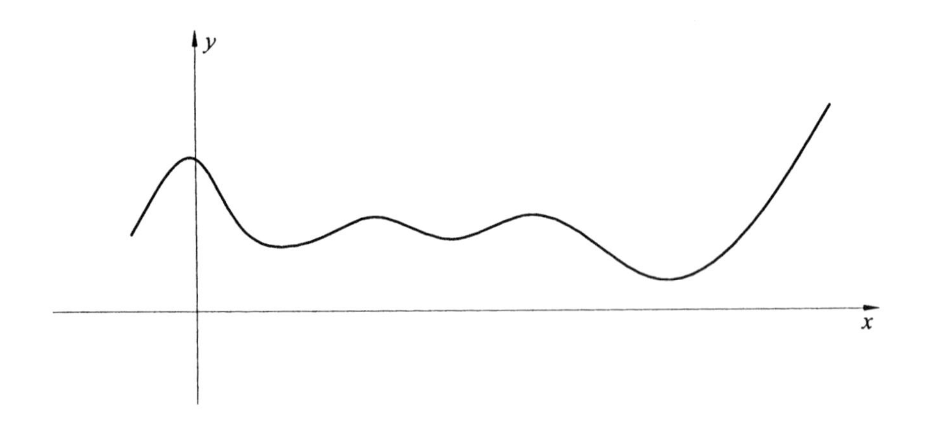

定義 若 $f(x)$ 滿足下述條件則稱 $f(x)$ 在 $x = x_0$ 處連續：

(a) $f(x_0)$ 存在；

(b) $\lim\limits_{x \to x_0} f(x)$ 存在（$\lim\limits_{x \to x_0^+} f(x) = \lim\limits_{x \to x_0^-} f(x)$）；

(c) $\lim\limits_{x \to x_0} f(x) = f(x_0)$。

根據定義，若 $f(x)$ 在 $x = x_0$ 處無法滿足定義中三個條件之任一項，我們便稱 $f(x)$ 在 $x = x_0$ 處不連續。一般而言，**我們判斷 $f(x)$ 在 $x = x_0$ 處是否連續可先從 $\lim\limits_{x \to x_0} f(x)$ 著手，因為 $\lim\limits_{x \to x_0} f(x)$ 一旦不存在，則 $f(x)$ 在 $x = x_0$ 處一定無法連續。**

下面兩個圖形都是 $f(x)$ 在 $x = x_0$ 處不連續之例子：

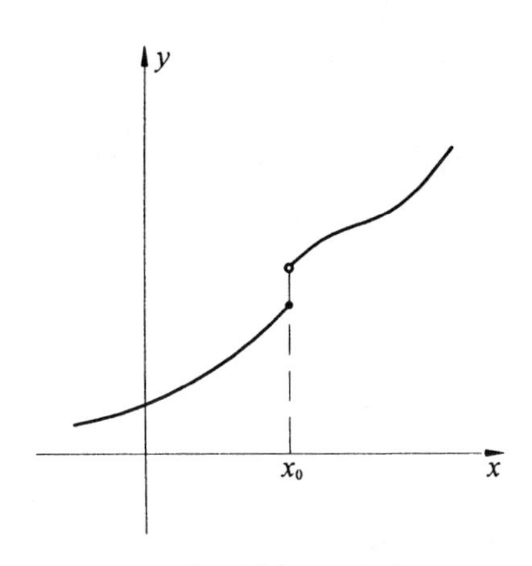

$\lim\limits_{x \to x_0} f(x)$ 不存在

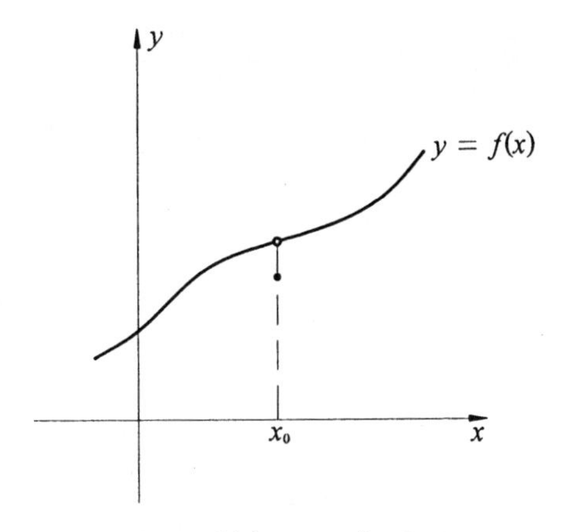

$y = f(x)$ 之函數圖形在 $x = x_0$ 處不存在

定理 A 若 f 與 g 在 $x = x_0$ 處連續，則：

(a) $f \pm g$ 在 $x = x_0$ 處連續；

(b) $f \cdot g$ 在 $x = x_0$ 處連續；

(c) $\dfrac{f}{g}$ 在 $x = x_0$ 處連續，但 $g(x_0) \neq 0$；

(d) f^n 在 $x = x_0$ 處連續；

(e) $\sqrt[n]{f}$ 在 $x = x_0$ 處連續（但 n 為偶數時需 $f(x_0) \geq 0$）；

(f) $f(g(x))$ 及 $g(f(x))$ 在 $x = x_0$ 處連續。

證明 由定義不難證出，以 f, g 在 $x = x_0$ 處連續則 $f + g$ 在 $x = x_0$ 連續爲例：

$\lim_{x \to a} f(x) = f(a)$，$\lim_{x \to a} g(x) = g(b)$，$\lim_{x \to a} (f(x) + g(x))$

$= \lim_{x \to a} f(x) + \lim_{x \to a} g(x) = f(a) + f(a)$ $\therefore$ 在 $x = a$ 處爲連續。 ■

例 1. 已知 $f(x) = \dfrac{x + 4}{x + 3}$ 問：

(1) $f(x)$ 在 $x = 4$ 處是否連續？(2) $f(x)$ 在 $x = -3$ 處是否連續？

解 (1) $\lim_{x \to 4} \dfrac{x + 4}{x + 3} = \dfrac{8}{7}$ 又 $f(4) = \dfrac{4 + 4}{4 + 3} = \dfrac{8}{7}$

$\because \lim_{x \to 4} \dfrac{x + 4}{x + 3} = \dfrac{8}{7} = f(4)$. $\therefore f(x) = \dfrac{x + 4}{x + 3}$ 在 $x = 4$ 處連續。

(2) $\because \lim_{x \to -3} \dfrac{x + 4}{x + 3} = \dfrac{1}{0}$ 不存在

$\therefore f(x) = \dfrac{x + 4}{x + 3}$ 在 $x = -3$ 處不連續。

以下是一個重要定理。

定理 B 多項式函數 $f(x) = a_n x^n + a_{n-1} x^{n-1} + \cdots + a_1 x + a_0$，若 c 爲 $f(x)$ 定義域中之任意實數，則 $f(x)$ 在 $x = c$ 處必爲連續。有理函數在定義域中每一點 c（c 爲實數）均爲連續，即有理函數除了分母爲 0 者外。

考慮一有理函數 $q(x)/p(x)$，若存在一點 c 使得 $p(c) = 0$ 則此有理函數在 $x = c$ 處爲不連續。這在例 1. 中已可看出。在例

2. 中我們將以題組方式做進一步之說明。

例 2. 討論下列有理函數之連續性為何？

(1) $f_1(x)=\dfrac{x+3}{x^2+1}$　(2) $f_2(x)=\dfrac{x+3}{(x^2+1)(x-3)}$

(3) $f_3(x)=\dfrac{x+3}{(x^2+1)(x^2-4x+3)}$

(4) $f_4(x)=\dfrac{x+3}{x^2(x^2+1)(x^2-4x+3)}$

解 (1) 因任一實數 x 而言都不會使 $f_1(x)$ 之分母 x^2+1 為 0，故 $f_1(x)$ 無不連續點，即處處連續；

(2) 因 $x=3$ 時 $f_2(x)$ 之分母 $(x^2+1)(x-3)=0$　$\therefore f_2(x)$ 在 $x=3$ 處為不連續，其餘各點均為連續；

(3) $f_3(x)$ 之分母 $(x^2+1)(x^2-4x+3)=(x^2+1)(x-3)(x-1)$ $\therefore$ 當 $x=1$ 或 3 時 $f_3(x)$ 之分母為 0，因此 $f_3(x)$ 在 $x=1$ 及 $x=3$ 處不連續，其餘各點均為連續；

(4) $f_4(x)$ 之分母在 $x=0, 1, 3$ 時均為 0，故 $f_4(x)$ 在 $x=0, 1, 3$ 處為不連續，其餘各點均為連續。

隨堂演練

1.4A

1. 討論下列函數之連續性：$f(x)=\dfrac{x-3}{(x-1)^2(x+2)\sqrt{x^2+1}}$。

2. 討論下列函數之連續性：$g(x)=\dfrac{x-3}{(x^2+3)\sqrt{(x^2+1)}}$。

〔提示〕

1. 在 $x=1$，-2 處不連續　2. 無不連續點

例 3. 討論(1) $f_1(x)=\begin{cases}2x+3 & ,x\ge 1\\4x+1 & ,x<1\end{cases}$ 及

(2) $f_2(x)=\begin{cases}2x+3 & ,x\ge 1\\4x+2 & ,x<1\end{cases}$ 之連續性爲何？

解 (1) $\because f_1(x)=\begin{cases}2x+3 & ,x\ge 1\\4x+1 & ,x<1\end{cases}$ 表示 $x\ge 1$ 時 $f_1(x)=2x+3$，$x<1$ 時 $f_1(x)=4x+1$，現在考慮它們在 $x=1$ 之情況：

$f_1(1)=2(1)+3=5$

$\lim_{x\to 1^+} f_1(x)=\lim_{x\to 1^+}(2x+3)=5$

$\lim_{x\to 1^-} f_1(x)=\lim_{x\to 1^-}(4x+1)=5$

$x<1$		$x\ge 1$
$4x+1$	1	$2x+3$

圖（例 3.(1)）

$\because \lim_{x\to 1} f_1(x)=5=f_1(1)$

$\therefore f_1(x)$ 在 $x=1$ 處連續，$f_1(x)$ 在定義域內其餘各點亦均爲連續。

(2) $\because f_2(x)=\begin{cases}2x+3 & ,x\ge 1\\4x+2 & ,x<1\end{cases}$ 表示 $x\ge 1$ 時 $f_2(x)=2x+3$，$x<1$ 時 $f_2(x)=4x+2$，考慮它們在 $x=1$ 之左右極限：

$\lim_{x\to 1^+} f_2(x)=\lim_{x\to 1^+}(2x+3)=5$

$\lim_{x\to 1^-} f_2(x)=\lim_{x\to 1^-}(4x+2)=6$

$x<1$	1	$x\ge 1$
$4x+2$		$2x+3$

圖（例 3.(2)）

$\because \lim_{x\to 1^+} f_2(x)\neq \lim_{x\to 1^-} f_2(x)$

$\therefore \lim_{x\to 1} f_2(x)$ 不存在，因此 $f_2(x)$ 在 $x=1$ 處不連續，

在定義域內之其餘各點均爲連續。

例 4. $f(x)=\begin{cases}\dfrac{x^2-1}{x-1} & ,x\neq 1\\ k & ,x=1\end{cases}$，請問是否存在一個 k 使得 $f(x)$ 在 $x=1$ 處爲連續？

解 $\because \lim\limits_{x\to 1}\dfrac{x^2-1}{x-1}=2$（由 1.3 節例 5），$\therefore$ 我們可令 $k=2$ 以使得 $f(x)$ 在 $x=1$ 處爲連續。

隨堂演練

1.4B

$f(x)=\begin{cases}\dfrac{x^3-1}{x^2-1} & ,x=1\\ k & ,x\neq 1\end{cases}$，請問是否存在一個 k 使得 $f(x)$ 在 $x=1$ 處爲連續？

〔提示〕

$k=\dfrac{3}{2}$

★1.4.1 閉區間上連續函數之性質（註）

本子節要討論閉區間上連續函數之性質，這些性質對開區間上之函數或閉區間之非連續函數未必成立。爲了書寫簡明計，我們將 $f(x)$ 在 $[a, b]$ 爲連續函數記作 $f(x)\in c[a, b]$。

註：本子節較理論，初學者可略之。

定理 C $f(x) \in c[a, b]$，若 $f(a)f(b) < 0$ 則存在一個 $x_0 \in (a, b)$ 使得 $f(x_0) = 0$。

這個定理說明了若 $\boldsymbol{f(x) \in c[a, b]}$，$\boldsymbol{f(a)f(b) < 0}$ 則 $\boldsymbol{f(x) = 0}$，**即 $\boldsymbol{f(x)}$ 在 $\boldsymbol{(a, b)}$「至少」存在一個實根**。（請特別注意「至少」兩個字。）那麼 $f(a)f(b) > 0$ 時 $f(x) = 0$ 在 (a, b) 之根個數又若何？我們以一個例子說明之：

$f(x) = (x-1)(x-2)(x-3)(x-4)(x-5)$

$f(2.5) < 0$，$f(4.5) < 0$，$f(2.8) < 0$

$\therefore f(2.5)f(4.5) > 0$，$f(x) = 0$ 在 $(2.5, 4.5)$ 有 2 個根 3 與 4

$f(2.5)f(2.8) > 0$，$f(x) = 0$ 在 $(2.5, 2.8)$ 沒有實根。

例 5. 試證方程式 $x + logx = 2$ 在 $(1, 10)$ 間至少有一實根。

解 令 $g(x) = x + logx - 2$ 則 $g(1) = 1 + log1 - 2 = -1 < 0$，

$g(10) = 10 + log10 - 2 = 9$

$g(1)g(10) = (-1)9 = -9 < 0$

$\therefore g(x) = x + logx - 2 = 0$ 在 $(1, 10)$ 間至少有一實根，亦即 $x + logx = 2$ 在 $(1, 10)$ 間至少有一實根。

例 6. 試證 $\dfrac{x^2+1}{x+2} + \dfrac{x^4+x^2+1}{x-1} = 0$ 在 $(-2, 1)$ 至少有一實根。

解 取 $g(x) = (x-1)(x^2+1) + (x+2)(x^4+x^2+1)$，則

$g(1)g(-2) < 0$

$\therefore g(x) = (x-1)(x^2+1) + (x+2)(x^4+x^2+1) = 0$ 在 $(-2,$

1) 至少有一實根，即 $\frac{x^4+x^2+1}{x-1}+\frac{x^2+1}{x+2}=0$ 在 $(-2, 1)$ 間至少有一實根。

隨堂演練

1.4C
試說明何以 $(x-1)2^x=0$ 在 $(0, 2)$ 間至少有一根。

因 $f(x_0)=0$ 稱 $x=x_0$ 爲 $f(x)=0$ 之一個**零點**（Zero），因此，定理 C 也稱爲零點定理。

定理 D 設 $f(x) \in c[a, b], f(a) \neq f(b)$，若 β 爲介於 $f(a), f(b)$ 間之任意實數，則在 (a, b) 中至少有一點 x_0 滿足 $f(x_0)=\beta$。

證明 我們在 $[a, b]$ 中設一輔助函數 $F(x)=f(x)-\beta$ 則
$F(a)F(b)=[f(a)-\beta][f(b)-\beta]<0$
由定理 C 知在 (a, b) 中至少存在一個 x_0 使得 $F(x_0)=f(x_0)-\beta=0 \Rightarrow f(x_0)=\beta$ ■

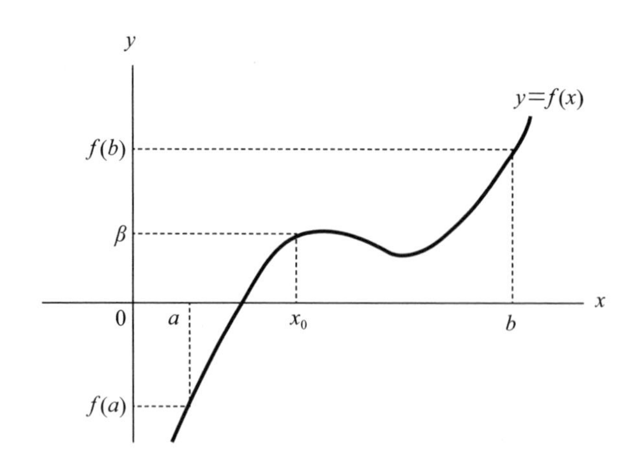

習題 1-4

1. 求下列各題之不連續點？

(1) $f(x)=\dfrac{1}{(x^2+1)x}$

(2) $f(x)=\dfrac{x^2}{(x+1)(2x+3)}$

(3) $f(x)=\dfrac{x^3}{(x^2+1)(x^2+4)}$

(4) $f(x)=x^2-3x+7$

(5) $f(x)=\begin{cases} x+3 & , x \le 4 \\ 7.5 & , x > 4 \end{cases}$

(6) $f(x)=\begin{cases} x^2 & , x \le 4 \\ 3x+1 & , x > 4 \end{cases}$

(7) $f(x)=\begin{cases} x^2+3 & , x \le 4 \\ 5x-1 & , x > 4 \end{cases}$

2. 試定 k 值以使得 $f(x)$ 為連續函數。

(1) $f(x)=\begin{cases} x^2-3x+1 & , x \ge 1 \\ k & , x < 1 \end{cases}$

(2) $f(x)=\begin{cases}\dfrac{2x^2-2}{x+1} &, x\geq -1\\ k &, x<-1\end{cases}$

(3) $f(x)=\begin{cases}\dfrac{x^2-3x+2}{x-1} &, x\geq 1\\ k &, x<1\end{cases}$

3. 試證 $x+2^x=2$ 在 $(0,1)$ 間至少有一個根。
(提示：令 $f(x)=x+2^x-2$)

1.5 無窮極限

1.5.1 $\lim\limits_{x\to\infty} f(x)$

考慮 $f(x)=\dfrac{1}{x}$，$x\neq 0$，若 $x\to 0^+$，$f(x)=\dfrac{1}{x}\to+\infty$，($+\infty$表正的無窮大)，若 $x\to 0^-$，$f(x)=\dfrac{1}{x}\to-\infty$，($-\infty$表負的無窮大)，若 $x\to\infty$，$f(x)=\dfrac{1}{x}\to 0$，若 $x\to-\infty$，$f(x)=\dfrac{1}{x}\to 0$，仿上節之直觀極限的方式做如下之觀察：

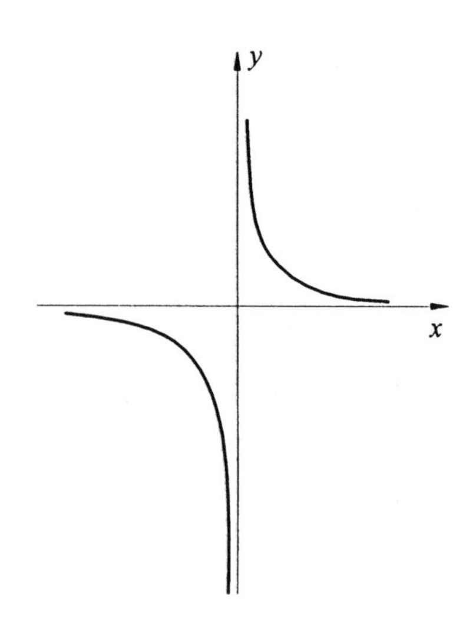

(1) $x \to 0^+$

x	0.1	0.01	0.001	……
$f(x)$	10	100	1000	$\to \infty$

(在不混淆下本書$+\infty$亦寫成∞)

(2) $x \to 0^-$

x	-0.1	-0.01	…	-0.001	
$f(x)$	-10	-100	…	-1000	$\to -\infty$

(3) $x \to +\infty$

x	10	100	1000	……
$f(x)$	0.1	0.01	0.001	$\to 0$

(4) $x \to -\infty$

x	-10	-100	…	-1000	
$f(x)$	-0.1	-0.01	…	-0.001	$\to 0$

例 1. 求 (1) $\lim_{x \to 1^+} \frac{1}{x-1} = ?$ (2) $\lim_{x \to 1^-} \frac{1}{x-1} = ?$

解　(1) $\lim\limits_{x\to 1^+}\dfrac{1}{x-1}=\infty$

(2) $\lim\limits_{x\to 1^-}\dfrac{1}{x-1}=-\infty$

我們要爲無窮大下一定義！

定義　（$\lim\limits_{x\to\infty} f(x)=A$ 之定義）對任意正數 $\varepsilon>0$，總存在一個 $M>0$ 使得當 $|x|>M$，均有 $|f(x)-A|<\varepsilon$ 則稱 A 爲 x 趨近無窮大時 $f(x)$ 之極限，以 $\lim\limits_{x\to\infty} f(x)=A$ 表之。

定義　（$\lim\limits_{x\to\infty} f(x)=A$ 之定義）對任一正數 $\varepsilon>0$，均存在一個實數 $M>0$ 使得 $x<-M$ 時，恆有 $|f(x)-A|<\varepsilon$ 則 $\lim\limits_{x\to\infty} f(x)=A$。

★ **例 2.** 試證 $\lim\limits_{x\to\infty}\dfrac{1}{x}=0$

解　$|f(x)-A|=|\dfrac{1}{x}-0|=\dfrac{1}{|x|}<\varepsilon \quad \therefore |x|>\dfrac{1}{\varepsilon}$

因此，對所有 $\varepsilon>0$，我們取 $X=\dfrac{1}{\varepsilon}$，則當 $|x|>X$ 時恆有

$|\dfrac{1}{x}-0|<\varepsilon$

$\therefore \lim\limits_{x\to\infty}\dfrac{1}{x}=0$

定義 （$\lim_{x\to a} f(x)=\infty$）對任意正數 M（不論 M 有多大），總存在正數 $\delta>0$，使得 $0<|x-a|<\delta$ 均有 $|f(x)|>M$，則稱 x 趨近 a 時，$f(x)$ 極限爲無窮大，以 $\lim_{x\to a} f(x)=\infty$ 表之。

$\lim_{x\to a} f(x)=-\infty$ 可類似定義。

無窮極限也有一些與 1.3 節定理 A 類似的定理。

定理 A 若 $\lim_{x\to\infty} f(x)=A$，$\lim_{x\to\infty} g(x)=B$，A, B 爲有限值；則

(1) $\lim_{x\to\infty}(f(x)\pm g(x))=\lim_{x\to\infty} f(x)\pm\lim_{x\to\infty} g(x)=A\pm B$

(2) $\lim_{x\to\infty}(f(x)\cdot g(x))=\lim_{x\to\infty} f(x)\cdot\lim_{x\to\infty} g(x)=A\cdot B$

(3) $\lim_{x\to\infty}\dfrac{f(x)}{g(x)}=\dfrac{\lim_{x\to\infty} f(x)}{\lim_{x\to\infty} g(x)}=\dfrac{A}{B}$，但 $B\neq 0$

(4) $\lim_{x\to\infty}[f(x)]^p=[\lim_{x\to\infty} f(x)]^p=A^p$，若 A^p 存在

多項式之無窮極限取決於多項式之最高次之極限，即：

$$\lim_{x\to\infty}(a_nx^n+a_{n-1}x^{n-1}+\cdots+a_1x+a_0)=\lim_{x\to\infty} a_nx^n$$

例 3. 求 (1) $\lim_{x\to\infty}(x^2-3x+1)=?$ (2) $\lim_{x\to-\infty}(x^2-3x+1)=?$

解 (1) $\lim_{x\to\infty}(x^2-3x+1)=\lim_{x\to\infty} x^2=(\lim_{x\to\infty} x)^2=\infty$

(2) $\lim_{x\to-\infty}(x^2-3x+1)=\lim_{x\to-\infty} x^2=(\lim_{x\to-\infty} x)^2=\infty$

例 4. 求 (1) $\lim\limits_{x\to\infty}(-x^2+3x+1)=?$　(2) $\lim\limits_{x\to-\infty}(-x^2+3x+1)=?$

解 (1) $\lim\limits_{x\to\infty}(-x^2-3x+1)=\lim\limits_{x\to\infty}(-x^2)=-\lim\limits_{x\to\infty}x^2$

$=-(\lim\limits_{x\to\infty}x)^2=-\infty$

(2) $\lim\limits_{x\to-\infty}(-x^2-3x+1)=\lim\limits_{x\to-\infty}(-x^2)=-\lim\limits_{x\to-\infty}x^2$

$=-(\lim\limits_{x\to-\infty}x)^2=-\infty$

定理 B 是求有理分式之無窮極限的通則。

定理 B

$$\lim_{x\to\infty}\frac{a_mx^m+a_{m-1}x^{m-1}+\cdots+a_1x+a_0}{b_nx^n+b_{n-1}x^{n-1}+\cdots+b_1x+b_0}=\begin{cases}\infty，a_m，b_n\text{同號，且 }m>n\text{ 時；}\\-\infty，a_m，b_n\text{異號，且 }m>n\text{ 時；}\\\dfrac{a_m}{b_n}，m=n\text{ 且 }b_n\neq0\text{ 時；}\\0，m<n。\end{cases}$$

由定理 B 可用視察法決定有理分式之無窮極限。

例 5. 求 (1) $\lim\limits_{x\to\infty}\dfrac{x-1}{x^2-3x+1}=?$　(2) $\lim\limits_{x\to\infty}\dfrac{-x+1}{x^2-3x+1}=?$

解 (1) $\lim\limits_{x\to\infty}\dfrac{x-1}{x^2-3x+1}=0$　(2) $\lim\limits_{x\to\infty}\dfrac{-x+1}{x^2-3x+1}=0$

例 6. 求 $\lim\limits_{x\to\infty}\dfrac{x+\sqrt[3]{3x^9+1}}{x^3-3x^2+1}=?$

解 我們將分子、分母遍除 x^3 得

$$\lim_{x\to\infty}\frac{\dfrac{x+\sqrt[3]{3x^9+1}}{x^3}}{\dfrac{x^3-3x^2+1}{x^3}}=\lim_{x\to\infty}\frac{\dfrac{1}{x^2}+\sqrt[3]{3+\dfrac{1}{x^9}}}{1-\dfrac{3}{x}+\dfrac{1}{x^3}}$$

$$=\frac{\lim\limits_{x\to\infty}\left(\dfrac{1}{x^2}+\sqrt[3]{3+\dfrac{1}{x^9}}\right)}{\lim\limits_{x\to\infty}\left(1-\dfrac{3}{x}+\dfrac{1}{x^3}\right)}=\frac{\sqrt[3]{3}}{1}=\sqrt[3]{3}$$

隨堂演練

1.5A

求 $\lim\limits_{x\to\infty}\dfrac{-3x^2-3x+1}{x^2-3x+1}=?$

〔提示〕

-3

例 7. 若 $\lim\limits_{x\to\infty}\dfrac{(1+a)x^4+(2+b)x^3+6}{x^3+7x^2+1}=4$，求 a、b。

解 由定理 B 易知

$1+a=0 \quad \therefore a=-1$

$2+b=4 \quad \therefore b=2$

1.5.2 $\lim\limits_{x\to-\infty} f(x)$

令 $y=-x$，將原問題化成 $\lim\limits_{y\to\infty} f(-y)$ 型態再行求解。

例 8. 求(1) $\lim_{x\to-\infty}\frac{2x^2+x-3}{3x^2-2x+1}=?$　(2) $\lim_{x\to-\infty}\frac{-2x^2+x-3}{3x^2-2x+1}=?$

解

(1) $\lim_{x\to-\infty}\frac{2x^2+x-3}{3x^2-2x+1}\overset{y=-x}{=\!=\!=}\lim_{y\to\infty}\frac{2(-y)^2+(-y)-3}{3(-y)^2-2(-y)+1}$

$=\lim_{y\to\infty}\frac{2y^2-y-3}{3y^2+2y+1}=\frac{2}{3}$

(2) $\lim_{x\to-\infty}\frac{-2x^2+x-3}{3x^2-2x+1}\overset{y=-x}{=\!=\!=}\lim_{y\to\infty}\frac{-2(-y)^2+(-y)-3}{3(-y)^2-2(-y)+1}$

$=\lim_{y\to\infty}\frac{-2y^2-y-3}{3y^2+2y+1}=-\frac{2}{3}$

例 9. 求 $\lim_{x\to-\infty}\frac{2x^3+x^2-1}{x^3-3x+1}=?$

解

$\lim_{x\to-\infty}\frac{2x^3+x^2-1}{x^3-3x+1}\overset{y=-x}{=\!=\!=}\lim_{y\to\infty}\frac{2(-y)^3+(-y)^2-1}{(-y)^3-3(-y)+1}$

$=\lim_{y\to\infty}\frac{-2y^3+y^2-1}{-y^3+3y+1}=2$

隨堂演練

1.5B

(1) 求 $\lim_{x\to-\infty}\frac{x^2-3x+1}{x^3-3x+1}$

(2) 求 $\lim_{x\to-\infty}\frac{\sqrt{2x^2+4}}{x+5}$

〔提示〕

(1) 0　(2) $-\sqrt{2}$

1.5.3 ∞-∞

我們已學會了幾種不定式之基本求法，現在我們要介紹的是另一種重要的不定式「∞－∞」。

例 10. 求 $\lim\limits_{x\to\infty}(\sqrt{1+x^2}-x)$

解

$$\lim_{x\to\infty}(\sqrt{1+x^2}-x)=\lim_{x\to\infty}(\sqrt{1+x^2}-x)\frac{\sqrt{1+x^2}+x}{\sqrt{1+x^2}+x}$$

$$=\lim_{x\to\infty}\frac{1}{\sqrt{1+x^2}+x}=0$$

例 11. 求 $\lim\limits_{x\to\infty}(\sqrt{x^2+x}-x)$

解

$$\lim_{x\to\infty}(\sqrt{x^2+x}-x)=\lim_{x\to\infty}(\sqrt{x^2+x}-x)\frac{\sqrt{x^2+x}+x}{\sqrt{x^2+x}+x}$$

$$=\lim_{x\to\infty}\frac{x}{\sqrt{x^2+x}+x}=\lim_{x\to\infty}\frac{1}{\sqrt{1+\frac{1}{x}}+1}=\frac{1}{2}$$

隨堂演練

1.5C

求 $\lim\limits_{x\to\infty}x(\sqrt{x^2+a^2}-x)$

〔提示〕

$\frac{a^2}{2}$

1.5.4 漸近線

什麼是**漸近線**（Asymptote）？我們可由下頁的三個函數圖看出，$y = f(x)$ 之漸近線是一條直線，而這條直線可與 $y = f(x)$ 圖形無限接近但不與 $y = f(x)$ 圖形相交。有了上述基本瞭解，我們便可對漸近線下定義。

定義 若(1) $\lim_{x \to a^+} f(x) = \infty$，(2) $\lim_{x \to a^+} f(x) = -\infty$，(3) $\lim_{x \to a^-} f(x) = \infty$，(4) $\lim_{x \to a^-} f(x) = -\infty$ 中有一項成立時，稱 $x = a$ 爲曲線 $y = f(x)$ 之**垂直漸近線**（Vertical Asymptote）。

若(1) $\lim_{x \to \infty} f(x) = b$，或(2) $\lim_{x \to -\infty} f(x) = b$ 有一項成立時，稱 $y = b$ 爲曲線 $y = f(x)$ 之**水平漸近線**（Horizontal Asymptote）。

若 $\lim_{x \to \pm\infty} (y - mx - b) = 0$，則稱 $y = mx + b$ 爲曲線 $y = f(x)$ 之**斜漸近線**（Skew Asymptote）。

我們來看看漸近線之圖形：

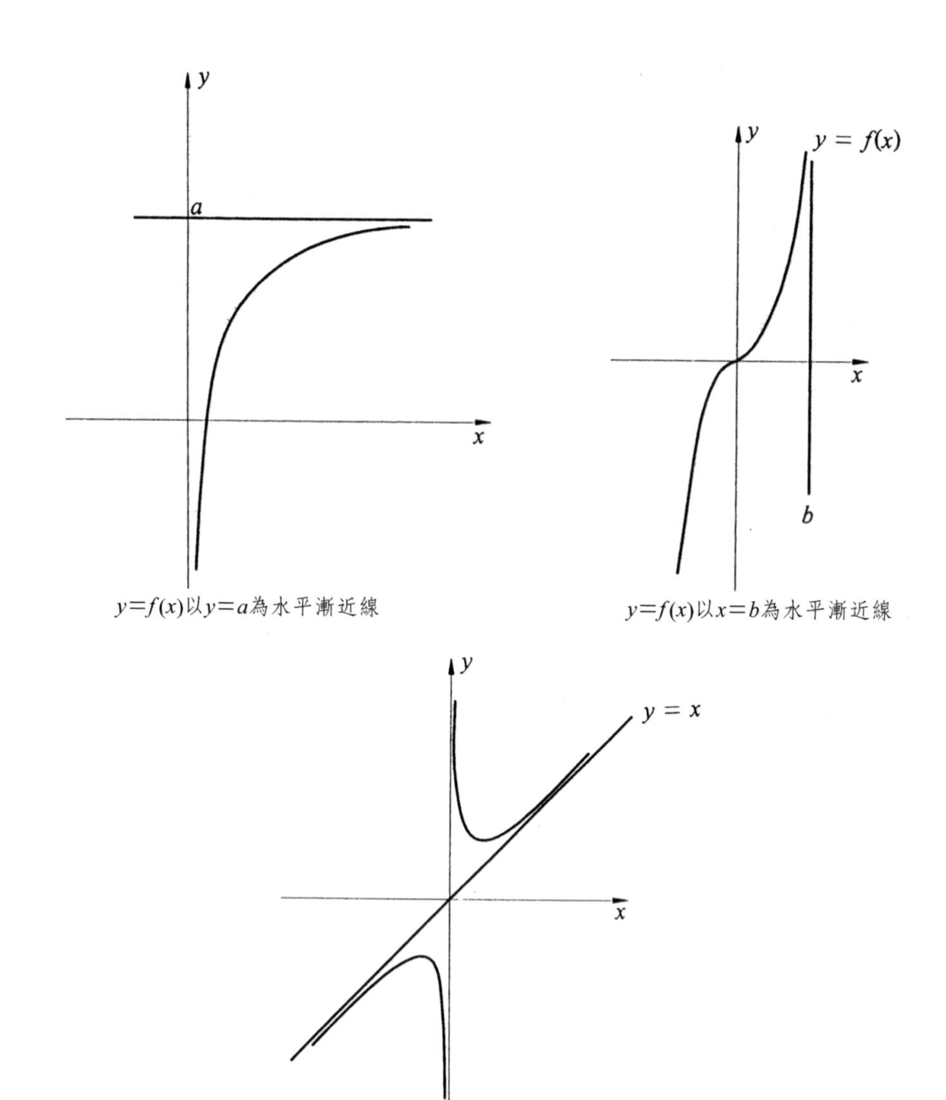

$y=f(x)$以$y=a$為水平漸近線

$y=f(x)$以$x=b$為水平漸近線

$y=f(x)$以$y=x$為斜漸近線並以y軸為垂直漸近線

例 12. $y=\frac{1}{x}$ 之漸近線爲何？

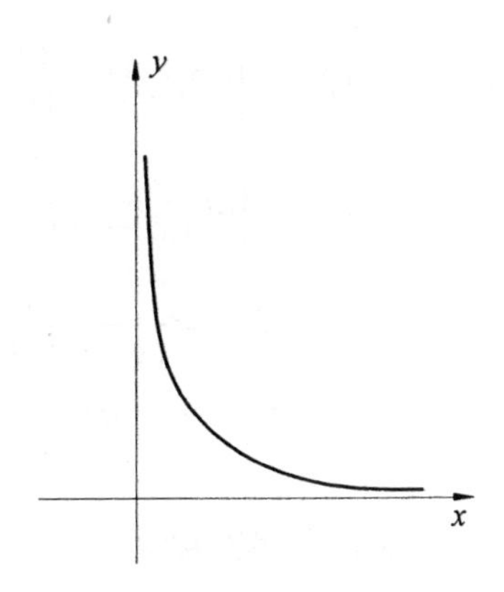

解 $\lim_{x\to 0^+}y=\lim_{x\to 0^+}\frac{1}{x}=+\infty$

∴ y 軸是其垂直漸近線；

$\lim_{x\to\infty}y=\lim_{x\to\infty}\frac{1}{x}=0$

∴ x 軸是其水平漸近線。

分式多項式 $y=\frac{q(x)}{p(x)}$ 之垂直漸近線往往可從分母部分著手，$p(a)=0$，$x=a$ 是垂直漸近線，$q(x)$ 次數減 $p(x)$ 次數等於 1 時，若 $y=\frac{q(x)}{p(x)}=a_0+a_1x+\frac{n(x)}{p(x)}$，便有斜漸近線 $y=a_0+a_1x$；$\lim_{x\to\infty}f(x)=b$ 時有水平漸近線 $y=b$。

例 13. 求 $y=\frac{2}{x(x-1)}$ 之漸近線？

解 ∵ $\lim_{x\to 0^+}\frac{2}{x(x-1)}=-\infty$ ∴ $x=0$（y 軸）爲垂直漸近線；

∵ $\lim_{x\to 1^+}\frac{2}{x(x-1)}=\infty$ ∴ $x=1$ 爲另一垂直漸近線。

∵ $\lim_{x\to\infty}\frac{2}{x(x-1)}=0$ ∴ $y=0$（x 軸）爲水平漸近線。

例 14. 求 $y=\frac{x^2}{(x-1)(x-2)}$ 之漸近線？

解 (1) ∵ $\lim_{x\to 1^+}\frac{x^2}{(x-1)(x-2)}=-\infty$ ∴ $x=1$ 爲垂直漸近線；

(2) $\because \lim_{x\to 2^+}\frac{x^2}{(x-1)(x-2)}=\infty$　　$\therefore x=2$ 爲垂直漸近線；

(3) $\because \lim_{x\to \infty}\frac{x^2}{(x-1)(x-2)}=1$　　$\therefore y=1$ 爲水平漸近線；

或 $y=\frac{x^2}{(x-1)(x-2)}=1+\frac{3x-2}{(x-1)(x-2)}$

$\therefore y=1$ 爲水平漸近線。

隨堂演練

1.5D

求 $y=\frac{x}{x^2-4x-5}$ 之漸近線？

〔提示〕

$x=5$、$x=-1$ 與 $y=0$（x 軸）

由定義，若 $\lim_{x\to\infty}\{y-mx-b\}=0$ 則 $y=mx+b$，易知 $\lim_{x\to\infty}\frac{y}{x}=\lim_{x\to\infty}\frac{mx+b}{x}=\lim_{x\to\infty}(m+\frac{b}{x})=m$，那麼 $b=\lim_{x\to\infty}(y-mx)$，如此便可解出一些較複雜之漸近線。

例 15. 求 $y=\sqrt{x^2+1}$ 之漸近線。

解　$y=\sqrt{x^2+1}$ 只有斜漸近線，$m=\lim_{x\to\infty}\frac{y}{x}=\lim_{x\to\infty}\frac{\sqrt{x^2+1}}{x}=1$

$b=\lim_{x\to\infty}(y-mx)=\lim_{x\to\infty}(\sqrt{x^2+1}-x)=0$（例 10）

$\therefore y=x$ 爲斜漸近線

我們可用漸近線之定義求出一些極限問題。

★ 例 16. $\lim_{x\to\infty}\left(\frac{1+x^2}{1+x}-ax-b\right)=0$，求 a, b

解 $y=f(x)=\frac{x^2+1}{x+1}=x-1+\frac{2}{x+1}$ 斜漸近線為 $y=x-1$，

比較 $\begin{cases}y=ax+b\\ y=x-1\end{cases}$ $\therefore a=1, b=-1$

習題 1-5

1. 利用視察法寫出下列各小題之結果：

(1) $\lim_{x\to\infty}\frac{5x+4}{8x^2+7x-3}=?$ (2) $\lim_{x\to\infty}\frac{-x^5+2x^2+3}{-3x^5-7x+4}=?$

(3) $\lim_{x\to\infty}\frac{(x+1)(2x+1)(3x+1)}{(x-1)(2x-1)(3x-1)}=?$

(4) $\lim_{x\to\infty}\frac{(x-1)(x+1)(x+3)(x+4)(x+5)}{(3x+1)^5}=?$

(5) $\lim_{x\to\infty}\frac{x^k+1}{x^3+3x+2}$，$k$ 為常數

2. 計算下列各小題：

(1) $\lim_{x\to-\infty}\frac{2-x}{\sqrt{7+2x^2}}=?$ (2) $\lim_{x\to-\infty}\frac{\sqrt{x^2+1}}{x-3}=?$ (3) $\lim_{x\to-\infty}\frac{x\sqrt{-x}}{\sqrt{1-4x^3}}=?$

3. 求下列各小題之漸近線：

(1) 求 $y=\frac{x^3-x-4}{1-x^2}$ 之漸近線？(2) 求 $y=\frac{x+1}{x}$ 之漸近線？

(3) 求 $y=\frac{x^3}{x^2-1}$ 之漸近線？

4. 求 (1) $\lim_{x\to\infty} x(\sqrt{1+x^2}-x)$　(2) $\lim_{x\to\infty}(\sqrt{1+x+x^2}-x)$

(3) $\lim_{x\to\infty}(\sqrt{4x^2+3x}-2x)$　(4) $\lim_{x\to-\infty}(\sqrt{x^2+50x}+x)$

5. 若 $\lim_{x\to\infty}\left(\frac{x^2}{1+x}-ax+b\right)=1$，求 a, b

(提示 $\lim_{x\to\infty}\left(\frac{x^2}{1+x}-ax+b\right)=1\Rightarrow\lim_{x\to\infty}\left(\frac{x^2}{1+x}-ax+b-1\right)=0$，

$y=\frac{x^2}{1+x}$ 比較之斜漸近線與 $y=ax-(b-1)$)

6. $\lim_{x\to\infty}\frac{(1+a)x^6+(1+b)x^5+cx^4+x^3+1}{x^4-x^3+x-2}=5$，求 a, b, c。

7. 求下列示題之漸近線

(1) $f(x)=\sqrt{1+x+x^2}$　(2) $f(x)=\sqrt{4x^2+3x}$

★(3) $y=\frac{x^3+1}{x}$

第2章

微分學

2.1 導函數之定義

2.1.1 切線斜率

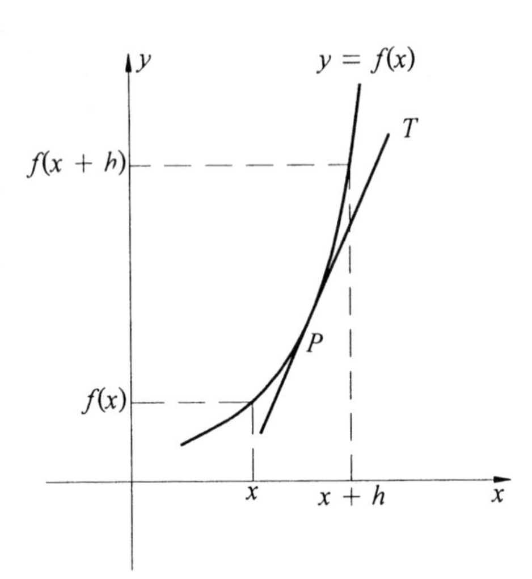

如右圖，若我們在 $y = f(x)$ 之曲線上任取二點，$(x, f(x))$ 及 $(x + h, f(x + h))$ 所連結割線之斜率爲：$m = \dfrac{f(x+h) - f(x)}{(x+h) - x}$

$= \dfrac{f(x+h) - f(x)}{h}$

若 $h \to 0$ 時，割線與 $y = f(x)$ 之圖形將只交於一點 P（讀者應嘗試自己用筆畫一畫），這點即爲切點，這點之斜率即爲過點 P 切線 T 之斜率，因此在給定 $y = f(x)$ 上之一點 $(c, f(c))$，其切線斜率爲 $f'(c) = \lim\limits_{x \to c} \dfrac{f(x) - f(c)}{x - c}$。

法線是與切線相垂直之直線，因此，$y = f(x)$ 在 $(c, f(c))$ 之切線率爲 $f'(c)$ 時（$f'(c) \neq 0$），其法線斜率爲 $\dfrac{-1}{f'(c)}$。

例 1. 在 $y = x^2$ 上任取一點 $(2, 4)$，求過 $(2, 4)$ 之切線斜率爲何？並利用此結果求過 $(2, 4)$ 之切線方程式及法線方程式。

解 過 $(2, f(2))$ 之切線斜率爲：

$$f'(2)=\lim_{x\to 2}\frac{f(x)-f(2)}{x-2}=\lim_{x\to 2}\frac{x^2-4}{x-2}=4$$

過 (2, 4) 之切線方程式為：

$\frac{y-4}{x-2}=4$，即 $y-4=4(x-2)$，或 $y-4x=-4$

過 (2, 4) 之法線方程式為：

$\frac{y-4}{x-2}=-\frac{1}{4}$，即 $-4y+16=x-2$，或 $x+4y=18$

例 2. 求過 $y=\frac{1}{x}$ 上一點 $(2,\frac{1}{2})$ 之切線方程式及法線方程式。

解 過 $(2,f(2))$ 之切線斜率為：

$$f'(2)=\lim_{x\to 2}\frac{\frac{1}{x}-\frac{1}{2}}{x-2}=\lim_{x\to 2}\frac{\frac{2-x}{2x}}{x-2}=\lim_{x\to 2}\frac{-1}{2x}=-\frac{1}{4}$$

過 $(2,\frac{1}{2})$ 之切線方程式為：

$\frac{y-\frac{1}{2}}{x-2}=-\frac{1}{4}$，即 $-4y+2=x-2$，或 $x+4y=4$

過 $(2,\frac{1}{2})$ 之法線方程式為：

$\frac{y-\frac{1}{2}}{x-2}=4$，即 $y-\frac{1}{2}=4x-8$，或 $y-4x=-\frac{15}{2}$

隨堂演練

2.1A

求過 $y=x^2$ 上一點 $(-1, 1)$ 之切線方程式 T 與法線方程式 N。

〔提示〕

T：$y=-2x-1$，N：$x-2y=-3$

2.1.2 導函數的定義

由曲線斜率之定義，我們可有以下之導函數定義：

定義 函數 f 之導函數（Derivative）記做 f'，定義為

$$f'(x)=\lim_{h\to 0}\frac{f(x+h)-f(x)}{h};$$

若上述極限值存在，則稱 $f(x)$ 為**可微分**（Differentiable）。

函數 $f(x)$ 之導函數符號表示法有 $f'(x)$，$\frac{d}{dx}y$ 及 $D_x y$ 等三種。

例 3. 用導函數之定義證明：$\frac{d}{dx}x^2=2x$。

解

$$f'(x)=\lim_{h\to 0}\frac{f(x+h)-f(x)}{h}=\lim_{h\to 0}\frac{(x+h)^2-x^2}{h}$$

$$=\lim_{h\to 0}\frac{2hx+h^2}{h}=\lim_{h\to 0}(2x+h)=2x$$

例 4. 用導函數之定義求 $\frac{d}{dx}\frac{1}{x}=?$

解

$$f'(x)=\lim_{h\to 0}\frac{f(x+h)-f(x)}{h}=\lim_{h\to 0}\frac{\frac{1}{x+h}-\frac{1}{x}}{h}$$

$$=\lim_{h\to 0}\frac{1}{h}\left(\frac{x-(x+h)}{(x+h)x}\right)=\lim_{h\to 0}\frac{-1}{(x+h)x}=-\frac{1}{x^2}$$

隨堂演練

2.1B

驗證：$\frac{d}{dx}x^3 = 3x^2$。

例 5. 判斷 $f(x) = |x|$ 在 $x = 0$ 處是否可微分？

解 ∵ (1) $\lim\limits_{x\to 0^+}\frac{f(x)-f(0)}{x-0} = \lim\limits_{x\to 0^+}\frac{x-0}{x-0} = 1$

(2) $\lim\limits_{x\to 0^-}\frac{f(x)-f(0)}{x-0} = \lim\limits_{x\to 0^-}\frac{-x-0}{x-0} = -1$

∴ 由 (1), (2) 知 $f(x) = |x|$ 在 $x = 0$ 處不可微分。

2.1.3 $\lim\limits_{x\to a}\frac{f(x)-f(a)}{x-a} = f'(a)$

$$f'(a) = \lim_{h\to 0}\frac{f(a+h)-f(a)}{h} \overset{a+h=x}{=\!=\!=} \lim_{x\to a}\frac{f(x)-f(a)}{x-a}$$

因此，我們又得到導函數定義之另一個等值之結果：

$$\boldsymbol{f'(a) = \lim_{x\to a}\frac{f(x)-f(a)}{x-a}}。$$

$f'(a) = \lim\limits_{x\to a}\frac{f(x)-f(a)}{x-a}$ 除在求 $y = f(x)$ 在 $x = a$ 之導數外，在特殊型式之極限問題上有其用處。

例 6. 求下列極限導數

(1) $f(x) = \frac{x(1+x)\cdots(n+x)}{(1-x)(2-x)\cdots(n-x)}$ 之 $f'(0)$

(2) $f(x)=(x^2-1)\sqrt{(x+3)(x+8)}$ 之 $f'(1)$

解　這些問題有一特色，即求 $f'(a)$ 時 $f(a)=0$

(1) $f'(0)=\lim_{x\to 0}\frac{f(x)-f(0)}{x}$

$=\lim_{x\to 0}\frac{x(1+x)\cdots(n+x)-0}{x}$

$=\lim_{x\to 0}(1+x)(2+x)\cdots(n+x)=n!$

(2) $f'(1)=\lim_{x\to 1}\frac{(x^2-1)\sqrt{(x+3)(x+8)}-0}{x-1}$

$=\lim_{x\to 1}(x+1)\sqrt{(x+3)(x+8)}=12$

隨堂演練

2.1C

$f(x)=\frac{x(x-1)(x-2)}{x-3}$，求 $f'(2)$

〔提示〕

-2

2.1.4　連續與可微分之關係

函數 $f(x)$ 在 $x=x_0$ 之微分性與連續性的關係如下列定理所述。

定理 A　若 $f(x)$ 在 $x=x_0$ 處可微分，則 $f(x)$ 在 $x=x_0$ 處必連續。

證明 取 $f(x) = \left[\dfrac{f(x) - f(x_0)}{x - x_0}\right](x - x_0) + f(x_0)$

則 $\lim\limits_{x \to x_0} f(x) = \lim\limits_{x \to x_0} \left[\dfrac{f(x) - f(x_0)}{x - x_0}\right](x - x_0) + f(x_0) = f(x_0)$

∴由連續定義可知 $f(x)$ 在 $x = x_0$ 處為連續。 ■

因為「若 A 則 B」與「若非 B 則非 A」同義，故若函數 $f(x)$ 在 $x = x_0$ 處不連續，則它在 $x = x_0$ 處必不可微分。

★ **例 7.** $f(x) = \begin{cases} ax + b, & x > 1 \\ x^2, & x \leq 1 \end{cases}$ 在 $x = 1$ 處可微分，求 a, b。

解 (1) ∵ $f(x)$ 在 $x = 1$ 處為可微分 ∴ $f(x)$ 在 $x = 1$ 處為連續，

$\lim\limits_{x \to 1^+} f(x) = a + b$，$\lim\limits_{x \to 1^-} f(x) = 1$ ∴ $a + b = 1$ ①

(2) $f'(x) = \begin{cases} a, & x > 1 \\ 2x, & x \leq 1 \end{cases}$

x^2 | $ax + b$ (分界點 1)

∴ $f'_+(1) = a$，$f'_-(1) = 2$，又 $f(x)$ 在 $x = 1$ 處為可微分，

$f'_+(1) = f'_-(1)$，得 $a = 2$， ②

由①，②得 $b = -1$。

習題 2-1

1. (1) 求過 $y = x^2$ 上一點 $(1, 1)$ 之切線方程式與法線方程式。
   (2) 求過 $y = x^2 + 1$ 上一點 $(-1, 2)$ 之切線方程式與法線方程式。
   (3) 求過 $y = \dfrac{1}{x^2}$ 上一點 $(-3, \dfrac{1}{9})$ 之切線方程式與法線方程式。
2. 求過 $(2, 0)$ 與 $y = 4x^2$ 相切之直線方程式。

（提示：設 (a, b) 為 $y = 4x^2$ 上一點，則過 (a, b) 之切線斜率為 $8a$，又過 (a, b), $(2, 0)$ 之直線斜率為 $\frac{b}{a-2}$，$\frac{b}{a-2} = 8a$，解此關係即得）

3. 用定義求出下列各函數之導函數：

(1) $y = 2x^3$　　(2) $y = 4x + 2$

(3) $y = \sqrt{x}$　　(4) $y = \frac{3}{\sqrt{x}}$

4. 求第 3. 題各子題之 $f'(1)$。

5. 設 $g(x)$ 在 $x = a$ 處連續，問下列各題是否在 $x = a$ 處為何微分？

(1) $f(x) = (x - a)|g(x)|$　　(2) $f(x) = |x - a|g(x)$

（提示：只需看 $f'(a)$ 是否存在；(2) 需看左右導數是否相等）

6. (1) $f(x) = \frac{x(x+1)(x+2)}{x+3}$，求 $f'(-2)$。

(2) $f(x) = x(x-1)(x-2)(x-3)(x-4)$，求 $f'(2)$。

2.2 基本微分公式

本節裡，我們將發展一些基本微分公式，讀者對這些微分公式之導證與應用都應熟稔。

2.2.1 微分之四則公式

定理A（微分之四則公式）

1. $\frac{d}{dx}(f(x) \pm g(x)) = \frac{d}{dx}f(x) \pm \frac{d}{dx}g(x)$ 或

   $(f(x) \pm g(x))' = f'(x) \pm g'(x)$

2. $\frac{d}{dx}(cf(x)+b) = c\frac{d}{dx}f(x)$ 或 $(cf(x)+b)' = cf'(x)$

3. $\frac{d}{dx}(f(x) \cdot g(x)) = [\frac{d}{dx}f(x)]g(x) + f(x)\frac{d}{dx}g(x)$

   或 $(f(x) \cdot g(x))' = f'(x)g(x) + f(x)g'(x)$

4. $\frac{d}{dx}(\frac{f(x)}{g(x)}) = \frac{g(x)\frac{d}{dx}f(x) - f(x)\frac{d}{dx}g(x)}{g^2(x)}$, $g(x) \neq 0$ 或

   $(\frac{f(x)}{g(x)})' = \frac{g(x)f'(x) - f(x)g'(x)}{g^2(x)}$, $g(x) \neq 0$

證明 1. 令 $t(x) = f(x) + g(x)$，則

$$(f(x)+g(x))' = t'(x) = \lim_{h \to 0}\frac{t(x+h) - t(x)}{h}$$

$$= \lim_{h \to 0}\frac{f(x+h) + g(x+h) - f(x) - g(x)}{h}$$

$$= \lim_{h \to 0}\frac{f(x+h) - f(x)}{h} + \lim_{h \to 0}\frac{g(x+h) - g(x)}{h}$$

$$= f'(x) + g'(x)$$

■

2. 令 $t(x)=f(x)-g(x)$，則

$$(f(x)-g(x))'=t'(x)=\lim_{h\to 0}\frac{t(x+h)-t(x)}{h}$$

$$=\lim_{h\to 0}\frac{[f(x+h)-g(x+h)]-[f(x)-g(x)]}{h}$$

$$=\lim_{h\to 0}\frac{[f(x+h)-f(x)]-[g(x+h)-g(x)]}{h}$$

$$=\lim_{h\to 0}\frac{f(x+h)-f(x)}{h}-\lim_{h\to 0}\frac{g(x+h)-g(x)}{h}$$

$$=f'(x)-g'(x)$$ ■

3. 令 $t(x)=f(x)g(x)$ 則 $(f(x)g(x))'=t'(x)$

$$=\lim_{h\to 0}\frac{t(x+h)-t(x)}{h}$$

$$=\lim_{h\to 0}\frac{f(x+h)g(x+h)-f(x)g(x)}{h}$$

$$=\lim_{h\to 0}\frac{f(x+h)g(x+h)-f(x+h)g(x)+f(x+h)g(x)-f(x)g(x)}{h}$$

$$=\lim_{h\to 0}f(x+h)\frac{g(x+h)-g(x)}{h}+$$

$$\lim_{h\to 0}g(x)\frac{f(x+h)-f(x)}{h}$$

$$=\lim_{h\to 0}f(x+h)\cdot\lim_{h\to 0}\frac{g(x+h)-g(x)}{h}$$

$$+g(x)\lim_{h\to 0}\frac{f(x+h)-f(x)}{h}$$

$$=f(x)g'(x)+f'(x)g(x)$$ ■

4. 令 $t(x)=\dfrac{f(x)}{g(x)}$ 則

$$\left(\frac{f(x)}{g(x)}\right)'=t'(x)$$

$$= \lim_{h\to 0}\frac{t(x+h)-t(x)}{h}$$

$$= \lim_{h\to 0}\frac{\dfrac{f(x+h)}{g(x+h)}-\dfrac{f(x)}{g(x)}}{h}$$

$$= \lim_{h\to 0}\frac{\dfrac{f(x+h)g(x)-f(x)g(x+h)}{g(x+h)g(x)}}{h}$$

$$= \lim_{h\to 0}\frac{[f(x+h)g(x)-f(x)g(x)]+[f(x)g(x)-f(x)g(x+h)]}{hg(x+h)g(x)}$$

$$= \lim_{h\to 0}\frac{1}{g(x+h)g(x)}\cdot[\lim_{h\to 0}\frac{f(x+h)g(x)-f(x)g(x)}{h}$$

$$+\lim_{h\to 0}\frac{f(x)g(x)-f(x)g(x+h)}{h}]$$

$$=\frac{1}{g^2(x)}[g(x)\lim_{h\to 0}\frac{f(x+h)-f(x)}{h}$$

$$-f(x)\lim_{h\to 0}\frac{g(x+h)-g(x)}{h}]$$

$$=\frac{1}{g^2(x)}[g(x)f'(x)-f(x)g'(x)]$$

$$=\frac{f'(x)g(x)-f(x)g'(x)}{g^2(x)}$$ ■

推論 A-1

(1) $\frac{d}{dx}\{f_1(x)+f_2(x)+\cdots+f_n(x)\}=\frac{d}{dx}f_1(x)+\frac{d}{dx}f_2(x)+\cdots+\frac{d}{dx}f_n(x)$

(2) $\frac{d}{dx}\{f_1(x)f_2(x)\cdots f_n(x)\} = f'_1(x)f_2(x)\cdots f_n(x) + f_1(x)f'_2(x)\cdots f_n(x) + \cdots\cdots + f_1(x)f_2(x)\cdots f'_n(x)$

證明 在此我們只證(2)當 $n = 3$ 之情況：

$$\frac{d}{dx}\{f_1(x)f_2(x)f_3(x)\} = \frac{d}{dx}\{[f_1(x)f_2(x)]f_3(x)\}$$
$$= \{\frac{d}{dx}[f_1(x)f_2(x)]\}\ f_3(x) + f_1(x)f_2(x)\frac{d}{dx}f_3(x)$$
$$= \{\frac{d}{dx}f_1(x)\cdot f_2(x) + f_1(x)\frac{d}{dx}f_2(x)\}f_3(x) + f_1(x)f_2(x)f'_3(x)$$
$$= f'_1(x)f_2(x)f_3(x) + f_1(x)f'_2(x)f_3(x) + f_1(x)f_2(x)f'_3(x)$$ ■

定理 B $\frac{d}{dx}x^n = nx^{n-1}$，$n$ 爲實數。

證明 在此我們只證明 n 爲正整數之情況：

$$f'(x) = \lim_{h\to 0}\frac{f(x+h) - f(x)}{h}$$
$$= \lim_{h\to 0}\frac{(x+h)^n - x^n}{h}$$
$$= \lim_{h\to 0}\frac{(x^n + nx^{n-1}h + \frac{n(n-1)}{2}x^{n-2}h^2 + \cdots + h^n) - x^n}{h}$$

$$= \lim_{h\to 0}\frac{nx^{n-1}h + \frac{n(n-1)}{2}x^{n-2}h^2 + \cdots + h^n}{h}$$

$$= \lim_{h\to 0}[nx^{n-1} + \frac{n(n-1)}{2}x^{n-2}h + \cdots + h^{n-1}]$$

$$= \lim_{h\to 0}nx^{n-1} + \lim_{h\to 0}\frac{n(n-1)}{2}x^{n-2}h + \cdots + \lim_{h\to 0}h^{n-1}$$

$$= nx^{n-1}$$ ■

上述定理可得一個特例，這便是任一個常數函數之導函數為 0，即 $\frac{d}{dx}(c) = 0$，同時我們也可輕易推得：

$$\frac{d}{dx}(a_nx^n + a_{n-1}x^{n-1} + a_{n-2}x^{n-2} + \cdots + a_1x + a_0)$$
$$= na_nx^{n-1} + (n-1)a_{n-1}x^{n-2} + (n-2)a_{n-2}x^{n-3} + \cdots + a_1$$

例 1. 求下列各函數之導函數？

(1) $y = x^3$　(2) $y = \frac{1}{x^3}$　(3) $y = \sqrt[3]{x}$　(4) $y = \frac{1}{\sqrt[3]{x}}$

解

(1) $\frac{d}{dx}(x^3) = 3x^{3-1} = 3x^2$

(2) $\frac{d}{dx}(\frac{1}{x^3}) = \frac{d}{dx}(x^{-3}) = -3x^{-3-1} = -3x^{-4}$

(3) $\frac{d}{dx}(\sqrt[3]{x}) = \frac{d}{dx}(x^{\frac{1}{3}}) = \frac{1}{3}x^{\frac{1}{3}-1} = \frac{1}{3}x^{-\frac{2}{3}}$

(4) $\frac{d}{dx}(\frac{1}{\sqrt[3]{x}}) = \frac{d}{dx}(x^{-\frac{1}{3}}) = -\frac{1}{3}x^{-\frac{1}{3}-1} = -\frac{1}{3}x^{-\frac{4}{3}}$

例 2. 若 $y = 5x^3 - 3x^2 + \sqrt{2}x - \sqrt{41}$，求 $y' = ?$

解 $\frac{d}{dx}y=\frac{d}{dx}(5x^3-3x^2+\sqrt{2}x-\sqrt{41})$

$=\frac{d}{dx}(5x^3)+\frac{d}{dx}(-3x^2)+\frac{d}{dx}(\sqrt{2}x)+\frac{d}{dx}(-\sqrt{41})$

$=15x^2-6x+\sqrt{2}$

例 3. 若 $y=\frac{x+1}{\sqrt{x}}$，求 $y'=$？

解 我們可有兩種方法求出本例之：

方法一：$y=\frac{x+1}{\sqrt{x}}=(x+1)x^{-\frac{1}{2}}=x^{\frac{1}{2}}+x^{-\frac{1}{2}}$

$\therefore \frac{d}{dx}y=\frac{d}{dx}(x^{\frac{1}{2}}+x^{-\frac{1}{2}})$

$=\frac{1}{2}x^{-\frac{1}{2}}-\frac{1}{2}x^{-\frac{3}{2}}=\frac{1}{2\sqrt{x}}-\frac{1}{2\sqrt{x^3}}$

方法二：（用除法公式）

$\frac{d}{dx}(\frac{x+1}{\sqrt{x}})$

$=\frac{\sqrt{x}\frac{d}{dx}(x+1)-(x+1)\frac{d}{dx}(\sqrt{x})}{(\sqrt{x})^2}$

$=\frac{\sqrt{x}\cdot 1-(x+1)\cdot\frac{1}{2\sqrt{x}}}{x}=\frac{2x-(x+1)}{2x\sqrt{x}}$

$=\frac{x-1}{2x\sqrt{x}}=\frac{1}{2\sqrt{x}}-\frac{1}{2\sqrt{x^3}}$

例 4. 求 $\frac{d}{dx}(x^2+3)^2=$？

解 $\frac{d}{dx}(x^2+3)^2=\frac{d}{dx}(x^4+6x^2+9)$

$$=\frac{d}{dx}x^4+\frac{d}{dx}(6x^2)+\frac{d}{dx}9$$

$$=4x^3+6\cdot 2x+0$$

$$=4x^3+12x$$

如果例 4. 是 $\frac{d}{dx}(x^2+3)^{10}$，則本節方法便顯得很沒效率，下節之鏈鎖律提供我們一種更具普遍性而有效的方法。

例 5. 若 $y=(x^2+1)(x^3+1)$，求 $y'=$？

解

方法一：$y=(x^2+1)(x^3+1)$

$$=x^5+x^3+x^2+1$$

$$\therefore y'=5x^4+3x^2+2x$$

方法二：$\frac{d}{dx}y=\frac{d}{dx}(x^2+1)(x^3+1)$

$$=(x^2+1)'(x^3+1)+(x^2+1)(x^3+1)'$$

$$=2x(x^3+1)+(x^2+1)3x^2$$

$$=5x^4+3x^2+2x$$

例 6. 若 $y=\frac{x^2}{x^3+1}$，求 $y'=$？

解 $\frac{d}{dx}y=\frac{d}{dx}(\frac{x^2}{x^3+1})$

$$=\frac{(x^3+1)\frac{d}{dx}x^2-x^2\frac{d}{dx}(x^3+1)}{(x^3+1)^2}$$

$$=\frac{(x^3+1)2x-x^2\cdot 3x^2}{(x^3+1)^2}$$

$$=\frac{-x^4+2x}{(x^3+1)^2}$$

隨堂演練

2.2A

1. $y=(3x^2+1)(2x-1)$，求 $y'=$？

2. $y=\dfrac{x-1}{x^2+1}$，求 $y'=$？

3. $y=\dfrac{2x+3}{x^2+x+1}$，求 y'

〔提示〕

1. $18x^2-6x+2$　2. $\dfrac{-x^2+2x+1}{(x^2+1)^2}$　3. $-\dfrac{2x^2+6x+1}{(x^2+x+1)^2}$

例 7. $f(x)=\begin{cases}-x, & x<0\\ x^2, & x\geq 0\end{cases}$ 問 $f(x)$ 在 $x=0$ 處是否可微分？

解 $f'(x)=\begin{cases}-1, & x<0\\ 2x, & x>0\end{cases}$

現討論 $f(x)$ 在 $x=0$ 之微分性

$f'_+(0)=0$，$f'_-(0)=1$　習題第 6 題

$\therefore f'(0)$ 不存在，即 $f(x)$ 在 $x=0$ 處不可微分。

★ 例 8. 討論 $y=|1-x^2|$ 之可微分性

解 $f(x)=\begin{cases}1-x^2, & |x|\leq 1\\ x^2-1, & |x|>1\end{cases}$

$\therefore f'(x)=\begin{cases}-2x, & |x|<1\\ 2x, & |x|>1\end{cases}$

現在要討論 $f(x)$ 在 $x=\pm 1$ 處之可微分性：

(1) $x=1$ 處

$f'_+(1)=\lim\limits_{x\to 1^+}\dfrac{(x^2-1)-0}{x-1}=2$，$f'_-(1)=\lim\limits_{x\to 1^-}\dfrac{(1-x^2)-0}{x-1}=-2$

$\therefore f'(1)$ 不存在，即 $f(x)$ 在 $x=1$ 處不可微分

(2) $x=-1$ 處

$f'_+(-1)=2$，$f'_-(-1)=-2$

$\therefore f'(-1)$ 不存在，即 $f(x)$ 在 $x=-1$ 處不可微分。

隨堂演練

2.2B

承上例驗證：$f_+(-1)=2$，$f_-(-1)=-2$

$\therefore y=f(x)$ 在 $x=-1$ 處不可微分

習題 2-2

1. 求下列各函數之導函數？

(1) $y=x^3-3x+1$

(2) $y=\sqrt{2}x^5-3x^3+x+\pi$

(3) $y=\sqrt[3]{\sqrt{x}}$

(4) $y=\dfrac{x^2+x+1}{\sqrt{x^5}}$

(5) $y=\dfrac{(x^2+1)(x^3+1)}{x}$

(6) $y=\dfrac{x}{(x+1)^2}$

(7) $y=\dfrac{2x+5}{2x^2+3x-7}$

(8) $y=\dfrac{1}{x^3-1}$

(9) $y=\dfrac{1}{(x^2+1)^2}$　　(10) $y=\dfrac{x^2}{x^3+1}$

2. 試證 $\dfrac{d}{dx}\left(\dfrac{1}{g(x)}\right)=-\dfrac{g'(x)}{g^2(x)}$。

3. 試導出 $\dfrac{d}{dx}\left(\dfrac{g(x)+h(x)}{f(x)}\right)$ 之公式。

4. 試導出 $\dfrac{d}{dx}\left(\dfrac{g(x)h(x)}{f(x)}\right)$ 之公式。

5. 若 $f(x)$ 在 $x=a$ 處連續，且 $\lim_{x\to a}\dfrac{f(x)}{x-a}=b$，求 $f'(a)$。

6. 驗證例 7 之 $f'_+(0)=0$，$f'_-(0)=1$

2.3　鏈鎖律

如果我們要求 $y=(x^2+3x+1)^2$ 之導函數，或許可將它展開，利用上節之定理求解，但若是 $y=(x^2+3x+1)^{50}$，這樣做就不勝其擾，因此我們必須尋找一些簡便方法，**鏈鎖律**（Chain Rule）即爲我們提供了好方法。

定理 A　f, g 爲可微分函數，$\dfrac{d}{dx}f(g(x))=f'(g(x))g'(x)$。

證明 我們取 $y=f(u), u=g(x)$，並假設(1) g 在 x 處可微分且(2) f 在 $u=g(x)$ 處可微分

$$\therefore \frac{d}{dx}f(g(x))=\frac{dy}{dx}=\lim_{\Delta x\to 0}\frac{\Delta y}{\Delta x}=\lim_{\Delta x\to 0}\frac{\Delta y}{\Delta u}\cdot\frac{\Delta u}{\Delta x}$$

$$=\lim_{\Delta x\to 0}\frac{\Delta y}{\Delta u}\lim_{\Delta x\to 0}\frac{\Delta u}{\Delta x}=\lim_{\Delta u\to 0}\frac{\Delta y}{\Delta u}\lim_{\Delta x\to 0}\frac{\Delta u}{\Delta x}$$

$$=\frac{dy}{du}\cdot\frac{du}{dx}$$ ■

若用 $y=f(u), u=g(x)$ 則上述定理可寫成 $D_x y=D_u yD_x u$。

我們也可將鏈鎖律推廣到三個函數合成，以及更一般化之情形。若 f, g, h 爲三個可微分函數，則：

推論 A-1 $\frac{d}{dx}f(g(h(x))=f'(g(h(x)))g'(h(x))h'(x)$。

下列定理是有關冪次之**鏈鎖律法則**（The Chain Rule for Powers）。

定理 B $f(x)$ 爲一可微分函數，p 爲任一實數，則

$$\frac{d}{dx}(f(x))^p=p(f(x))^{p-1}\frac{d}{dx}f(x)$$

例 1. 若 $y=(x^2+1)^5$，求 $y'=$？

解 $\frac{d}{dx}(x^2+1)^5=5(x^2+1)^4\cdot\frac{d}{dx}(x^2+1)=5(x^2+1)^4\cdot 2x$

$=10x(x^2+1)^4$

例 2. 若 $y=\dfrac{1}{2x^3+1}$，求 $y'=$？

解 $y=\dfrac{1}{2x^3+1}=(2x^3+1)^{-1}$

$$\therefore \frac{d}{dx}y=\frac{d}{dx}(2x^3+1)^{-1}=-(2x^3+1)^{-2}\cdot\frac{d}{dx}(2x^3+1)$$
$$=-6x^2(2x^3+1)^{-2}$$

例 3. 若 $y=\dfrac{x^2}{x^3+1}$，求 $y'=$？（請與上節例 6 作比較）

解 $y=\dfrac{x^2}{x^3+1}=x^2(x^3+1)^{-1}$

$$\frac{d}{dx}y=\frac{d}{dx}(x^2(x^3+1)^{-1})=(\frac{d}{dx}x^2)(x^3+1)^{-1}+x^2\frac{d}{dx}(x^3+1)^{-1}$$
$$=2x(x^3+1)^{-1}+x^2[-(x^3+1)^{-2}\frac{d}{dx}(x^3+1)]$$
$$=\frac{2x}{x^3+1}-\frac{x^2}{(x^3+1)^2}\cdot 3x^2=\frac{2x(x^3+1)-3x^4}{(x^3+1)^2}=\frac{-x^4+2x}{(x^3+1)^2}$$

例 4. $y=\sqrt[3]{(x^2+x+1)^2}$，求 $y'=$？

解 $y=\sqrt[3]{(x^2+x+1)^2}=(x^2+x+1)^{\frac{2}{3}}$

$$\therefore \frac{d}{dx}y=\frac{d}{dx}[(x^2+x+1)^{\frac{2}{3}}]$$
$$=\frac{2}{3}(x^2+x+1)^{-\frac{1}{3}}\frac{d}{dx}(x^2+x+1)$$
$$=\frac{2}{3}(x^2+x+1)^{-\frac{1}{3}}(2x+1)$$

例 5. $y=\sqrt{x+\sqrt{x}}$，求 $y'=$？

解

$$y=\sqrt{x+\sqrt{x}}=(x+x^{\frac{1}{2}})^{\frac{1}{2}}$$

$$\therefore \frac{d}{dx}y=\frac{d}{dx}(x+x^{\frac{1}{2}})^{\frac{1}{2}}=\frac{1}{2}(x+x^{\frac{1}{2}})^{-\frac{1}{2}}\cdot\frac{d}{dx}(x+x^{\frac{1}{2}})$$

$$=\frac{1}{2}(x+x^{\frac{1}{2}})^{-\frac{1}{2}}\cdot(1+\frac{1}{2}x^{-\frac{1}{2}})=\frac{1}{2\sqrt{x+\sqrt{x}}}(1+\frac{1}{2\sqrt{x}})$$

隨堂演練

2.3A

若 $f(x)=(3x^2+5x+1)$，求下列各小題之結果？

(1) $\frac{d}{dx}f^3(x)$ (2) $\frac{d}{dx}\sqrt{f(x)}$ (3) $\frac{d}{dx}[f(x)+x]^{\frac{1}{3}}$

〔提示〕

(1) $3(3x^2+5x+1)^2(6x+5)$

(2) $\frac{1}{2}(3x^2+5x+1)^{-\frac{1}{2}}(6x+5)$

(3) $\frac{1}{3}(3x^2+6x+1)^{-\frac{2}{3}}(6x+6)=2(x+1)(3x^2+6x+1)^{-\frac{2}{3}}$

習題 2-3

1. 試微分下列各題：

(1) $f(x)=(1+x^2)^{32}$ (2) $f(x)=(1+x^4)^8$ (3) $f(x)=\sqrt[3]{1+x^7}$

(4) $f(x)=(1+x+x^2+x^3)^{15}$ (5) $f(x)=(\frac{x^2}{x^3+1})^4$

(6) $f(x)=\sqrt{\frac{4x^2-2}{3x+4}}$ (7) $f(x)=\frac{1}{\sqrt[3]{1+x+x^3}}$

(8) $f(x) = x^3(1 + 2x^3)^5$　　(9) $f(x) = (1 + \sqrt[3]{x})^{12}$

(10) $f(x) = \sqrt[3]{1 + \sqrt[5]{x}}$

2. $f(x) = \sqrt[3]{1 + \sqrt{g(x)}}$，設 g 為可微分函數。

3. $f(x) = g(x + h(x^3))$，設 g, h 為可微分函數。

2.4 三角函數微分法

2.4.1 三角函數之極限與擠壓定理

要導出三角函數之導函數公式，必須用到下列極限定理：

定理 A $\lim\limits_{x \to \theta} sinx = sin\theta$，$\lim\limits_{x \to \theta} cosx = cos\theta$。

例 1. 求 (1) $\lim\limits_{\theta \to \frac{\pi}{6}} sin\theta = ?$　(2) $\lim\limits_{\theta \to \frac{\pi}{4}} cos2\theta = ?$　(3) $\lim\limits_{\theta \to \frac{\pi}{6}} tan4\theta = ?$

解

(1) $\lim\limits_{\theta \to \frac{\pi}{6}} sin\theta = sin\frac{\pi}{6} = \frac{1}{2}$

(2) $\lim\limits_{\theta \to \frac{\pi}{4}} cos2\theta = cos2 \cdot (\frac{\pi}{4}) = cos\frac{\pi}{2} = 0$

(3) $\lim\limits_{\theta\to\frac{\pi}{6}} tan4\theta = \lim\limits_{\theta\to\frac{\pi}{6}} \frac{sin4\theta}{cos4\theta}$

$$= \frac{\lim\limits_{\theta\to\frac{\pi}{6}} sin4\theta}{\lim\limits_{\theta\to\frac{\pi}{6}} cos4\theta} = \frac{sin\frac{4}{6}\pi}{cos\frac{4}{6}\pi} = \frac{\frac{\sqrt{3}}{2}}{-\frac{1}{2}} = -\sqrt{3}$$

茲將一些特別角之正弦、餘弦值列於下表以供參考：

	0°	30°	45°	60°	90°
$sin\theta$	$\frac{\sqrt{0}}{2}$	$\frac{\sqrt{1}}{2}$	$\frac{\sqrt{2}}{2}$	$\frac{\sqrt{3}}{2}$	$\frac{\sqrt{4}}{2}$
$cos\theta$	$\frac{\sqrt{4}}{2}$	$\frac{\sqrt{3}}{2}$	$\frac{\sqrt{2}}{2}$	$\frac{\sqrt{1}}{2}$	$\frac{\sqrt{0}}{2}$

隨堂演練

2.4A

1. 求 $\lim\limits_{\theta\to\frac{\pi}{3}} sec\theta = ?$

2. 求 $\lim\limits_{\theta\to\frac{\pi}{4}} sec\theta \cdot sin^2\theta = ?$

〔提示〕

1. 2　2. $\frac{\sqrt{2}}{2}$

定理 B 在某個區間 I 中，若 $f(x) \geq g(x) \geq h(x)$，且 $\lim_{x \to a} f(x) = \lim_{x \to a} h(x) = l$ 則 $\lim_{x \to a} g(x) = l$，其中 $a \in \mathrm{I}$。

定理 B 即有名的**擠壓定理**（Squeezing Theorem），又稱為**三明治定理**（Sandwich Theorem）。當 $x \to \infty$ 時三明治定理仍成立。其證明超過本書之範圍。以下是一些擠壓定理之應用。

例 2. 在 $[-2, 2]$ 中，$f(x)$ 滿足 $1 + x^2 \geq f(x) \geq 1 - x^2$，求 $\lim_{x \to 0} f(x) = ?$

解 $\because \lim_{x \to 0}(1 + x^2) = \lim_{x \to 0}(1 - x^2) = 1 \quad \therefore \lim_{x \to 0} f(x) = 1$

隨堂演練

2.4B

若 $1 \geq f(x) \geq 0$，試證 $\lim_{x \to 0} x^2 f(x) = 0$

例 3. 求 (1) $\lim_{x \to 0} x\sin\frac{1}{x} = ?$　　(2) $\lim_{x \to \infty} \frac{\sin x}{x}$

解 (1) $\because \left| x\sin\frac{1}{x} \right| = |x| \left| \sin\frac{1}{x} \right| \leq |x|$

$\therefore -|x| \leq x\sin\frac{1}{x} \leq |x|$

又 $\lim_{x \to 0} |x| = \lim_{x \to 0} -|x| = 0$

得 $\lim_{x \to 0} x\sin\frac{1}{x} = 0$

(2) $\because \left|\frac{sinx}{x}\right| = |sinx|\left|\frac{1}{x}\right| \leq \left|\frac{1}{x}\right|$

$\therefore -\left|\frac{1}{x}\right| \leq \frac{sinx}{x} \leq \left|\frac{1}{x}\right|$

由緊壓定理

$\lim_{x\to\infty} -\left|\frac{1}{x}\right| = \lim_{x\to\infty}\left|\frac{1}{x}\right| = 0$

得 $\lim_{x\to\infty}\frac{sinx}{x} = 0$

2.4.2 三角函數微分公式

有了定理 A 與定理 B 我們便可由定理 C 導出三角函數之微分公式：

定理 C $\lim_{\theta\to 0}\frac{sin\theta}{\theta} = 1$

證明

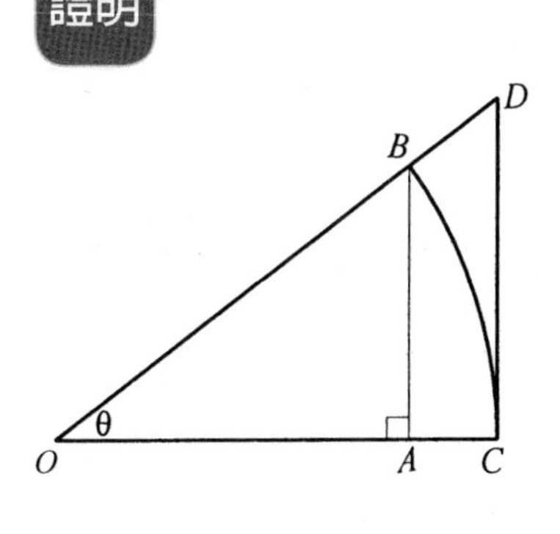

爲了證明 $\lim_{\theta\to 0}\frac{sin\theta}{\theta} = 1$，我們以 O 爲圓心作一單位圓，BC 爲圓上之一弧，OC 爲半徑（$OC = 1$）則有：

$\triangle OAB$ 之面積 $= \frac{1}{2}OA \cdot AB$

$= \frac{1}{2}\frac{OA}{OB} \cdot \frac{AB}{OB}$（$\because OB = 1$）

$= \frac{1}{2}cos\theta sin\theta$

扇形 OBC 之面積 $=\frac{1}{2}(\theta)\cdot 1^2=\frac{\theta}{2}$

$\triangle OCD$ 之面積 $=\frac{1}{2}OC\cdot CD$

$=\frac{1}{2}CD=\frac{1}{2}tan\theta$

$(\because tan\theta=\frac{AB}{OA}=\frac{CD}{OC}=CD)$

但 $\triangle OCD$ 之面積 $\geq$ 扇形 OBC 之面積 $\geq \triangle OAB$ 之面積

即 $\frac{1}{2}tan\theta\geq\frac{\theta}{2}\geq\frac{1}{2}cos\theta sin\theta$

$\therefore \frac{1}{cos\theta}\geq\frac{\theta}{sin\theta}\geq cos\theta$

$\Rightarrow cos\theta\geq\frac{sin\theta}{\theta}\geq\frac{1}{cos\theta}$

又 $\lim\limits_{\theta\to 0}cos\theta=\lim\limits_{\theta\to 0}\frac{1}{cos\theta}=1$，由擠壓定理知 $\lim\limits_{\theta\to 0}\frac{sin\theta}{\theta}=1$ ■

由定理 C 與例 5，不妨比較並注意下列二個重要而常用之結果：

(1) $\lim\limits_{x\to 0}\frac{sinx}{x}=1$ (2) $\lim\limits_{x\to\infty}\frac{sinx}{x}=0$

若 $\lim\limits_{x\to a}f(x)=0$，則 $\lim\limits_{x\to a}\frac{sin f(x)}{f(x)}=1$

注意的是，$\lim\limits_{x\to 0}sin\frac{1}{x}$（或 $\lim\limits_{x\to\infty}sinx$）與 $\lim\limits_{x\to 0}cos\frac{1}{x}$（或 $\lim\limits_{x\to\infty}cosx$）均不存在。

例 4. 求 (1) $\lim\limits_{x\to 0}\dfrac{sinbx}{ax}$　　(2) $\lim\limits_{x\to 0}\dfrac{sin^2x}{x}$

解　(1) $\lim\limits_{x\to 0}\dfrac{sinbx}{ax}=\lim\limits_{x\to 0}\dfrac{sinbx}{bx}\cdot\dfrac{bx}{ax}=\lim\limits_{x\to 0}\dfrac{sinbx}{bx}\cdot\lim\limits_{x\to 0}\dfrac{bx}{ax}$

$$=1\cdot\frac{b}{a}=\frac{b}{a}$$

(2) $\lim\limits_{x\to 0}\dfrac{sin^2x}{x}=\lim\limits_{x\to 0}\dfrac{sin^2x}{x^2}\cdot\dfrac{x^2}{x}=\lim\limits_{x\to 0}\left(\dfrac{sinx}{x}\right)^2\lim\limits_{x\to 0}x=1\cdot 0=0$

定理 D　$\lim\limits_{\theta\to 0}\dfrac{1-cos\theta}{\theta}=0$

證明　$\lim\limits_{\theta\to 0}\dfrac{1-cos\theta}{\theta}=\lim\limits_{\theta\to 0}\dfrac{1-cos\theta}{\theta}\cdot\dfrac{1+cos\theta}{1+cos\theta}$

$$=\lim_{\theta\to 0}\frac{sin^2\theta}{\theta}\cdot\frac{1}{1+cos\theta}=\lim_{\theta\to 0}\frac{sin^2\theta}{\theta^2}\cdot\frac{\theta}{1+cos\theta}$$

$$=(\lim_{\theta\to 0}\frac{sin\theta}{\theta})^2\lim_{\theta\to 0}\frac{\theta}{1+cos\theta}=1\cdot 0=0$$ ■

有了上述定理我們可導出下列有關三角函數之微分公式。

定理 E

(1) $\dfrac{d}{dx}sinx=cosx$　　(2) $\dfrac{d}{dx}cosx=-sinx$

(3) $\dfrac{d}{dx}tanx=sec^2x$　　(4) $\dfrac{d}{dx}cotx=-csc^2x$

(5) $\dfrac{d}{dx}secx=secxtanx$　　(6) $\dfrac{d}{dx}cscx=-cscxcotx$

證明 (1) $\frac{d}{dx}sinx = \lim_{h\to 0}\frac{sin(x+h)-sinx}{h}$

$= \lim_{h\to 0}\frac{sinxcosh + cosxsinh - sinx}{h}$

$= \lim_{h\to 0}[\frac{sinx(cosh-1)}{h}+\frac{cosxsinh}{h}]$

$= \lim_{h\to 0}\frac{sinx(cosh-1)}{h}+\lim_{h\to 0}\frac{cosxsinh}{h}$

$= sinx\lim_{h\to 0}\frac{cosh-1}{h}+cosx\lim_{h\to 0}\frac{sinh}{h}$

$= sinx \cdot 0 + cosx \cdot 1 = cosx$ ■

(2) $\frac{d}{dx}cosx = \lim_{h\to 0}\frac{cos(x+h)-cosx}{h}$

$= \lim_{h\to 0}\frac{cosxcosh - sinxsinh - cosx}{h}$

$= \lim_{h\to 0}[\frac{cosx(cosh-1)}{h}-\frac{sinxsinh}{h}]$

$= cosx\lim_{h\to 0}\frac{cosh-1}{h}-sinx\lim_{h\to 0}\frac{sinh}{h}$

$= cosx \cdot 0 - sinx \cdot 1 = -sinx$ ■

(3) $\frac{d}{dx}tanx = \frac{d}{dx}\frac{sinx}{cosx}$

$= \frac{cosx\frac{d}{dx}sinx - sinx\frac{d}{dx}cosx}{cos^2x}$

$= \frac{cosx \cdot cosx - sinx(-sinx)}{cos^2x} = \frac{1}{cos^2x} = sec^2x$ ■

(4) $\frac{d}{dx}secx = \frac{d}{dx}\frac{1}{cosx} = \frac{cosx \cdot \frac{d}{dx}1 - 1 \cdot \frac{d}{dx}cosx}{cos^2x} = \frac{sinx}{cos^2x}$

$= \frac{sinx}{cosx} \cdot \frac{1}{cosx} = tanxsecx$ ■

同法可證其餘。

推論 E1 （u 爲 x 之可微分函數）

$$\frac{d}{dx}\sin u = \cos u \cdot \frac{d}{dx}u \qquad \frac{d}{dx}\cos u = -\sin u \cdot \frac{d}{dx}u$$

$$\frac{d}{dx}\tan u = \sec^2 u \cdot \frac{d}{dx}u \qquad \frac{d}{dx}\cot u = -\csc^2 u \cdot \frac{d}{dx}u$$

$$\frac{d}{dx}\sec u = \sec u\tan u\frac{d}{dx}u \qquad \frac{d}{dx}\csc u = -\csc u\cot u\frac{d}{dx}u$$

例 5. 求 (1) $\frac{d}{dx}\cos^2 x = ?$ (2) $\frac{d}{dx}\cos x^2 = ?$ (3) $\frac{d}{dx}(\cos x^2)^2 = ?$

解

(1) $\frac{d}{dx}\cos^2 x = 2\cos x \cdot \frac{d}{dx}\cos x = 2\cos x(-\sin x)$

$= -2\sin x\cos x$

(2) $\frac{d}{dx}\cos x^2 = -\sin x^2 \cdot \frac{d}{dx}x^2 = -(\sin x^2)2x = -2x\sin x^2$

(3) $\frac{d}{dx}(\cos x^2)^2 = 2(\cos x^2)\frac{d}{dx}\cos x^2 = 2(\cos x^2)(-2x\sin x^2)$

$= -4x\cos x^2\sin x^2$

例 6. 求 $\frac{d}{dx}\tan(x^2+1) = ?$

解 $\frac{d}{dx}\tan(x^2+1) = \sec^2(x^2+1) \cdot \frac{d}{dx}(x^2+1) = 2x\sec^2(x^2+1)$

例 7. 求 $\frac{d}{dx}\sec(x^2+x-1) = ?$

解 $\frac{d}{dx}\sec(x^2+x-1)$

$= \sec(x^2+x-1)\tan(x^2+x-1) \cdot \frac{d}{dx}(x^2+x-1)$

$= (2x+1)\sec(x^2+x-1)\tan(x^2+x-1)$

例 8. 求 $\frac{d}{dx}xsinx^3=$？

解 $\frac{d}{dx}(xsinx^3)=(\frac{d}{dx}x)sinx^3+x(\frac{d}{dx}sinx^3)$

$=1\cdot sinx^3+x(cosx^3)\cdot\frac{d}{dx}x^3$

$=sinx^3+x(cosx^3)\cdot 3x^2=sinx^3+3x^3cosx^3$

例 9. 求 $\frac{d}{dx}sin^mxcos^nx=$？

解 $\frac{d}{dx}sin^mxcos^nx$

$=(msin^{m-1}x\cdot\frac{d}{dx}sinx)cos^nx+sin^mx(ncos^{n-1}x\cdot\frac{d}{dx}cosx)$

$=m(sin^{m-1}x)(cosx)cos^nx+sin^mx(ncos^{n-1}x)(-sinx)$

$=msin^{m-1}xcos^{n+1}x-nsin^{m+1}xcos^{n-1}x$

例 10. 求 $\frac{d}{dx}\frac{1+tanx}{1-tanx}=$？

解 $\frac{d}{dx}\frac{1+tanx}{1-tanx}$

$=\frac{(1-tanx)\frac{d}{dx}(1+tanx)-(1+tanx)\frac{d}{dx}(1-tanx)}{(1-tanx)^2}$

$=\frac{(1-tanx)sec^2x-(1+tanx)(-sec^2x)}{(1-tanx)^2}=\frac{2sec^2x}{(1-tanx)^2}$

隨堂演練

2.4C

1. 求 $\frac{d}{dx}cos(x^2+3x-1)=?$

2. 求 $\frac{d}{dx}csc(x^2+3x-1)^2=?$

〔提示〕

1. $-(2x+3)sin(x^2+3x-1)$
2. $-[csc(x^2+3x-1)^2cot(x^2+3x-1)^2]$
   $[2(x^2+3x-1)(2x+3)]$

例 11. 求 $\lim_{x\to a}\frac{sinx-sina}{sin(x-a)}$

解

$$\lim_{x\to a}\frac{sinx-sina}{sin(x-a)}=\lim_{x\to a}\frac{\frac{sinx-sina}{x-a}}{\frac{sinx(x-a)}{x-a}}$$

$$=\lim_{x\to a}\frac{sinx-sina}{x-a}\cdot\underbrace{\lim_{x\to a}\frac{sin(x-a)}{x-a}}_{1}$$

$$=cosa$$

$$=\lim_{x\to a}\frac{sinx-sina}{x-a}$$

$$=\frac{y}{dx}\text{sinx}\Big|_{x=a}$$

習題 2-4

1. 求 (1)～(10) 之 $y'=?$

(1) $y=\frac{sinx}{x}$

(2) $y=\frac{1+sinx}{cosx}$

(3) $y=[cos(x^2+1)]^3$

(4) $y=cos(x^2+1)^3$

(5) $y = x^3 sin2x$　　(6) $y = \frac{cosx}{1 + x}$

(7) $y = \frac{sinx - xcosx}{cosx + xsinx}$　　(8) $y = cos^2(f(h(x)))$

(9) $y = sec\sqrt{3x^2 + 1}$　　(10) $y = cos(secx^2)$

2. 試導證 $\frac{d}{dx}cscx = -cscxcotx$。

3. 試導證 $\frac{d}{dx}cotx = -csc^2x$。

4. 試證 $\lim_{x\to\infty}\frac{sinx}{x} = 0$（提示：$1 \geq sinx \geq -1$，用擠壓定理）。並以此結果求 $\lim_{x\to\infty}\frac{x - sinx}{3x}$

5. (1) $|x| < 1$ 時，$1 - \frac{x^2}{6} < h(x) < 1$，求 $\lim_{x\to 0} h(x)$　(2) $\lim_{x\to\infty}\frac{[x]}{x}$

6. 求下列極限

(1) $\lim_{x\to 0}\frac{sinnx}{sinmx}$　　(2) $\lim_{x\to 0} sinxsin\frac{1}{x}$

7. $f(x) = \begin{cases} sinx & ; x < 0 \\ x & ; x \geq 0 \end{cases}$，求 $f'(x)$。（提示：在 $x = 0$ 處要討論左、右導函數是否存在）

8. 求 $\frac{d}{dx}sin(3x°)$。（提示 $1° = \frac{\pi}{180}$）

2.5 反函數與反函數微分法

2.5.1 反函數

在談反函數的導函數前，我們先對函數 $f(x)$ 之**反函數**（Inverse function）定義如下：

定義 f, g 爲兩函數，若 $f(g(x)) = x$ 且 $g(f(x)) = x$，則 f, g 互爲反函數，習慣上 f 之反函數以 f^{-1} 表之。

若 f^{-1} 爲 f 之反函數，對所有 f 定義域中之 x，$f^{-1}(f(x)) = x$ 均成立且 $f^{-1}(f(y)) = y$，對所有在值域之 y 亦成立。同時我們也可推知 f 之定義域即爲 f^{-1} 之值域，f^{-1} 之定義域亦爲 f 之值域。

我們不易由上述反函數之定義判斷函數 f 在區間 I 是否有反函數 f^{-1}，因此我們導入**單調函數**（Monotonic function）。

定義 設區間 I 包含在函數 f 的定義域中

(1) 若對所有的 x_1，$x_2 \in$ I 且 $x_1 \leqq x_2$，都有 $f(x_1) \leqq f(x_2)$ 則稱函數 f 在區間 I 內爲**遞增**（Increasing）。

(2) 若對所有的 x_1，$x_2 \in$ I 且 $x_1 < x_2$，都有 $f(x_1) < f(x_2)$，則稱函數 f 在區間 I 內爲**嚴格遞增**（Strictly Increasing）。

(3) 將上定義 (1) 中的「$f(x_1)\leqq f(x_2)$」改成「$f(x_1)\geqq f(x_2)$」即得**遞減**（Decreasing）。

(4) 將上定義 (2) 中的「$f(x_1)<f(x_2)$」改成「$f(x_1)>f(x_2)$」即得嚴格**遞減**（Strictly Decreasing）。

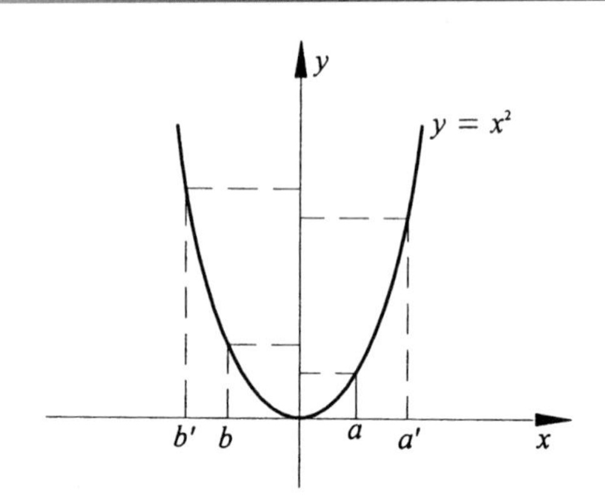

例如：$f(x)=x^2$ 爲一拋物線，其圖形如上圖，當 $x>0$ 時，$a'>a$，有 $f(a')>f(a)$，因此 $f(x)=x^2$ 在 $x>0$ 時爲遞增函數，但當 $x<0$ 時，$b>b'$，$f(b)<f(b')$ 因此 $f(x)=x^2$ 在 $x<0$ 時爲遞減函數。$\therefore f(x)=x^2$ 在 $x\geq 0$ 或 $x\leq 0$ 時均有反函數，但 $\infty\geq x\geq -\infty$ 時 $f^{-1}(x)$ 不存在。

	$x\geq 0$	$x\leq 0$	$\infty\geq x\geq -\infty$
圖形	水平線與圖形恰交一點	水平線與圖形恰交一點	水平線與圖形並非恰交一點
反函數	$f^{-1}(x)=\sqrt{x}$	$f^{-1}(x)=-\sqrt{x}$	$f^{-1}(x)$ 不存在

若 $f(x)$ 在定義域 D 中為嚴格遞增或嚴格遞減時，我們稱它們為**單調函數**（Monotonic Functions），**它們的反函數存在**。

可微分函數 $f(x)$ 在區間 I 中滿足 $f(x')>0$ 或 $f(x')<0$，$\forall x\in I$ 則 $f(x)$ 在區間 I 中為單調函數，如此，我們可用較簡便之方法探知 $f(x)$ 在區間 I 中是否為單調。在此，我們先記住此結果，我們在 3.3 節定理 A 再做證明。

定理 A　若 f 在區間 I 中為單調函數，則 f 在 I 中有反函數。

一旦確定 $f(x)$ 在區間 I 有反函數，那麼 $f^{-1}(x)$ 求法是：以 x 為未知數，y 為已知數，解方程式 $y=f(x)$ 即可。

例 1. 若 $f(x)=3x+1$，問 $f(x)$ 是否有反函數？若有其反函數為何？

解

(1) $f(x)=3x+1$，$f'(x)=3>0$

$\therefore f(x)$ 之反函數存在。

(2) 令 $y=3x+1$ 則 $x=\dfrac{y-1}{3}$，即 $f^{-1}(y)=\dfrac{y-1}{3}$

$\therefore$ 取 $g(x)=\dfrac{x-1}{3}$，即 $f^{-1}(x)=\dfrac{x-1}{3}$

我們可證明 $g(x)=\dfrac{x-1}{3}$ 為 $f(x)=3x+1$ 之反函數：

$$g(f(x))=g(3x+1)=\frac{(3x+1)-1}{3}=x$$

$$f(g(x)) = 3g(x) + 1 = 3 \cdot \frac{x-1}{3} + 1 = x$$

$\because g(f(x)) = f(g(x))$

$\therefore g(x) = \frac{x-1}{3}$ 是 $f(x) = 3x + 1$ 之反函數

例 2. 求 $y = x^3$ 之反函數？

解 $\because y = x^3$（$y' = 3x^2 > 0$ $\therefore y = x^3$ 有反函數）

$\therefore x = \sqrt[3]{y}$

即 $f^{-1}(x) = \sqrt[3]{x}$

因此 $g(x) = \sqrt[3]{x}$ 是 $f(x) = x^3$ 之反函數

我們可驗證如下：

$f(g(x)) = f(\sqrt[3]{x}) = (\sqrt[3]{x})^3 = x$

$g(f(x)) = g(x^3) = \sqrt[3]{x^3} = x$

$\therefore g(x) = \sqrt[3]{x}$ 是 $f(x) = x^3$ 之反函數。

例 3. 求 $y = 2x^3 + 5$ 之反函數？

解 $\because y = 2x^3 + 5$

$\therefore 2x^3 = y - 5$ $x^3 = \frac{y-5}{2}$ $x = \sqrt[3]{\frac{y-5}{2}}$

即 $f^{-1}(x) = \sqrt[3]{\frac{x-5}{2}}$

隨堂演練

2.5A

1. 求 $f(x) = x^5 + 2$ 之反函數，並驗證之。
2. 求 $f(x) = 3x^5 - 2$ 之反函數，並驗證之。

〔提示〕

1. $\sqrt[5]{x-2}$　2. $\sqrt[5]{\dfrac{x+2}{3}}$

2.5.2 反函數之幾何意義

定理 B 若 $y=f(x)$ 有一反函數 $y=f^{-1}(x)$，則 $y=f(x)$ 與 $y=f^{-1}(x)$ 這兩個圖形對稱於直線 $y=x$。

證明 若 (a, b) 在 $y=f(x)$ 之圖形上，$b=f(a)$

$\because f$ 有反函數

$\therefore a=f^{-1}(b)$，從而 $(b, f^{-1}(b))=(b, a)$ 在 f^{-1} 圖形上，又 (a, b) 與 (b, a) 對稱 $y=x$，亦即 $f(x)$ 與 $f^{-1}(x)$ 之圖形對稱 $y=x$　■

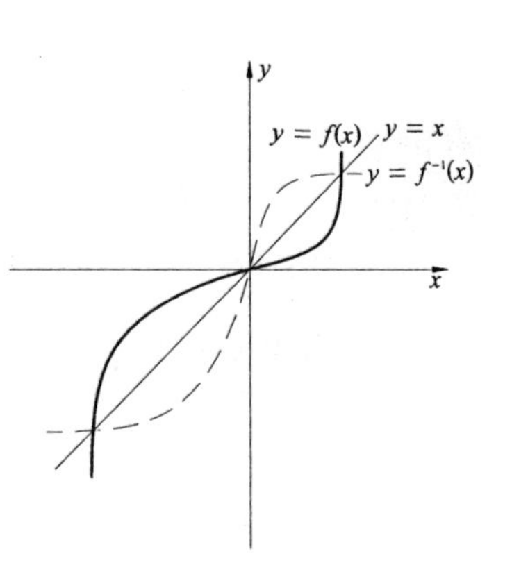

★ **例 4.** 若函數 $f(x)=\dfrac{1}{2^x+1}$ 與 $g(x)$ 對稱於 $y=x$，求 $g(x)$。

解　$g(x)=f^{-1}(x)$

又 $y=\frac{1}{2^x+1}$　$\therefore (2^x+1)y=1$　得 $2^x=\frac{1-y}{y}$

$\therefore x=log_2\frac{1-y}{y}$

即 $f^{-1}(x)=log_2\frac{1-x}{x}$，$1>x>0$

故 $g(x)=log_2\frac{1-x}{x}$，$1>x>0$ 是爲所求。

2.5.3　反函數微分法

定理 B　若 $y=f(x)$ 之反函數爲 $x=g(y)$，且 $y=f(x)$ 爲可微分則 $\frac{dx}{dy}=\frac{1}{\frac{dy}{dx}}$。

證明　$\because x=g(y)$ 爲 $y=f(x)$ 之反函數　$\therefore$由反函數之定義 $f(g(y))=y$，兩邊同時對 y 微分得 $f'(g(y))g'(y)=1$，

$$\therefore g'(y)=\frac{1}{f'(g(y))}=\frac{1}{f'(x)}=\frac{1}{\frac{dy}{dx}}$$ ■

例 5.　已知 $f(x)=x^3+2x+1$ 之反函數 $g(x)$ 存在，求 $g'(4)=$？

解　$$g'(4)=\frac{1}{\frac{dy}{dx}\mid_{x=1}}=\frac{1}{3x^2+2}\Big]_{x=1}=\frac{1}{5}$$

給定 $f(x)$ 有反函數 $g(x)$ 存在，欲求 $g'(a)$ 時需要求出 $f(x)=a$ 之一個解。除非問題中有某些「巧妙」的安排，通常這個解都不

易求出。

在上例中，$f(1)=4$，即 $f^{-1}(4)=1$，$\because$ $g(x)$ 爲 $f(x)$ 之反函數 $\therefore$ $g'(4)=\dfrac{1}{f'(1)}$，如果上例改求 $g'(2)$，那將變成一個困難的問題。

例 6. 已知 $f(x)=x^5+x^3+x+3$ 有反函數 $g(x)$，求 $f'(3)=$？

解 $g'(3)=\dfrac{1}{\dfrac{dy}{dx}\mid x=0}=\left.\dfrac{1}{5x^4+3x^2+1}\right]_{x=0}=1$

例 7. 已知 $f(x)=x^{101}+x^{83}+x^{15}+2$ 有一反函數 $g(x)$，求 $g'(-1)=$？

解 $g'(-1)=\dfrac{1}{\dfrac{dy}{dx}\mid x=-1}=\left.\dfrac{1}{101x^{100}+83x^{82}+15x^{14}}\right]_{x=-1}$

$=\dfrac{1}{199}$

隨堂演練

2.5B

若已知 $f(x)=x^7+2x^5+3$ 有反函數 $g(x)$，驗證 $g'(6)=\dfrac{1}{17}$。

1. 求下列各題之反函數

(1) $y=3x+5$ (2) $y=\sqrt[3]{x}$ (3) $y=\sqrt[3]{x+1}$

(4) $y=x^5+1$ (5) $y=\dfrac{1+x}{1-x}$，$x\neq 1$

(假定已知上列函數之反函數均存在)

2. 試繪 $x>0$ 時 $y=x^2$ 與 $y=\sqrt{x}$ 之圖形於同一圖中。它們是否對稱於 $y=x$？

3. 若函數 $g(x)$ 與 $f(x)=\dfrac{1-3x}{x-2}$ 對稱於 $y=x$，求 $g(x)$。

4. $f(x)=2x^3+x+1$ 有反函數 $g(x)$，求 (1) $g'(-17)=$? (2) $g'(1)=$?

5. $f(x)=x^5+1$ 有反函數 $g(x)$ 求 (1) $g'(0)=$? (2) $g'(2)=$?

2.6 反三角函數微分法

2.6.1 反三角函數之基本概念

基本三角函數爲週期函數，每一個 y 值均可找到無限個可能的 x 值與之對應，除非我們對其定義域予以限制，否則其反函數是不存在的。以 $y=sinx$ 圖形爲例 $y=k$，$1\geq k\geq -1$，可與 $y=sinx$ 之圖形至少交二點（事實上，爲無限多個點），所以它不是一對一，因此沒有反函數，但是，如果我們將 $y = sinx$ 之定義域限制在 $\frac{\pi}{2} \geq x \geq -\frac{\pi}{2}$ 時，讀者由下圖可知此時 $y = sinx$ 便有反函數。

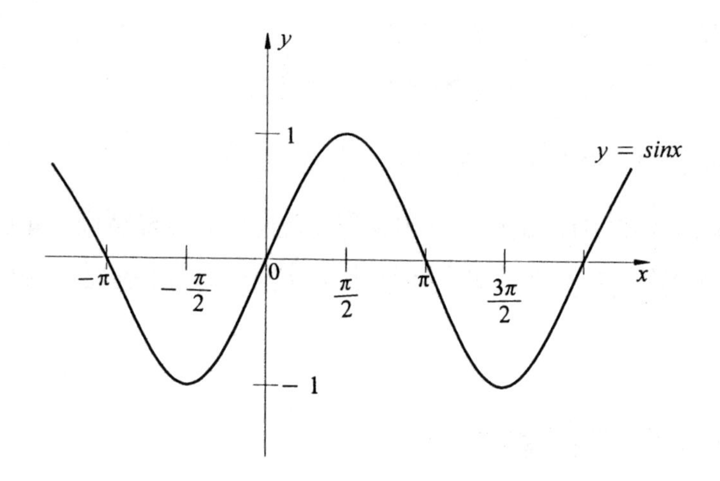

我們用一個新的函數——反正弦函數，$sin^{-1}：x \rightarrow sin^{-1}x$ 表示。（注意 $sin^{-1}x$ 是反正弦函數，不是 $sinx$ 之 -1 次方）。

規定：$sin^{-1}：x \rightarrow sin^{-1}x$, $-\frac{\pi}{2} \leq x \leq \frac{\pi}{2}$。

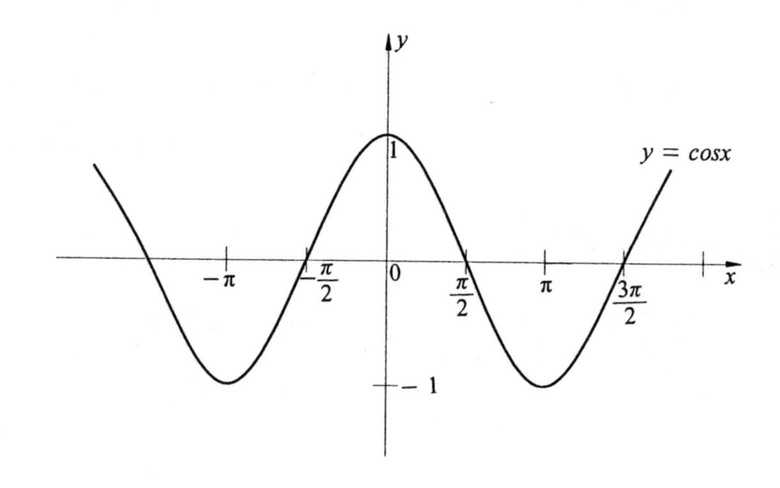

同法我們可建立其他三角函數之反函數：

cos^{-1}：$x \to cos^{-1}x$， $\pi \geq x \geq 0$

tan^{-1}：$x \to tan^{-1}x$， $\frac{\pi}{2} > x > -\frac{\pi}{2}$

cot^{-1}：$x \to cot^{-1}x$， $\pi > x > 0$

sec^{-1}：$x \to sec^{-1}x$， $\pi \geq x \geq 0$， $x \neq \frac{\pi}{2}$

csc^{-1}：$x \to csc^{-1}x$， $\frac{\pi}{2} \geq x \geq -\frac{\pi}{2}$， $x \neq 0$

本節之重點在導出反三角函數微分法，只需應用 2.4 節定理 E 與 2.5 節定理 B 即已足矣，因此我們不打算詳述反三角函數之細節。

2.6.2 反三角函數微分公式

定理 A

1. $\frac{d}{dx}sin^{-1}x = \frac{1}{\sqrt{1-x^2}}$
2. $\frac{d}{dx}cos^{-1}x = \frac{-1}{\sqrt{1-x^2}}$
3. $\frac{d}{dx}tan^{-1}x = \frac{1}{1+x^2}$
4. $\frac{d}{dx}cot^{-1}x = \frac{-1}{1+x^2}$
5. $\frac{d}{dx}sec^{-1}x = \frac{1}{|x|\sqrt{x^2-1}}$
6. $\frac{d}{dx}csc^{-1}x = \frac{-1}{|x|\sqrt{x^2-1}}$

證明 （我們只證明 $\frac{d}{dx}sin^{-1}x = \frac{1}{\sqrt{1-x^2}}$，$\frac{d}{dx}tan^{-1}x = \frac{1}{1+x^2}$，

及 $\frac{d}{dx}sec^{-1}x = \frac{1}{|x|\sqrt{x^2-1}}$，其餘留作習題）

(1) $\frac{d}{dx}sin^{-1}x$：

令 $y=sin^{-1}x$，則 $x=siny,\ \frac{dx}{dy}=cosy$

$$\therefore \frac{dy}{dx}=\frac{1}{\frac{dx}{dy}}=\frac{1}{cosy}=\frac{1}{\sqrt{1-sin^2y}}=\frac{1}{\sqrt{1-x^2}}$$ ■

(2) $\frac{d}{dx}tan^{-1}x$：

令 $y=tan^{-1}x$，則 $x=tany,\ \frac{dx}{dy}=sec^2y$

$$\therefore \frac{dy}{dx}=\frac{1}{\frac{dx}{dy}}=\frac{1}{sec^2y}=\frac{1}{1+tan^2y}=\frac{1}{1+x^2}$$ ■

(3) $\frac{d}{dx}sec^{-1}x$：

$sec^{-1}x=cos^{-1}\frac{1}{x}$

$$\therefore \frac{d}{dx}sec^{-1}x=\frac{d}{dx}cos^{-1}\frac{1}{x}$$

$$=-\frac{-\frac{1}{x^2}}{\sqrt{1-\left(\frac{1}{x}\right)^2}}=\frac{1}{|x|\sqrt{x^2-1}}$$ ■

我們由 2.3 節鏈鎖律即可得到推論 A1。

推論 A1

u 為 x 之可微分函數，則

1. $\frac{d}{dx}sin^{-1}u=\frac{1}{\sqrt{1-u^2}}\frac{d}{dx}u,\ |u|<1$
2. $\frac{d}{dx}cos^{-1}u=\frac{-1}{\sqrt{1-u^2}}\frac{d}{dx}u,\ |u|<1$
3. $\frac{d}{dx}tan^{-1}u=\frac{1}{1+u^2}\frac{d}{dx}u,\ u\in R$

4. $\frac{d}{dx}cot^{-1}u = \frac{-1}{1+u^2}\frac{d}{dx}u,\ u \in R$

5. $\frac{d}{dx}sec^{-1}u = \frac{1}{|u|\sqrt{u^2-1}}\frac{d}{dx}u,\ |u| > 1$

6. $\frac{d}{dx}csc^{-1}u = \frac{-1}{|u|\sqrt{u^2-1}}\frac{d}{dx}u,\ |u| > 1$

例 1. 求 $\frac{d}{dx}sin^{-1}(\sqrt{x}) = ?$

解 $\frac{d}{dx}sin^{-1}(\sqrt{x}) = \frac{\frac{d}{dx}\sqrt{x}}{\sqrt{1-(\sqrt{x})^2}} = \frac{1}{2\sqrt{x}\sqrt{1-x}}$

例 2. 求 $\frac{d}{dx}x(cos^{-1}x^2)\ |_{x=\frac{1}{3}} = ?$

解 $\frac{d}{dx}x(cos^{-1}x^2)\ |_{x=\frac{1}{3}} = cos^{-1}x^2 + x \cdot \frac{(-2x)}{\sqrt{1-x^4}}]_{x=\frac{1}{3}}$

$$= cos^{-1}\frac{1}{9} - \frac{\frac{2}{9}}{\sqrt{1-\frac{1}{81}}} = cos^{-1}\frac{1}{9} - \frac{1}{2\sqrt{5}}$$

例 3. 求 $\frac{d}{dx}tan^{-1}x^2 = ?$

解 $\frac{d}{dx}tan^{-1}x^2 = \frac{\frac{d}{dx}x^2}{1+(x^2)^2} = \frac{2x}{1+x^4}$

例 4. 求 $\frac{d}{dx}tan^{-1}tanx^2 = ?$

解

方法一：$\frac{d}{dx}tan^{-1}tanx^2 = \frac{\frac{d}{dx}tanx^2}{1+tan^2x^2} = \frac{2xsec^2x^2}{sec^2x^2} = 2x$

方法二：$\frac{d}{dx}tan^{-1}tanx^2 = \frac{d}{dx}x^2 = 2x$

隨堂演練

2.6A

驗證 $\frac{d}{dx}sin(x^2+1)^3 = cos(x^2+1)^3 \cdot 6x(x^2+1)^2$。

習題 2-6

1. 求下列各導函數？

(1) $\frac{d}{dx}sin^{-1}(x^3)$ (2) $\frac{d}{dx}[sin^{-1}(x^3)]^2$

(3) $\frac{d}{dx}(tan^{-1}x)^3$ (4) $\frac{d}{dx}(sec^{-1}x^2)^2$

(5) $\frac{d}{dx}(cot^{-1}\sqrt{x})^2$ (6) $\frac{d}{dx}tan^{-1}(\frac{1+x}{1-x})$

(7) $\frac{d}{dx}(tan^{-1}(\frac{b}{a}tanx))$ (8) $\frac{d}{dx}csc^{-1}\frac{\sqrt{1+x^2}}{x}$

2. 試證 $\frac{d}{dx}cos^{-1}x = \frac{-1}{\sqrt{1-x^2}}$。

3. 試證 $\frac{d}{dx}csc^{-1}x = \frac{-1}{|x|\sqrt{x^2-1}}$。

4. 試證 $\frac{d}{dx}cot^{-1}x = \frac{-1}{1+x^2}$。

5. 求 (a) $\lim_{x\to 0} tan^{-1}\frac{1}{x}$ (b) $\lim_{x\to\infty}\frac{sinx}{x^2 sin\frac{1}{x}}$。

6. $y = tan^{-1}\left(\frac{3sinx}{4+5cosx}\right)$，試驗證 $y' = \frac{3}{5+4cosx}$。

2.7 指數與對數函數微分法

2.7.1 e是什麼

在微積分中，不論是指數函數或自然對數函數之微分、積分，e都扮演著極其重要地位，因此本節先從「e」開始。

定義 $\lim_{n\to\infty}(1+\frac{1}{n})^n=e$

由數值方法可推得e的值近似於2.71828……，e是一個超越數（我們以前學過的圓周率π也是一個超越數）。我們將以數值的方法說明：

n	1	2	4	5	10	100
$(1+\frac{1}{n})^n$	2	2.25	2.441	2.448	2.594	2.705……

例 1. 求(1) $\lim_{n\to\infty}(1+\frac{1}{n})^{3n}=$？(2) $\lim_{n\to\infty}(1+\frac{1}{n})^{-2n}=$？

解 (1) $\lim_{n\to\infty}(1+\frac{1}{n})^{3n}=\lim_{n\to\infty}[(1+\frac{1}{n})^n]^3=[\lim_{n\to\infty}(1+\frac{1}{n})^n]^3$

$=e^3$

(2) $\lim_{n\to\infty}(1+\frac{1}{n})^{-2n}=\lim_{n\to\infty}[(1+\frac{1}{n})^{n}]^{-2}=[\lim_{n\to\infty}(1+\frac{1}{n})^{n}]^{-2}$

$=e^{-2}$

例 2. 求 (1) $\lim_{n\to\infty}(1+\frac{3}{n})^{n}=?$ (2) $\lim_{n\to\infty}(1+\frac{1}{2n})^{n}=?$

解 這兩個例子都是要利用變數變換法。

(1) 取 $n=3m$

則 $\lim_{n\to\infty}(1+\frac{3}{n})^{n}\overset{n=3m}{=\!=\!=}\lim_{m\to\infty}(1+\frac{3}{3m})^{3m}=\lim_{m\to\infty}(1+\frac{1}{m})^{3m}$

$=[\lim_{m\to\infty}(1+\frac{1}{m})^{m}]^{3}=e^{3}$

(2) 取 $n=\frac{m}{2}$

則 $\lim_{n\to\infty}(1+\frac{1}{2n})^{n}\overset{n=\frac{m}{2}}{=\!=\!=}\lim_{m\to\infty}(1+\frac{1}{m})^{\frac{m}{2}}$

$=[\lim_{m\to\infty}(1+\frac{1}{m})^{m}]^{\frac{1}{2}}=\sqrt{e}$

隨堂演練

2.7A

1. 求 $\lim_{x\to\infty}(1+\frac{1}{3x})^{x}=?$

2. 求 $\lim_{x\to\infty}(1+\frac{2}{x})^{3x}=?$

〔提示〕

1. $\sqrt[3]{e}$ 2. e^{6}

2.7.2 指數 e 的性質

由 e 之定義我們可得 $e^{\circ}=1$，$e^{a+b}=e^{a}\cdot e^{b}$，$e^{a-b}=e^{a}/e^{b}$，$(e^{m})^{n}=e^{mn}$ 等一些在初等代數中我們所熟悉的結果。

例如：$e^{a}=[\lim_{x\to\infty}(1+\frac{1}{x})^{x}]^{a}$

$$\therefore e^{a+b}=[\lim_{x\to\infty}(1+\frac{1}{x})^{x}]^{a+b}$$

$$=[\lim_{x\to\infty}(1+\frac{1}{x})^{x}]^{a}\cdot[\lim_{x\to\infty}(1+\frac{1}{x})^{x}]^{b}$$

$$=e^{a}\cdot e^{b}$$

例如：$e^{2}\cdot e^{3}=e^{5}$，$e^{2}/e^{3}=e^{2-3}=e^{-1}$, $(e^{2})^{3}=e^{2\cdot 3}=e^{6}$

例 3. 求 $\lim_{x\to 0^{+}}\left(e^{\frac{1}{x}}\right)^{tanx}$

解

$$\lim_{x\to 0^{+}}\left(e^{\frac{1}{x}}\right)^{tanx}=e^{\frac{sinx}{xcosx}}$$

$$\because \lim_{x\to 0^{+}}\frac{sinx}{xcosx}=\lim_{x\to 0^{+}}\frac{sinx}{x}\lim_{x\to 0^{+}}\frac{1}{cosx}$$

$$=1\cdot 1=1$$

$$\therefore \lim_{x\to 0^{+}}\left(e^{\frac{1}{x}}\right)^{tanx}=e$$

2.7.3 自然對數函數

自然對數函數（Natural Logarithm Function），是以 e 爲底的對數函數，通常以 lnx 表之，其中 $x>0$（亦即 $log_{e}x=lnx$），所

以自然對數函數是我們中學所學之對數函數的一個特例，二者差別在於底，自然對數是以 e 為底，而中學之對數函數是以 10 為底，由對數函數之性質，我們可輕易知道：

1. lnx 只當 $x > 0$ 時有意義，
2. $ln1 = 0$，
3. $lne = 1$，
4. $\lim_{x\to\infty} lnx = \infty,\ \lim_{x\to 0^+} lnx = -\infty$。

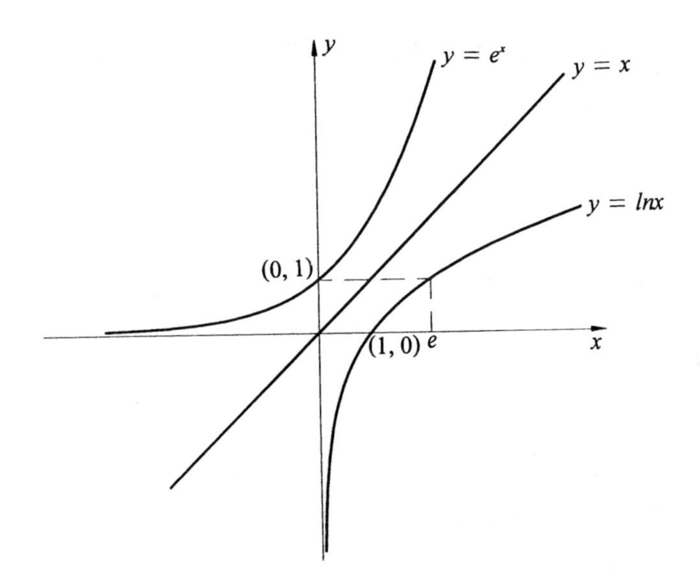

因為 $y = lnx$ 與 $y = e^x$ 互為反函數，因此，這兩個圖形以 $y = x$ 為對稱軸。

ln 保有一些初等代數中 log 函數之所有之性質，諸如：(1) $lnx + lny = lnxy, x > 0, y > 0$；(2) $lnx^r = rlnx, x > 0$；(3) $lnx - lny = ln\frac{x}{y}, x > 0, y > 0$；(4) $e^{lnx} = x, x > 0$……，其中(4)是一

個重要但卻經常被忽視之性質。我們證明一些自然對數函數之基本性質：

■ $lnx + lny = lnxy, x > 0, y > 0$

我們可利用 $y = lnx$ 與 $y = e^x$ 互爲反函數之性質，

得 $e^{lnxy} = xy$ (1)

及 $e^{lnx+lny} = e^{lnx}e^{lny} = xy$ (2)

比較 (1), (2) 得：$e^{lnxy} = e^{lnx+lny}$

$\therefore lnxy = lnx + lny$ ■

■（自然對數換底公式） $log_a x = \dfrac{lnx}{lna}$, $a > 0$, $x > 0$

令 $y = log_a x$ (1)

$\therefore a^y = a^{log_a x} = x$

兩邊取自然對數

$lna^y = lnx$ 即 $ylna = lnx$

$y = \dfrac{lnx}{lna}$ (2)

由 (1), (2) $log_a x = \dfrac{lnx}{lna}$ ■

例 4. 若 $3^{2x} = e^3$，試求 $x=$？

解 $\because 3^{2x} = e^3$

$\therefore ln3^{2x} = lne^3 = 3lne = 3$ 得 $2xln3 = 3$

$\therefore x = \dfrac{3}{2ln3}$

例 5. 若 $logx = e^2$，求 $x=$？

解 $logx = e^2 \quad \therefore \dfrac{lnx}{ln10} = e^2$

$lnx = e^2 ln10 \quad e^{lnx} = e^{e^2 \cdot ln10} = e^{ln10^{e^2}} \quad \therefore x = 10^{e^2}$

2.7.4 e^x 之微分公式

為了推導 $\frac{d}{dx}e^x=e^x$，我們先證下列引理：

引理 $\lim_{x\to 0}\frac{\ln(1+x)}{x}=1$

證明 $\lim_{x\to 0}\frac{\ln(1+x)}{x}=\lim_{x\to 0}\ln(1+x)^{\frac{1}{x}}=\ln\lim_{x\to 0}(1+x)^{\frac{1}{x}}$

$\overset{y=\frac{1}{x}}{=\!=\!=}\ln\lim_{y\to\infty}\left(1+\frac{1}{y}\right)^y=\ln e=1$ ■

定理A $\frac{d}{dx}e^x=e^x$。

證明 $\frac{d}{dx}e^x=\lim_{h\to 0}\frac{e^{xth}-e^x}{h}=\lim_{h\to 0}\frac{e^x(e^h-1)}{h}\overset{y=e^h-1}{=\!=\!=}e^x\lim_{y\to 0}\frac{y}{\ln(1+y)}$

$=e^x\cdot 1=e^x$ ■

若 $u(x)$ 為可微分函數，由鏈鎖律得 $\frac{d}{dx}e^{u(x)}=u'(x)\,e^{u(x)}$。

例 6. 求 $\frac{d}{dx}e^{x^2}=?$

解 $\frac{d}{dx}e^{x^2}=e^{x^2}\cdot\frac{d}{dx}x^2=e^{x^2}\cdot 2x$

2.7.5 自然對數函數之微分公式

定理 B $\frac{d}{dx}lnx=\frac{1}{x}$, $x>0$。

證明 （$\because e^{\ln x}=x$），兩邊同時對 x 微分，得：

$$e^{\ln x}\frac{d}{dx}\ln x=1\Rightarrow x\frac{d}{dx}\ln x=1$$

$$\therefore \frac{d}{dx}\ln x=\frac{1}{x}, x>0$$

■

由鏈鎖律：$\frac{d}{dx}lnu(x)=\frac{u'(x)}{u(x)}$, $u(x)>0$。在求自然對數函數導函數時，我們通常假設該函數是有意義的，即 $u(x)>0$。

例 7. $\frac{d}{dx}\frac{lnx}{x}=$？

解 $$\frac{d}{dx}\frac{lnx}{x}=\frac{x\frac{d}{dx}lnx-(lnx)\frac{d}{dx}x}{x^2}=\frac{x\cdot\frac{1}{x}-lnx}{x^2}=\frac{1-lnx}{x^2}$$

例 8. 若 $y=ln(x^2+1)$，求 $y'=$？

解 $$y'=\frac{\frac{d}{dx}(x^2+1)}{x^2+1}=\frac{2x}{x^2+1}$$

例 9. 若 $y=xln(x^2+1)$，求 $y'=$？

解 $$y'=ln(x^2+1)+x\cdot\frac{2x}{x^2+1}=ln(x^2+1)+\frac{2x^2}{x^2+1}$$

例 10. 若 $y = log_3(1 + x^2)$，求 $y' = ?$

解 $y = log_3(1 + x^2) = \dfrac{ln(1 + x^2)}{ln3}$ $\therefore y' = \dfrac{1}{ln3} \cdot \dfrac{2x}{1 + x^2}$

隨堂演練

2.7B

1. 若 $y = ln(1 + x + x^2)^3$，求 $y' = ?$
2. 若 $y = xlnx$，求 $y' = ?$

〔提示〕

1. $\dfrac{3(2x + 1)}{1 + x + x^2}$ 2. $(lnx) + 1$

例 11. 求 $\dfrac{d}{dx}ln(1 + e^x) = ?$

解 $\dfrac{d}{dx}ln(1 + e^x) = \dfrac{\dfrac{d}{dx}(1 + e^x)}{1 + e^x} = \dfrac{e^x}{1 + e^x}$

隨堂演練

2.7C

驗證 $\dfrac{d}{dx}e^{\sqrt{x}} = \dfrac{1}{2\sqrt{x}}e^{\sqrt{x}}$。

2.7.6 自然對數函數在求導函數上之應用

應用一：連乘除式之導函數

例 12. 若 $y=\dfrac{(x^2+1)(x^3-x+1)}{(x^4+x^2+1)^2}$，求 $y'=$？

解

$$\ln y=\ln\frac{(x^2+1)(x^3-x+1)}{(x^4+x^2+1)^2}$$

$$=\ln(x^2+1)+\ln(x^3-x+1)-\ln(x^4+x^2+1)^2$$

兩邊同時對 x 微分：

$$\frac{y'}{y}=\frac{2x}{x^2+1}+\frac{3x^2-1}{x^3-x+1}-\frac{2(4x^3+2x)}{x^4+x^2+1}$$

$$\therefore\ y'=y\left(\frac{2x}{x^2+1}+\frac{3x^2-1}{x^3-x+1}-\frac{2(4x^3+2x)}{x^4+x^2+1}\right)$$

$$=\frac{(x^2+1)(x^3-x+1)}{(x^4+x^2+1)^2}\left(\frac{2x}{x^2+1}+\frac{3x^2-1}{x^3-x+1}-\frac{8x^3+4x}{x^4+x^2+1}\right)$$

例 13. 求 $\dfrac{d}{dx}\dfrac{x}{x^2+1}=$？

解

方法一：用除法公式可得 $\dfrac{d}{dx}\dfrac{x}{x^2+1}=\dfrac{(x^2+1)\dfrac{dx}{dx}-x\dfrac{d}{dx}(x^2+1)}{(x^2+1)^2}$

$$=\frac{x^2+1-x\cdot 2x}{(x^2+1)^2}=\frac{1-x^2}{(x^2+1)^2}$$

方法二：利用自然對數函數公式

$$y=\frac{x}{x^2+1},\ \ln y=\ln x-\ln(x^2+1)$$

兩邊同時對 x 微分

$$\frac{y'}{y}=\frac{1}{x}-\frac{2x}{x^2+1}$$

$$\therefore\ y'=y\left(\frac{1}{x}-\frac{2x}{x^2+1}\right)=\frac{x}{x^2+1}\left(\frac{1}{x}-\frac{2x}{x^2+1}\right)$$

$$=\frac{1}{x^2+1}-\frac{2x^2}{(x^2+1)^2}=\frac{1-x^2}{(x^2+1)^2}$$

應用二：指數部分爲 x 之函數的導函數

例 14. 求 $\frac{d}{dx}10^{x^2}=?$

解 令 $y=10^{x^2}$ 則 $lny=x^2\cdot ln10=(ln10)x^2$

兩邊同時對 x 微分：

$$\frac{y'}{y}=(ln10)\cdot 2x \quad \therefore\ y'=y[(ln10)2x]=10^{x^2}\cdot 2xln10$$

例 15. 求 $\frac{d}{dx}x^x=?$

解 令 $y=x^x$ 則 $lny=xlnx$

兩邊同時對 x 微分得：

$$\frac{y'}{y}=lnx+x\cdot\frac{d}{dx}lnx=lnx+x\cdot\frac{1}{x}=1+lnx$$

$$\therefore\ y'=y(1+lnx)=x^x(1+lnx)$$

隨堂演練

2.7D

1. 求 $\frac{d}{dx}e^{sin^{-1}x}=?$　　2. 求 $\frac{d}{dx}ln(1+e^{x^2})=?$

〔提示〕

1. $\frac{1}{\sqrt{1-x^2}}e^{sin^{-1}x}$　　2. $\frac{2xe^{x^2}}{1+e^{x^2}}$

習題 2-7

1. 試微分下列各題：

(1) $y = ln(1 + e^{2x})$　　(2) $y = e^{(x^2+x+1)}$

(3) $y = ln(1 + sin^{-1}x)$　　(4) $y = e^{ln(1+x^4)}$

(5) $y = x^2 lnx$　　(6) $y = 10^{tan^{-1}x}$

(7) $y = ln(lnx)$　　(8) $y = 5^{\sqrt{x}}$

2. 試微分下列各題：

(1) $y = (x^2 + 1)^2(x^3 + 1)^3(x^4 + 1)^4$　　(3) $y = ln(x + \sqrt{x^2 + 9})$

(2) $y = x\,[sin(lnx) - cos(lnx)]$　　(4) $y = x^{sin^2 x}$

3. 在例 16. 中我們已求出 $\frac{d}{dx}x^x = x^x(1 + lnx)$，試用此結果求 $\frac{d}{dx}x^{x^x}$ (x^{x^x} 指數部分為 x^x)。

4. 定義 $sinh(x) = \frac{1}{2}(e^x - e^{-x}), cosh(x) = \frac{1}{2}(e^x + e^{-x})$；

證明 $\frac{d}{dx}sinh(x) = cosh(x), \frac{d}{dx}cosh(x) = sinh(x)$；

以及 $cosh^2(x) - sinh^2(x) = 1$。

★ 5. $f(x) = 2^{3^x}$ 求 $f'(1)$。

6. 取 $x = ln2$，$y = ln3$，試用 x, y 表示 $ln\sqrt{\frac{2}{27}}$。

7. 試微分下列各項

(1) $y = x^{lnx}$　(2) $y = x^{\sqrt{x}}$　(3) $y = \sqrt{x}^{\sqrt{x}}$

2.8 高階導函數

2.8.1 基本高階導函數求法

f 爲一 n 階可微分函數，則我們可求出其導函數 f'，若 f' 亦爲一可微分函數，我們可再求出其導函數，我們用 f'' 表所求之結果，並稱爲 f 之二階導函數，而稱 f' 爲一階導函數，如此便可反覆求 f 之三階導函數 f'''，以此推類，除了用 f', f''……表示各階導函數外，還有一些常用之表示法，爲了便於讀者適應這些不同之常用高階導函數表示法，在此我們將一些常用之高階導函數之符號表示法，表列如下：

階次				
一階	y'	f'	$\frac{dy}{dx}$	$D_x y$
二階	y''	f''	$\frac{d^2y}{dx^2}$	$D_x^2 y$
三階	y'''	f'''	$\frac{d^3y}{dx^3}$	$D_x^3 y$
四階	$y^{(4)}$	$f^{(4)}$	$\frac{d^4y}{dx^4}$	$D_x^4 y$
五階	$y^{(5)}$	$f^{(5)}$	$\frac{d^5y}{dx^5}$	$D_x^5 y$
…	…	…	…	…
n 階	$y^{(n)}$	$f^{(n)}$	$\frac{d^ny}{dx^n}$	$D_x^n y$

我們將舉一些例子說明高階導函數之求法技巧。

例 1. 若 $y = x^3 - 4x^2 + 3x - 5$，求 $y', y'', y''', y^{(4)}$ 及 $y^{(5)} = ?$

解 $y' = 3x^2 - 8x + 3, y'' = 6x - 8, y''' = 6, y^{(4)} = 0, y^{(5)} = 0$

例 2. 若 $y = x^{58}$，求 $y', y'', y''' = ?$ 以此所得結果試歸納出一個規則，「猜」$y^{(32)} = ?$

解 $y' = 58x^{57}$

$y'' = 58 \cdot 57x^{56}$

$y''' = 58 \cdot 57 \cdot 56x^{55}$

………

$y^{(32)} = 58 \cdot 57 \cdot 56 \cdots\cdots 27x^{26}$

由例 2，可推知若 $m > n$，m, n 爲正整數時下式成立：

$(x^m)^{(n)} = m(m-1)(m-1)\cdots\cdots(m-n+1)x^{m-n}$

例 3. 求 $y = e^{-2x}$ 之 $y^{(12)} = ?$ 又 $y^{(n)} = ?$

解 $y = e^{-2x}$

$y' = (-2)e^{-2x} = (-1)2 \cdot e^{-2x}$

$y'' = (-2)[(-2)e^{-2x}] = (-1)^2 2^2 e^{-2x}$

$y''' = (-2)(-2)[(-2)e^{-2x}] = (-1)^3 2^3 e^{-2x}$

………

$y^{(12)} = (-1)^{12} 2^{12} e^{-2x} = 2^{12} e^{-2x}$

及 $y^{(n)} = (-1)^n 2^n e^{-2x}$

由例 3. 可看出，**在求高階導函數時，要掌握** (1) **各階導函數**

之正負號、(2)冪次之規則性及(3)階乘變化的規則性。

例 4. $y=\frac{1}{x}$, $x\neq 0$，求 $y^{(n)}=$？

解 $y=\frac{1}{x}=x^{-1}$

$\therefore y'=(-1)x^{-2}=(-1)\cdot 1\cdot x^{-2}$

$y''=(-1)(-2)x^{-3}=(-1)^2 2!\,x^{-3}$

$y'''=(-1)(-2)(-3)x^{-4}=(-1)^3 3!\,x^{-4}$

…………

$\therefore y^{(n)}=(-1)^n n!\,x^{-(n+1)}$

如果 $y=lnx$ 時又如何？

$y=lnx$

$\therefore y'=x^{-1}=x^{-1}\quad y''=(-1)x^{-2}=(-1)1!\,x^{-2}$

$y'''=(-1)[(-2)x^{-3}]=(-1)^2 2!\,x^{-3}$

$y^{(4)}=(-1)(-2)[(-3)x^{-4}]=(-1)^3 3!\,x^{-4}$

…………

$\therefore y^{(n)}=(-1)^{n-1}(n-1)!\,x^{-n}$

隨堂演練

2.8A

$y=x^{32}$，求 $y^{(15)}=$？

〔提示〕

$32\cdot 31\cdots 18x^{17}$

我們在此將介紹三個求高階函數之常用的公式：

公式 1. $\begin{cases} \dfrac{d^n}{dx^n} sinbx = b^n sin(bx + \dfrac{n\pi}{2}) \\ \dfrac{d^n}{dx^n} cosbx = b^n cos(bx + \dfrac{n\pi}{2}) \end{cases}$

公式 2. $\dfrac{d^n}{dx^n} \dfrac{1}{ax + b} = (-1)^n n! a^n \left(\dfrac{1}{ax + b}\right)^{n+1}$

公式 3. $\dfrac{d^n}{dx^n} e^{bx} = b^n e^{bx}$

仿例 1 到例 4 之解法，不難推出上面公式。部分之證明留做習題（見第 11，12 題）。

例 5. 若 $f(x) = ln(1 + x)$，求 $f^{(32)}(0) = ?$

解 $y = ln(1 + x)$

$y' = (1 + x)^{-1}$ 若令 $g(x) = \dfrac{1}{1 + x}$，則求 $f^{(32)}(0)$ 相當於求 $g^{(31)}(0)$

$g^{(31)}(x) = (-1)^{31} 31!(1 + x)^{-32}$

$\Rightarrow y^{(32)}(0) = -(31!)$

隨堂演練

2.8B

$y = log_4(x + 2)$，驗證 $y^{(9)} = \dfrac{1}{ln4} \dfrac{8!}{(x + 2)^9}$。

例 6. 若 $f(x)=\frac{1-x}{1+x}$，求 $f^{(30)}(1)=?$

解 $y=\frac{1-x}{1+x}=-1+\frac{2}{1+x}=(-1)+2(1+x)^{-1}$

$\therefore y^{(30)}=2(-1)^{30}30!(1+x)^{-31}=2\cdot 30!(1+x)^{-31}$

因而 $y^{(30)}(1)=2\cdot\frac{30!}{2^{31}}=\frac{30!}{2^{30}}$

例 7. $y=\frac{7x-6}{x^2-3x+2}$，求 $y^{(n)}$，$n\geq 2$

解 $y=\frac{7x-6}{x^2-3x+2}=\frac{8}{x-1}-\frac{1}{x-1}$

$\therefore y^{(n)}=(-1)^n n!\left(\frac{8}{(x-2)^{n+1}}-\frac{1}{(x-1)^{n+1}}\right)$

例 8. 若 $y=sin^2x$，求 $y^{(n)}$

解 $y'=2sinxcosx=sin2x$ $\therefore$ 令 $g=y'$ 則求 $y^{(n)}$ 相當求 $g^{(n-1)}$

$g^{(n-1)}=2^{n-1}sin\left(2x+\frac{n-1}{2}\pi\right)$

$\therefore y^n=2^{n-1}sin\left(2x+\frac{n-1}{2}\pi\right)$

★2.8.2 Leibniz法則

求兩個函數積之高階導函數時，我們可用定理 A，即 Leibniz 法則求出。

定理 A u, v 爲 x 之 n 階可微分函數，則

$$(uv)^{(n)}=u^{(n)}v^{(0)}+\binom{n}{1}u^{(n-1)}v'+\binom{n}{2}u^{(n-1)}v''+\cdots+\binom{n}{n}u^{(0)}v^{(n)}\quad,$$

在此規定 $u^{(0)}=u, v^{(0)}=v$

我們不打算證明它，只舉一個例子說明它的應用。

例 9. 若 $y=x^2e^{2x}$，求 $y^{(n)}$

解 $u=e^{2x}, v=x^2$，則 $u^{(k)}=2^k\mathrm{e}^{2x}, v^{(0)}=x^2, v'=2x, v''=2$

$$\therefore y^{(n)}=(x^2e^{2x})^{(n)}=2^ne^{2x}\cdot x^2+\binom{n}{1}2^{n-1}e^{2x}\cdot 2x+\binom{n}{2}2^{n-2}e^{2x}\cdot 2$$

$$=2^ne^{2x}\left(x^2+nx+\frac{n(n-1)}{4}\right)$$

習題 2-8

1. 若 $y=x^{43}$，求 (1) $y^{(30)}(1)=?$ (2) $y^{(43)}(1)=?$ (3) $y^{(44)}(1)$?
2. 若 $y=ln(1+2x)$，求 $y^{(n)}(0)=?$
3. 若 $y=x^4+x^2+1$，求 $y',y'',\cdots,y^{(5)}=?$
4. 若 $y=\dfrac{1}{x+2}$，求 (1) $y^{(n)}(0)=?$ (2) $y^{(20)}(0)=?$
5. $y=f(x)g(x)$，求 $y''=?$
6. 若 $y=\dfrac{x-1}{2x+3}$，試證 $\dfrac{y'''}{y'}=\dfrac{3}{2}\left(\dfrac{y''}{y'}\right)^2$。

(提示：$y=\dfrac{x-1}{2x+3}=\dfrac{1}{2}+\dfrac{-\frac{1}{2}}{2x+3}$)

7. 若 $y = ae^{\lambda_1 x} + be^{\lambda_2 x}$，試證 y 滿足 $y'' - (\lambda_1 + \lambda_2)y' + \lambda_1\lambda_2 y = 0$。

8. 若 $f''(x)$ 存在，求 $\frac{d^2y}{dx^2}$
   (1) $y = f(e^{-x})$　　　　(2) $y = lnf(x)$

9. 若 $f(x)$ 之任一階導函數均存在，且 $f'(x) = f^2(x)$，求 $f^{(n)}(x)$, $n \geq 2$。

10. $y = \frac{1}{x^2 - a^2}$，求 $y^{(n)}$。

11. 試證 $\frac{d^n}{dx^n}\sin bx = b^n \sin\left(bx + \frac{n\pi}{2}\right)$

12. 試證 $\frac{d^n}{dx^n}\frac{1}{ax+b} = (-1)^n n!\, a^n \left(\frac{1}{ax+b}\right)^{n+1}$

2.9 隱函數微分法

前幾節我們討論之函數均爲 $y = f(x)$ 之形式，如 $y = x^2 + 1$, $y = \frac{x}{x^2 + 1}$，我們稱這種函數形式爲**顯函數**（Explicit Functions），另一種函數是**隱函數**（Implicit Functions），隱函數是由 $f(x_1, x_2, \ldots x_n) = 0$ 所隱含定義的函數，如 $f(x, y) = x^3 + y^2 + 1 = 0$。隱函數中有的可化成顯函數，如 $2x + 3y = 4$，有的無法或不易化成顯函數，如 $x^2 + xy^3 + y^4 - 9 = 0$。

2.9.1 隱函數之一階導函數求法

本節討論隱函數 $f(x, y) = 0$ 之 $\frac{dy}{dx}$ 的求法。在隱函數微分法中，我們往往假設 y 是 x 之可微分函數，透過鏈鎖律而解出 $\frac{dy}{dx}$。

例 1. $x^2 + y^2 = 25$，求 $y' = ?$ 求過 $(3, 4)$ 之切線方程式？

解 (1) $x^2 + y^2 = 25$，二邊對 x 微分得：

$$2x + 2y \cdot y' = 0 \quad \therefore\ y' = -\frac{x}{y}$$

(2) $x^2 + y^2 = 25$ 在 $(3, 4)$ 之切線斜率為 $m = -\frac{3}{4}$

∴過 $(3, 4)$ 之切線方程式為

$$\frac{y-4}{x-3} = -\frac{3}{4} \quad \therefore\ 4y - 16 = -3x + 9$$

即 $4y + 3x = 25$

例 2. 求過 $xy = 2$ 上一點 $(1, 2)$ 之切線方程式？

解

方法一：先求過 $xy = 2$ 之點 $(1, 2)$ 切線方程式之斜率：

$xy = 2$，二邊對 x 微分得：

$$y + xy' = 0 \quad \therefore\ y']_{(1,2)} = -\frac{y}{x}]_{(1,2)} = -\frac{2}{1} = -2$$

因此，切線方程式為

$$\frac{y-2}{x-1} = -2$$

化簡得：

$y = -2x + 4$

方法二：$y=\frac{2}{x}=2x^{-1}$

$\therefore y'=-2x^{-2},\ y'\big|_{x=1}=-2x^{-2}\big|_{x=1}=-2$

得切線方程式

$\frac{y-2}{x-1}=-2$，即 $y=-2x+4$

隨堂演練

2.9A

驗證 $xy^3=8$ 上一點 $(1,2)$ 之切線方程式為 $2x+3y=8$。

2.9.2 高階隱函數微分法

隨函數之高階導函數之解法，在技巧中一如顯函數，先求出 y' 再由 y' 導出 $y''\cdots$，在 y'' 解法過程中之 y' 部分，用剛求出之 y' 代入即可。

例 3. $x^2+y^2=r^2$，求 $\frac{d^2y}{dx^2}=?$

解 $x^2+y^2=r^2$，$2x+2yy'=0$

$$\therefore y'=-\frac{x}{y} \qquad (1)$$

$$y''=\frac{d}{dx}\left(\frac{d}{dx}y\right)=\frac{d}{dx}\left(-\frac{x}{y}\right)=-\frac{y\frac{d}{dx}x-x\frac{d}{dx}y}{y^2}$$

$$\underline{\underline{y'=-\frac{x}{y}}}-\frac{y-x\left(-\frac{x}{y}\right)}{y^2}$$

$$=-\frac{y+\frac{x^2}{y}}{y^2}=-\frac{y^2+x^2}{y^3}=-\frac{r^2}{y^3}$$（利用已知 $x^2+y^2=r^2$），

$y\neq 0$

例 4. $xy^3=8$，求 $y''=$？

解 $xy^3=8$

$y^3+3xy^2y'=0\quad\therefore\ y'=-\frac{y^3}{3xy^2}=-\frac{y}{3x}$

$$y''=\frac{d}{dx}y'=-\frac{x\frac{dy}{dx}-y\cdot 1}{3x^2}\ \underset{\quad}{\overset{y'=-\frac{y}{3x}}{=\!=\!=}}\ -\frac{x(-\frac{y}{3x})-y}{3x^2}$$

$$=\frac{4y}{9x^2}，x\neq 0$$

隨堂演練

2.9B

驗證 $x^4+y^4=16$ 之 $y''=-\frac{48x^2}{y^7}$。

習題 2-9

1. 試求下列各隱函數之 y'。

(1) $\sqrt{x}+\sqrt{y}=2$ (2) $x^2-3xy+y^2=4$

(3) $4x^2+x\sin y-e^x=1$ (4) $x^2+xy+y^2=0$

2. 求下列各隱函數在指定點之 y'？

(1) $y = e^{x+y}$，求 $y']_{(1,0)}$　(2) $tan^{-1}\dfrac{x}{y} + ln\sqrt{x^2 + y^2} = 1$，求 $y']_{(2,1)}$

(3) $xy^2 - 3xy + x - 4 = 0$，求 $y'_{(4,3)}$

3. 求下列隱函數之 y''？

(1) $x^3 - y^3 = 1$，求 y''

(2) $x + \tan^{-1}y = y$，求 y''

4. 求 $xy^2 - x^2 + 6 = 0$ 在 $(3, 1)$ 點之切線斜率？並求過 $(3, 1)$ 之切線方程式？

第3章

微分學之應用

3.1 均值定理

本章之洛比達法則、函數之單調性、凹性、極值、繪圖之理論均植基於**均值定理**（Mean Value Theorem）。因此，本章先從洛爾定理談起。

3.1.1 洛爾定理（Rolle's Theorem）

定理 A 洛爾定理

$f(x)$ 在 $[a, b]$ 上為連續，且在 (a, b) 內各點皆可微分，若 $f(a) = f(b)$ 則在 (a, b) 之間必存在一數 x_0，$a < x_0 < b$，使得 $f(x_0) = 0$。

洛爾定理之幾何意義為 f 在 $[a, b]$ 連續且在 (a, b) 內可微分下，若 $f(a) = f(b)$，則 $y = f(x)$ 之圖形在 (a, b) 之間必可找到一點其切線斜率為零之水平切線。

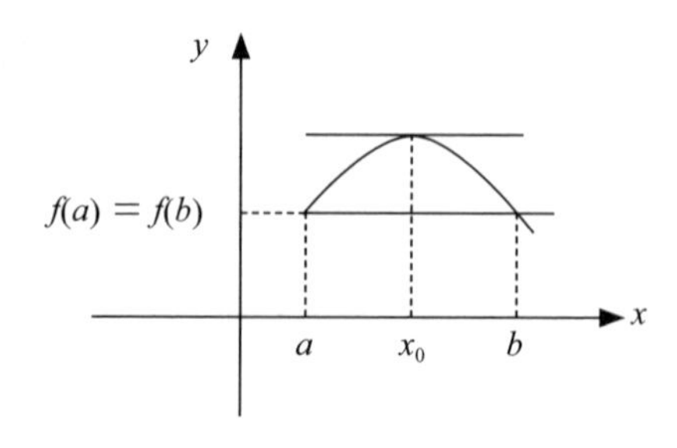

註：本節是供本章爾後諸節之理論基礎，若時間不足或其他原因，可略之或僅做簡單之介紹即可。

例 1. 試說明 $f(x) = x^2 - x$ 在 $(0, 1)$ 有一點 x_0 滿足 $f'(x_0) = 0$ 又 $x_0 = ?$

解 $f(x) = x^2 - x$ 在 $[0, 1]$ 爲連續，在 $(0, 1)$ 爲可微分，且 $f(0) = f(1) = 0$，由定理 A（洛爾定理）知在 $(0, 1)$ 存在一點 x_0 滿足 $f'(x_0) = 0$，現求 $x_0 = ?$

$f'(x_0) = 2x_0 - 1 = 0 \therefore x_0 = \frac{1}{2}$，讀者易知 $x_0 \in (0, 1)$

例 2. 若 $f(x) = (x-1)(x-2)(x-3)(x-4)$，問 $f'(x) = 0$ 根之分布？

解 $f(x) = (x-1)(x-2)(x-3)(x-4)$ 在 $[1, 4]$ 連續，在 $(1, 4)$ 可微分，$\because f(1) = f(2) = 0$ ∴在 $(1, 2)$ 間存在一個 x_1 滿足 $f'(x_1) = 0$；$f(2) = f(3) = 0$ ∴在 $(2, 3)$ 存在一個 x_2 滿足 $f'(x_2) = 0$，同理在 $(3, 4)$ 存在一個 x_3 滿足 $f'(x_3) = 0$

★**例 3.** 試證 $x^5 + x^2 - 2 = 0$ 恰有一個正根

解 取 $f(x) = x^5 + x^2 - 2$，$f(0) = -2$，$f(2) = 32$　$\because f(0)f(2) < 0$ ∴由 1.4 節定理 C 知：
$f(x) = 0$ 在 $(0, 2)$ 至少有一根 a，現用反證法，設除 a 外還有另一個根 b，$\because f(a) = f(b) = 0$，由洛爾定理知在 (a, b) 間乃有一根 c，但 $f'(x) = 5x^4 + 1 > 0$，即不存在一個實數 c 滿足 $5c^4 + 1 = 0 \therefore x^5 + x - 2 = 0$ 恰有一正根。

> **利用洛爾定理證明恰有一根方法**
> 1. 存在性：由 $f(a)f(b) < 0 \Rightarrow f(x)$ 在 (a, b) 至少有一根
> 2. 惟一性：假定在 (a, b) 另有一根，利用反證法及洛爾定理證明矛盾。

隨堂演練

3.1A

試說明 $f(x)=x^2-1$，在 $(-1, 1)$ 間有一點 x_0 滿足 $f'(x_0)=0$

提示：$x_0=0$

3.1.2 拉格蘭日均值定理（Langrange定理）

定理B 拉格蘭日均值定理

$f(x)$ 在 $[a, b]$ 上為連續，且在 (a, b) 內各點均可微分，則在 (a, b) 之間必存在一數 x_0，$a < x_0 < b$，使得 $f'(x_0)=\dfrac{f(b)-f(a)}{b-a}$。

證明 設 A，B 二點之座標分別為 $(a, f(a))$，$(b, f(b))$ 則 $\overleftrightarrow{AB}$ 之斜率 $m=\dfrac{f(b)-f(a)}{b-a}$

取 $g(x)=f(x)-[f(a)+m(x-a)]$

$\because g(a)=0$

且 $g(b)=f(b)-[f(a)+\dfrac{f(b)-f(a)}{b-a}(b-a)]$

$=0$

$\therefore g(a)=g(b)=0$

又 $g(x)$ 在 (a, b) 中可微分及 $g(x)$ 在 $[a, b]$ 中為連續，故由洛爾定理知有一個 $\varepsilon\in(a, b)$ 使得 $g'(\varepsilon)=0$，即

$g'(\varepsilon)=f'(\varepsilon)-m=0 \quad \therefore m=f'(\varepsilon)=\dfrac{f(b)-f(a)}{b-a}$

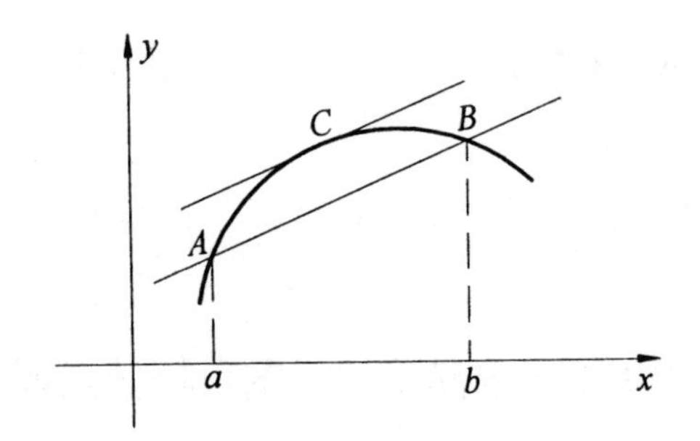

拉格蘭日均值定理之幾何意義爲 f 在 $[a, b]$ 爲連續且在 (a, b) 內皆可微分，則在 (a, b) 之間必可找到一點其切線與 $(a, f(a))$ 及 $(b, f(b))$ 之連線平行。

例 4. 若 $f(x)=x^2+1$，$x\in[-1, 2]$，求滿足拉格蘭日均值定理之 x_0。

解 $f'(x_0)=2x_0$，根據拉格蘭日均值定理，

$$f'(x_0)=\frac{f(x_2)-f(x_1)}{x_2-x_1}=\frac{f(2)-f(-1)}{2-(-1)}=\frac{5-2}{3}=1$$

$\therefore\ 2x_0=1$　即 $x_0=\dfrac{1}{2}$

讀者易看出 $x_0=\dfrac{1}{2}\in(-1, 2)$

例 5. 若 $f(x)=sinx,\ x\in[0,\dfrac{\pi}{2}]$，求滿足拉格蘭日均值定理之 x_0。

解 $f'(x)=cosx\quad \therefore f'(x_0)=cosx_0$

$$\frac{f(x_2)-f(x_1)}{x_2-x_1}=\frac{f(\frac{\pi}{2})-f(0)}{\frac{\pi}{2}-0}=\frac{sin\frac{\pi}{2}-sin0}{\frac{\pi}{2}-0}=\frac{1-0}{\frac{\pi}{2}}=\frac{2}{\pi}$$

$\because \dfrac{f(x_2)-f(x_1)}{x_2-x_1}=f'(x_0)$，即 $\dfrac{2}{\pi}=cosx_0$

$\therefore x_0 = cos^{-1}(\frac{2}{\pi})$。

隨堂演練

3.1B

$f(x) = x^3$，$x \in [0, 1]$，求滿足拉格蘭日均值定理之 x_0。

〔提示〕

$x_0 = \frac{1}{\sqrt{3}}$

我們舉一些簡單的例子說明拉格蘭日均值定理在不等式之應用。

例 6. 試證 $tan^{-1}b - tan^{-1}a < b - a, b > a$

解 取 $f(x) = tan^{-1}x$ 則

$$\frac{tan^{-1}b - tan^{-1}a}{b - a} = \frac{1}{1+\xi^2}, b > \xi > a$$

又 $\frac{1}{1+\xi^2} < 1$

$\therefore \frac{tan^{-1}b - tan^{-1}a}{b - a} < 1$，即 $tan^{-1}b - tan^{-1}a < b - a$

例 7. $a > b > 0$ 時試證 $\frac{a-b}{a} < ln\frac{a}{b} < \frac{a-b}{b}$

解 取 $f(x) = lnx$ 則

$$\frac{lna - lnb}{a - b} = \frac{1}{\xi}, a > \xi > b$$

$\because a > \xi > b \quad \therefore \frac{1}{b} > \frac{1}{\xi} > \frac{1}{a}$

$lna - lnb = ln\frac{b}{a} = \frac{a-b}{\xi} \Rightarrow \frac{a-b}{b} > \frac{a-b}{\xi} > \frac{a-b}{a}$

即 $\frac{a-b}{a} < ln\frac{a}{b} < \frac{a-b}{b}$

隨堂演練

3.1C

試證 $|sinb - sina| \leq |b-a|$，$b > a > 0$

3.1.3 歌西（Cauchy）均值定理

定理 C（歌西均值定理）：設 $f(x)$，$g(x)$ 在 $[a, b]$ 中為連續且在 (a, b) 中為可微分，則在 (a, b) 中存在一點 ξ 使得 $\frac{f(b)-f(a)}{g(b)-g(a)} = \frac{f'(\xi)}{g'(\xi)}$，$b > \xi > a$。

證明 考慮函數 $h(x) = f(x) - f(a) - \alpha\{g(x) - g(a)\}$，$\alpha = \frac{f(b)-f(a)}{g(b)-g(a)}$，則 $h(x)$ 顯然滿足了在 $[a, b]$ 中為連續且在 (a, b) 中為可微分之條件，又 $h(a) = f(a) - f(a) - \alpha[g(a) - g(a)] = 0$，$h(b) = f(b) - f(a) - \alpha[g(b) - g(a)] = f(b) - f(a) - \frac{f(b)-f(a)}{g(b)-g(a)}[g(b) - g(a)] = 0$

$\therefore$由洛爾定理知存在一個 $\xi \in (a, b)$ 使得 $h'(\xi) = 0$

即 $h'(\xi) = f'(\xi) - 0 - \alpha[g'(\xi) - 0] = 0$

$\therefore f'(\xi) = \alpha g'(\xi)$，$\alpha = \dfrac{f'(\xi)}{g'(\xi)}$ 但 $\alpha = \dfrac{f(b) - f(a)}{g(b) - g(a)}$

$\therefore \dfrac{f(b) - f(a)}{g(b) - g(a)} = \dfrac{f'(\xi)}{g'(\xi)}$，$b > \xi > a$

例 8. $f(x)$ 在 $[a, b]$ 中爲連續，在 (a, b) 中爲可微分，試證在 (a, b) 中存在一個 ξ 滿足

$$\frac{f(b) - f(a)}{b - a} = \frac{b + a}{2\xi} f'(\xi)$$

解 取 $g(x) = x^2$，$g(x)$ 亦滿足歌西均值定理之條件，由定理 C（歌西均值定理）$\dfrac{f(b) - f(a)}{b^2 - a^2} = \dfrac{f'(\xi)}{2\xi}$，$b > \xi > a$，化簡得 $\dfrac{f(b) - f(a)}{b - a} = \dfrac{b + a}{2\xi} f'(\xi)$

習題 3-1

1. 計算下列各題滿足拉格蘭日均值定理之 x_0。
   (1) $f(x) = \sqrt{1 - x^2}$，$x \in [0, 1]$
   (2) $f(x) = 1 + \dfrac{4}{x}$，$x \in [1, 4]$
2. 任一拋物線 $y = a + bx + cx^2$，$c \neq 0$，$x \in [\alpha, \beta]$，試證：其拉格蘭日均值定理之 x_0 為區間兩端點之算術平均數，即 $x_0 = \dfrac{\alpha + \beta}{2}$。
3. $x > 0$ 時，試證 $x > ln(1 + x) > \dfrac{x}{x + 1}$

★ 4. 若 $a_0+\frac{a_1}{2}+\cdots+\frac{a_n}{n+1}=0$，試證 $a_0+a_1x+a_2x^2+\cdots+a_nx^n=0$ 在 $(0, 1)$ 至少有一實根。(提示：考慮 $f(x)=a_0x+\frac{a_1}{2}x^2+\cdots+\frac{a_n}{n+1}x^{n+1}=0$)

5. $f(x)=|x|$，$1\geq x\geq -1$ 是否滿足洛爾定理？

3.2 洛比達法則

3.2.1 不定式

我們在第 1 章已學過函數極限之基本計算方法，但這些方法對形如 $\lim_{x\to 0}\frac{e^x-1}{x+e^x-1}$ 這類問題即束手無策。本節之洛比達法則（L'Hospital Rule）可以簡單地、漂亮地處理更多複雜之不定式。

3.2.2 洛比達法則

（L'Hospital）法則：若 $\lim_{x\to x_0}f(x)=\lim_{x\to x_0}g(x)=0$，

且 $\lim_{x\to x_0}\frac{f'(x)}{g'(x)}$ 存在，則 $\lim_{x\to x_0}\frac{f(x)}{g(x)}=\lim_{x\to x_0}\frac{f'(x)}{g'(x)}$。

在此x_0可為$+\infty$，$-\infty$，或0^+，0^-之型式。

證明 （在此只證 $\lim_{x \to x_0^+} \frac{f(x)}{g(x)} = \lim_{x \to x_0^+} \frac{f'(x)}{g'(x)}$ 之情況）

設 $f(x)$，$g(x)$ 在 (a, b) 中為可微分，且 $\lim_{x \to x_0^+} f(x) = \lim_{x \to x_0^+} g(x) = 0$，$b > x_0 > a$，則由歌西均值定理

$$\frac{f(x) - f(x_0)}{g(x) - g(x_0)} = \frac{f'(\xi)}{g'(\xi)},\ x > \xi > x_0$$

當 $x \to x_0^+$ 時，$\xi \to x_0^+$

又 $\lim_{x \to x_0^+} f(x) = \lim_{x \to x_0^+} g(x) = 0$

$$\therefore \lim_{x \to x_0^+} \frac{f(x)}{g(x)} = \lim_{x \to x_0^+} \frac{f'(\xi)}{g'(\xi)} = \lim_{x \to x_0^+} \frac{f'(x)}{g'(x)}$$ ■

上述洛比達法則應注意到：

(1) 在 $\lim_{x \to x_0} f(x) = \lim_{x \to x_0} g(x) = \infty$ 時，定理仍成立，

(2) **$f(x)$，$g(x)$ 需為可微分函數**。

例 1. 求 $\lim_{x \to 1} (1-x)log_x b$，$b > 0$？

解

$$\lim_{x \to 1}(1-x)\log_x b = \lim_{x \to 1}(1-x)\frac{lnb}{lnx} = lnb\lim_{x \to 1}\frac{1-x}{lnx}$$

$$\overset{\frac{0}{0};\ \text{L'Hospital}}{=\!=\!=\!=} lnb\lim_{x \to 1}\frac{-1}{\frac{1}{x}} = -lnb$$

例 2. 求 $\lim_{x \to 1} \frac{x^5 - 2x^3 + x}{x^7 - 2x^4 + x}$

解 $\lim_{x\to 1}\frac{x^5-2x^3+x}{x^7-2x^4+x}$

$$\overset{\frac{0}{0}\text{ ; L'Hospital}}{=\!=\!=}\lim_{x\to 1}\frac{5x^4-6x^2+1}{7x^6-8x^3+1}$$

$$\overset{\frac{0}{0}\text{ ; L'Hospital}}{=\!=\!=}\lim_{x\to 1}\frac{20x^3-12x}{42x^5-24x^2}=\frac{8}{18}=\frac{4}{9}$$

例 3. 求 $\lim_{x\to 0}\frac{e^x+\sin x-2x-1}{x^2}$

解 $\lim_{x\to 0}\frac{e^x+\sin x-2x-1}{x^2}$

$$\overset{\frac{0}{0}\text{ ; L'Hospital}}{=\!=\!=}\lim_{x\to 0}\frac{e^x+\cos x-2}{2x}\overset{\frac{0}{0}\text{ ; L'Hospital}}{=\!=\!=}\lim_{x\to 0}\frac{e^x-\sin x}{2}$$

$$=\frac{1}{2}$$

例 4. 求 $\lim_{x\to\infty}\left(x-x^2 ln\left(1+\frac{1}{x}\right)\right)$

解 $\lim_{x\to\infty}\left(x-x^2 ln\left(1+\frac{1}{x}\right)\right)\overset{y=\frac{1}{x}}{=\!=\!=}\lim_{y\to 0}\left(\frac{1}{y}-\frac{1}{y^2}\ln(1+y)\right)$

$$=\lim_{y\to 0}\frac{y-ln(1+y)}{y^2}\overset{\frac{0}{0}\text{ ; L'Hospital}}{=\!=\!=}\lim_{y\to 0}\frac{1-\frac{1}{y+1}}{2y}$$

$$=\lim_{y\to 0}\frac{1}{2(1+y)}=\frac{1}{2}$$

隨堂演練

3.2A

分別用 1. 洛比達法則及 2. $\lim\limits_{x\to 0}\frac{sinx}{x}=1$ 求 $\lim\limits_{x\to 0}\frac{1-cos2x}{xsinx}$

〔提示〕

2

例 5. 若 $\lim\limits_{x\to 2}\frac{x^2+ax+b}{x^2-x-2}=2$ 求 a, b

解 $\because \lim\limits_{x\to 2}x^2-x-2=0$，而 $\lim\limits_{x\to 2}\frac{x^2+ax+b}{x-x-2}=2$

$\therefore \lim\limits_{x\to 2}(x^2+ax+b)=0$

即 $\lim\limits_{x\to 2}\frac{x^2+ax+b}{x^2-x-2}$ 爲不定式，故可用洛比達法則：

$\lim\limits_{x\to 2}\frac{x^2+ax+b}{x^2-x-2}=\lim\limits_{x\to 2}\frac{2x+a}{2x-1}=\frac{4+a}{3}=2 \quad \therefore a=2$

但 $\lim\limits_{x\to 2}x^2+ax+b=0 \Rightarrow \lim\limits_{x\to 2}x^2+2x+b=8+b=0$

$\therefore b=-8$

3.2.3 0 · ∞型

這種類型之不定式問題，通常可化成 $\frac{\infty}{\infty}$ 或 $\frac{0}{0}$ 之型式，如此便可用洛比達法則求解。

例 6. 求 $\lim_{x \to \pi}(x-\pi)sec\frac{x}{2}=?$

解 $\lim_{x \to \pi}(x-\pi)sec\frac{x}{2}=\lim_{x \to \pi}\frac{x-\pi}{cos\frac{x}{2}} \xlongequal{\frac{0}{0};\text{ L'Hospital}} \lim_{x \to \pi}\frac{1}{-\frac{1}{2}sin\frac{x}{2}}$

$=-2$

例 7. 求 $\lim_{x \to \infty} x^2e^{-x}=?$

解 $\lim_{x \to \infty} x^2e^{-x}=\lim_{x \to \infty}\frac{x^2}{e^x} \xlongequal{\frac{\infty}{\infty};\text{ L'Hospital}} \lim_{x \to \infty}\frac{2x}{e^x}$

$\xlongequal{\frac{\infty}{\infty};\text{ L'Hospital}} \lim_{x \to \infty}\frac{2}{e^x}=0$

3.2.4 ∞－∞型

這類型之不定式問題通常可藉通分後用洛比達法則求解。

例 8. 求 $\lim_{x \to 0}(\frac{1}{x}-\frac{1}{sinx})=?$

解 $\lim_{x \to 0}(\frac{1}{x}-\frac{1}{sinx}) \xlongequal{\infty-\infty} \lim_{x \to 0}(\frac{sinx-x}{xsinx})$

$\xlongequal{\frac{0}{0};\text{ L'Hospital}} \lim_{x \to 0}\frac{cosx-1}{sinx+xcosx}$

$\xlongequal{\frac{0}{0};\text{ L'Hospital}} \lim_{x \to 0}\frac{-sinx}{cosx+cosx-xsinx}=-\frac{0}{2}=0$

隨堂演練

3.2B

1. 求 $\lim_{x\to\infty} x^2e^{-2x}=?$　　2. 求 $\lim_{x\to 0}(cscx-cotx)=?$

〔提示〕

1. 0　2. 0

3.2.5　0^0、∞^0與1^∞型

這種類型問題可利用$f(x)=e^{lnf(x)}$，$f(x)>0$之性質進行求解。

例 9. 求 $\lim_{x\to 0^+} x^x=?$並由此求 $\lim_{x\to 0^+} xlnx$

解　(1) $\lim_{x\to 0^+} x^x=\lim_{x\to 0^+} e^{lnx^x}=\lim_{x\to 0^+} e^{xlnx}=\lim_{x\to 0^+} e^{lnx/\frac{1}{x}}$（指數部分 $\frac{-\infty}{\infty}$）

但 $\lim_{x\to 0^+}\frac{lnx}{\frac{1}{x}}\overset{\frac{\infty}{\infty};\text{ L'Hospital}}{=\!=\!=}\lim_{x\to 0^+}\frac{\frac{1}{x}}{-\frac{1}{x^2}}=\lim_{x\to 0^+}(-x)=0$

$\therefore \lim_{x\to 0^+} x^x=\lim_{x\to 0^+} e^{lnx/\frac{1}{x}}=e^0=1$

(2) $\lim_{x\to 0^+} xlnx=\lim_{x\to 0^+} lnx^x=ln1=0$

例 10. 求 $\lim_{x\to 0^+}(ln\frac{1}{x})^x$？

解　$\lim_{x\to 0^+}(ln\frac{1}{x})^x=e^{\lim_{x\to 0}xln(ln\frac{1}{x}))}\overset{y=\frac{1}{x}}{=\!=\!=}e^{\lim_{y\to\infty}\frac{ln\,lny}{y}}\overset{\frac{\infty}{\infty};\text{ L'Hospital}}{=\!=\!=}e^{\lim_{y\to\infty}\frac{1}{y\,lny}}$

$=e^{\circ}=1$

例 11. 求 $\lim_{x\to\infty}(1+\frac{1}{x})^{2x}=?$

解

方法一：$\lim_{x\to\infty}(1+\frac{1}{x})^{2x}$ (1^{∞})

$$= e^{\lim_{x\to\infty} 2x\ln(1+\frac{1}{x})} \xlongequal{y=\frac{1}{x}} e^{\lim_{y\to 0} 2\ln(1+y)/y} \xlongequal{\frac{0}{0}\text{ ; L'Hospital}} e^{2\lim_{y\to 0}\frac{1}{1+y}/1}$$
$$= e^2$$

方法二：$\lim_{x\to\infty}(1+\frac{1}{x})^{2x}=\left[\lim_{x\to\infty}(1+\frac{1}{x})^{x}\right]^2=e^2$

方法三：參考 3.2.6　1^{∞} 型之特殊解法

隨堂演練

3.2C

求 $\lim_{x\to 0}(1+3x)^{\frac{2}{x}}=?$

〔提示〕

e^6

3.2.6　1^{∞} 型之特殊解法

求 $\lim_{x\to a}f(x)^{g(x)}$（a 可為實數，$\pm\infty$）時，若 $\lim_{x\to a}f(x)=1$ 且 $\lim_{x\to a}g(x)=\infty$，除 3.2.5 之解法外，也可應用定理 B 利用視察法輕易地求出結果。

定理B 若 $\lim\limits_{x\to a} f(x)=1$，且 $\lim\limits_{x\to a} g(x)=\infty$，則 $\lim\limits_{x\to a} f(x)^{g(x)}=e[\lim\limits_{x\to a}(f(x)-1)g(x)]$，$a$ 可為 $\pm\infty$。

本定理之證明超過本書範圍故從略。

例 12. 求下列各子題之極限？

(1) $\lim\limits_{x\to\infty}(1+\frac{4}{x})^{\frac{x}{2}}$ (2) $\lim\limits_{x\to\infty}(1+\frac{4}{x}+\frac{3}{x^2})^{\frac{x}{2}}$

(3) $\lim\limits_{x\to\infty}(\frac{3x+4}{3x+1})^{\frac{x+1}{3}}$

解 (1) $f(x)=1+\frac{4}{x}$，$g(x)=\frac{x}{2}$；

$\lim\limits_{x\to\infty} f(x)=1$，$\lim\limits_{x\to\infty} g(x)=\infty$

$\therefore$ 原式 $=e^{\lim\limits_{x\to\infty}[f(x)-1]g(x)}=e^{\lim\limits_{x\to\infty}\frac{4}{x}\cdot\frac{x}{2}}=e^2$

(2) $f(x)=1+\frac{4}{x}+\frac{3}{x^2}$，$g(x)=\frac{x}{2}$；

$\lim\limits_{x\to\infty} f(x)=1$，$\lim\limits_{x\to\infty} g(x)=\infty$

$\therefore$ 原式 $=e^{\lim\limits_{x\to\infty}[f(x)-1]g(x)}=e^{\lim\limits_{x\to\infty}(\frac{4}{x}+\frac{3}{x^2})\frac{x}{2}}=e^{\lim\limits_{x\to\infty}2+\frac{3}{2x}}=e^2$

(3) $\lim\limits_{x\to\infty}(\frac{3x+4}{3x+1})^{\frac{x+1}{3}}=\lim\limits_{x\to\infty}(1+\frac{3}{3x+1})^{\frac{x+1}{3}}=e^{\lim\limits_{x\to\infty}(\frac{3}{3x+1}\cdot\frac{x+1}{3})}=e^{\frac{1}{3}}$

例 13. 求 (1) $\lim\limits_{x\to 0}\left(\frac{\sin x}{x}\right)^{\frac{1}{x^2}}$ (2) $\lim\limits_{x\to 0^+}\left(\frac{a^x+b^x}{2}\right)^{\frac{1}{x}}$，$a, b>0$

解 (1) $\lim\limits_{x\to 0}\left(\frac{\sin x}{x}\right)^{\frac{1}{x^2}}$ (1^∞)

$$=e^{\lim_{x\to 0}\left(\frac{sinx}{x}-1\right)\cdot\frac{1}{x^2}}=e^{\lim_{x\to 0}\frac{sinx-x}{x^3}}\overset{\frac{0}{0}\text{；L'Hospital}}{=\!=\!=}e^{\lim_{x\to 0}\frac{cosx-1}{3x^2}}$$

$$\overset{\frac{0}{0}\text{；L'Hospital}}{=\!=\!=}e^{\lim_{x\to 0}\frac{-sinx}{6x}}=e^{-\frac{1}{6}}$$

(2) $\lim_{x\to 0}\left(\frac{a^x+b^x}{2}\right)^{\frac{1}{x}}=e^{\lim_{x\to 0}\left(\frac{a^x+b^x}{2}-1\right)\frac{1}{x}}=e^{\lim_{x\to 0}\frac{a^x+b^x-2}{2x}}$

$$\overset{\frac{0}{0}\text{；L'Hospital}}{=\!=\!=}e^{\lim_{x\to 0}\frac{a^x lna+b^x lnb}{2}}=e^{\frac{1}{2}lnab}=\sqrt{ab}$$

3.2.7 一些不能用洛比達法則之極限問題

不定式 $\lim_{x\to a}\frac{f(x)}{g(x)}$，$(\frac{0}{0},\frac{\infty}{\infty})$ 時，如果 $f(x)$, $g(x)$ 有一個函數 f 或 g 在 $x=a$ 處不可微分，我們便不能用洛比達法則，此時我們可用其它方法（如擠壓定理（2.4 節定理 B））來解。

★ 例 14. 求 $\lim_{x\to 0}\frac{x^2sin\frac{1}{x}}{sinx}$

解 $\because f(x)=x^2sin\frac{1}{x}$ 在 $x=0$ 處不可微分

$\therefore$不能用洛比達法則，但

$$\lim_{x\to 0}\frac{x^2sin\frac{1}{x}}{sinx}=\lim_{x\to 0}\frac{x}{sinx}\cdot\lim_{x\to 0}xsin\frac{1}{x}=1\cdot\lim_{y\to\infty}\frac{siny}{y}=1\cdot 0=0$$

習題 3-2

1. 計算下列各題之極限？

(1) $\lim\limits_{x\to 0}\dfrac{e^x-1}{x}$

(2) $\lim\limits_{x\to 0}\dfrac{1-cosx}{x^2+3x}$

(3) $\lim\limits_{x\to\infty}\left(1+\dfrac{a}{x}\right)^{bx+c}$

(4) $\lim\limits_{x\to 0}\dfrac{x-sinx}{x-tanx}$

(5) $\lim\limits_{x\to\infty}(1+\dfrac{4}{x})^{2x}$

(6) $\lim\limits_{x\to\infty}\dfrac{2^{\frac{1}{x}}}{(1-\frac{1}{x})^x}$

(7) $\lim\limits_{x\to 0}(x+e^x)^{\frac{1}{x}}$

(8) $\lim\limits_{x\to 0^+}x^{sinx}$

(9) $\lim\limits_{x\to 0}\left(\dfrac{3^x+5^x}{2}\right)^{\frac{1}{x}}$

(10) $\lim\limits_{x\to 1}x^{\frac{1}{1-x}}$

2. 計算下列各題之極限？

(1) $\lim\limits_{x\to 0}\dfrac{cosx-1+\frac{1}{2}x^2}{x^4}$

(2) $\lim\limits_{x\to\infty}(\dfrac{x^2}{x^2-1})^x$

(3) $\lim\limits_{x\to\infty}xln(\dfrac{x+1}{x-1})$

(4) $\lim\limits_{x\to 0}(\dfrac{1}{x}-\dfrac{1}{tan^{-1}x})$

3. 若 $\lim\limits_{x\to\infty}\left(\dfrac{x+b}{x-b}\right)^x=4$，求 b

3.3 增減函數與函數圖形之凹性

函數之增減性與凹性在繪圖及極值問題上爲以後討論繪圖及極值問題之基礎。

3.3.1 函數增減區間

我們在 2.5 節已說過增減函數之定義，現在在定理 A 完成證明之動作。

定理 A $f(x)$ 在 $[a, b]$ 爲連續，且在 (a, b) 爲可微分

(1) 若 $f'(x) > 0$，$\forall x \in (a, b)$，則 $f(x)$ 在 (a, b) 爲增函數。

(2) 若 $f'(x) < 0$，$\forall x \in (a, b)$，則 $f(x)$ 在 (a, b) 爲減函數。

證明 (1) 由拉格蘭日均值定理

$$\frac{f(x)-f(a)}{x-a} = f'(\xi) > 0，\forall \xi \in (a, b)$$

$\because x > a \quad \therefore f(x) > f(a)$，因此 $f(x)$ 爲一遞增函數。

(2) 由拉格蘭日均值定理

$$\frac{f(x)-f(a)}{x-a} = f'(\xi) < 0，\forall \xi \in (a, b)$$

$\because x > a \quad \therefore f(x) < f(a)$，因此 $f(x)$ 爲一遞減函數。■

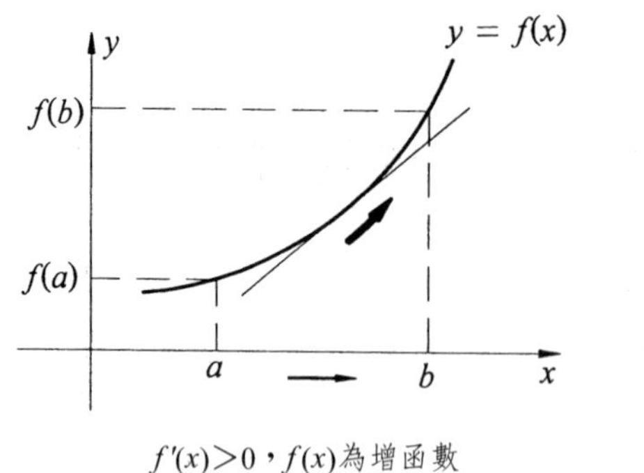

$f'(x)>0$，$f(x)$為增函數

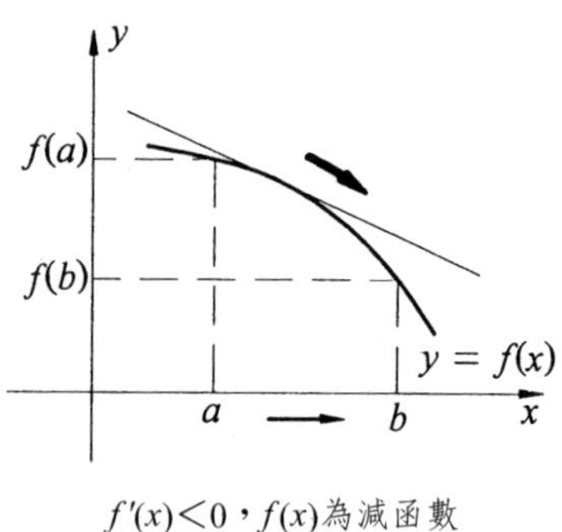

$f'(x)<0$，$f(x)$為減函數

換言之，x 値變動的方向與函數變動方向相同時爲增函數，否則爲減函數。

例 1. 問 $f(x)=x^3-3x^2-9x+6$ 在哪個範圍內爲嚴格遞增函數？在哪個範圍內爲嚴格遞減函數？

解 $\because f'(x)=3x^2-6x-9=3(x^2-2x-3)$

$=3(x-3)(x+1)$

$\therefore x>3$，$x<-1$ 時，$f'(x)>0$

即 $f(x)$ 在 $(3,\infty)$，$(-\infty,-1)$ 時爲嚴格遞增函數。在 $(-1,3)$ 爲嚴格遞減函數。

例 2. 求 $y=lnx$，$x>0$ 在哪個區間爲嚴格遞增函數，在哪個區間爲嚴格遞減函數？

解 $y=lnx$

$y'=\dfrac{1}{x}$，$y'>0$，對每個正的實數而言都成立

$\therefore y$ 在 $(0,\infty)$ 時爲嚴格增函數

隨堂演練

3.3A

1. $f(x) = x^3 + x^2 + 1$ 在何處為嚴格遞增？何處為嚴格遞減？
2. $f(x) = 4x + \frac{9}{x}$ 在何處為嚴格遞增？何處為嚴格遞減？

〔提示〕

1. 嚴格遞增 $x > 0$ 或 $x < -\frac{2}{3}$，嚴格遞減 $-\frac{2}{3} < x < 0$
2. 嚴格遞增 $-\frac{3}{2} < x$ 或 $x > \frac{3}{2}$，嚴格遞減 $-\frac{3}{2} < x < \frac{3}{2}$

定理 B $f(x)$ 在 $[a, b]$ 為連續，且在 (a, b) 為可微分
若 $f'(x) = 0$，$\forall x \in (a, b)$，則 $f(x)$ 在 (a, b) 為常數函數。

證明 任取 x_0，$a < x_0 < b$，依拉格蘭日均值定理

$f(x_0) - f(a) = (x_0 - a) f'(x_1) = (x_0 - a) \cdot 0 = 0$

$a < x_1 < x_0$

故對任一 x_0，$a < x_0 < b$，$f(x_0) = f(a)$ ■

因此 $f(x) = c$ 是常數，$x \in [a, b]$。

例 3. 試證 $f(x) = tan^{-1}x + tan^{-1}\frac{1}{x}$ 為一常數函數。

解 $\because f(x) = tan^{-1}x + tan^{-1}\frac{1}{x}$

$$f'(x) = \frac{1}{1+x^2} + \frac{\frac{d}{dx}(\frac{1}{x})}{1+(\frac{1}{x})^2} = \frac{1}{1+x^2} + \frac{-\frac{1}{x^2}}{1+\frac{1}{x^2}}$$

$$=\frac{1}{1+x^2}+\frac{-1}{1+x^2}=0$$

$\therefore f'(x)$ 爲一常數函數，即 $f'(x)=c$，爲了確定 c 值，可取 $x=1$

則 $f(1)=tan^{-1}1+tan^{-1}\frac{1}{1}=\frac{\pi}{4}+\frac{\pi}{4}=\frac{\pi}{2}$，即 $f(x)=\frac{\pi}{2}$

我們可用增減函數之性質來證明一些有趣的不等式。

例 4. $f(x)=\frac{lnx}{x}$ 在哪個區間爲減函數，並用此結果比較 π^e 與 e^π 之大小。

解 取 $f(x)=\frac{lnx}{x}$

令 $f'(x)=\dfrac{x\frac{d}{dx}lnx-(lnx)\frac{dx}{dx}}{x^2}=\dfrac{1-lnx}{x^2}<0$

$1<lnx$ 得 $x>e$　即 $x>e$ 時 $f(x)=\frac{lnx}{x}$ 爲嚴格遞減函數。

又 $\pi>e$

$\therefore f(\pi)<f(e)$　即 $\frac{ln\pi}{\pi}<\frac{lne}{e}$，$eln\pi<\pi lne$，$ln\pi^e<lne^\pi$

即 $\pi^e<e^\pi$

例 5. 試證 $x\geqq sinx$。

解 令 $f(x)=x-sinx$　$f'(x)=1-cosx\geqq 0$

又 $f(0)=0$　$\therefore f(x)=x-sinx\geqq 0$　即 $x\geqq sinx$

隨堂演練

3.3B

令 $f(x)=x-tan^{-1}x$ 以證明 $x>tan^{-1}x$。

〔提示〕

$f'(x)>0, f(0)=0 \quad \therefore f(x)\geqq 0$

3.3.2 上凹與下凹

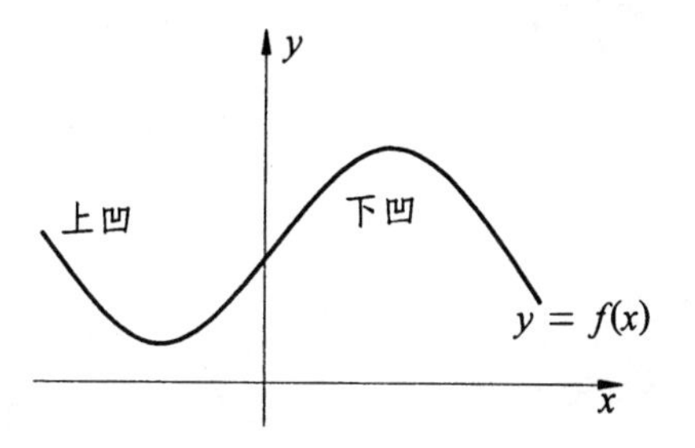

圖形之上凹（Concave Up）或下凹（Concave Down），定義如下：

定義 函數 f 在 $[a, b]$ 中為連續且在 (a, b) 中為可微分，若

(1) 在 (a, b) 中，f 之切線位於 f 圖形之下，則稱 f 在 $[a, b]$ 為上凹。

(2) 在 (a, b) 中，f 之切線位於 f 圖形之上，則稱 f 在 $[a, b]$ 為下凹。

用白話來說，上凹是一個開口向上之圖形，下凹則是開口向下。如右圖：上凹是切線在f圖形之下，也是開口向上，下凹則恰好相反。下面的定理是判斷圖形凹性之重要方法。

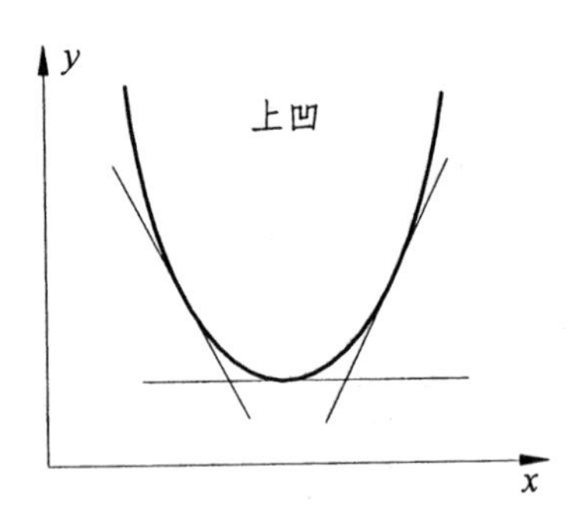

定理 B f 在 $[a, b]$ 中為連續，且在 (a, b) 中為可微分，則

(1) 在 (a, b) 中滿足 $f'' > 0$，則 f 在 (a, b) 中為上凹。

(2) 在 (a, b) 中滿足 $f'' < 0$，則 f 在 (a, b) 中為下凹。

證明 我們只證明定理 (1)：設 c 為 (a, b) 中任一固定點，函數 f 之圖形在過 $(c, f(c))$ 之切線的上方，過 $(c, f(c))$ 切線方程式為：

$y = f(c) + f'(c)(x - c)$

，現在要證明的是：

$f(x) \geqq (c) + f'(c)(x - c)$ ⋯⋯⋯⋯⋯⋯⋯⋯⋯⋯★

① $x = c$ 時，★顯然成立

② $x \neq c$ 時，由拉格蘭日均值定理，我們可在 c 與 x 間

找到一個 x_1，使得 $\dfrac{f(x) - f(c)}{x - c} = f'(x_1)$

即 $f(x) = f(c) + (x - c) f'(x_1)$ ⋯⋯⋯⋯⋯⋯★★

(i) $x > x_1 > c$ 時：

$\because$ 在 (a, b) 中 $f'' > 0$ $\therefore f'$ 在 (a, b) 中爲嚴格遞增，

又 $x_1 > c$，可知 $f'(x_1) > f'(c)$

$\therefore$ 在★★中 $f(x) \geq f(c) + (x - c)f'(c)$

(ii) $c > x_1 > x$ 時：同法可證

因此 $f''(x)$ 在 (a, b) 中爲正時，$f(x)$ 在 (a, b) 爲上凹。■

例 6. $y = x^3 + 3x^2 + 9x + 7$ 在何處爲上凹？何處爲下凹？

解 $f'(x) = 3x^2 + 6x + 9$

$f''(x) = 6x + 6 = 6(x + 1)$

$$\because f''(x) = \begin{cases} 6(x+1) > 0 & x > -1 \\ 6(x+1) < 0 & x < -1 \end{cases}$$

$\therefore f(x)$ 在 $(-1, \infty)$ 爲上凹，$(-\infty, -1)$ 爲下凹

隨堂演練

3.3C

求 $f(x) = x^3 - 6x^2 - 15x + 9$ 在何處爲上凹？何處爲下凹？

〔提示〕

上凹 $x > 2$；下凹 $x < 2$

3.3.3 反曲點

若函數 f 上之一點 $(c, f(c))$ 改變了圖形之凹性，則該點稱爲**反曲點**（Inflection Point），因此 $f''(c)=0$ 或 $f''(c)$ 不存在時 $(c, f(c))$ 即爲 f 之反曲點。值得注意的是 $f''(c)=0$ 或 $f''(c)$ 不存在並不保證 $(c, f(c))$ 爲 f 之反曲點。因此，在求 $f(x)$ 之反曲點時至少要注意二個重點：一是反曲點是改變函數凹性之點，因此，反曲點之二側由左而右，一定是上凹、下凹或下凹、上凹，一個檢查簡表或許有用。二是 **$f''(c)$ 不存在時必須檢查 $x=c$ 是否在定義域，若不在定義域內 $(c, f(c))$ 便不可能是 $f(x)$ 之反曲點**。

例 7.（承例 6）$y=x^3+3x^2+9x+7$ 之反曲點？

解 $y'=3x^2+6x+9$

$$y''=\begin{cases}6x+6>0，x>-1\\6x+6<0，x<-1\end{cases}$$

x	$-\infty$	-1	∞
f''	$-$		$+$
$f(x)$	⌒		⌣

即 $x=-1$ 時，$y=0$

$\therefore (-1, 0)$ 是 $y=x^3+3x^2+9x+7$ 之反曲點。

例 8. 求 $y=x^{\frac{5}{3}}$ 之反曲點

解 $y'=\frac{5}{3}x^{\frac{2}{3}}, y''=\frac{10}{9}x^{-\frac{1}{3}}$

$\because \begin{cases}x>0 \text{ 時 } y''>0，y=f(x)\text{為上凹}\\x<0 \text{ 時 } y''<0，y=f(x)\text{為下凹}\end{cases}$，而 $x=0$ 時 y'' 不存在

因此，$(0, 0)$ 爲之反曲點。

隨堂演練

3.3D

求 $y = ln(1 + x^2)$ 之上凹、下凹區間與反曲點。

〔提示〕

上凹：$(-\infty, -1) \cup (1, \infty)$，下凹：$(-1, 1)$，反曲點 $(-1, ln\ 2)$ 與 $(1, ln\ 2)$

習題 3-3

1. 求下列各函數之增減範圍、上凹、下凹範圍以及反曲點？
   (1) $y = 2x^2 - 4x + 3$
   (2) $y = x^3 + x^2 + 1$
   (3) $y = xlnx, x > 0$
   (4) $y = xe^x$
2. 當 $x > 0$ 時，試證 $x > ln(1 + x)$。
   (提示：考慮函數 $f(x) = x - ln(1 + x)$)
3. 試討論拋物線 $y = a + bx + cx^2$ 之凹性。
4. 試證 $ln\pi > \frac{e}{\pi}$。
   (提示：考慮函數 $f(x) = xlnx$)
5. 試證 $f(x) = sin^{-1}x + cos^{-1}x$ 為一常數函數，又此函數為何？
6. 若 $y = ax^3 + bx^2$ 之反曲點為 $(1, 3)$，求 a, b

3.4 極值

本節所討論的極值：

相對極值 $\begin{cases}\text{相對極大}\\\text{相對極小}\end{cases}$

絕對極值 $\begin{cases}\text{絕對極大}\\\text{絕對極小}\end{cases}$

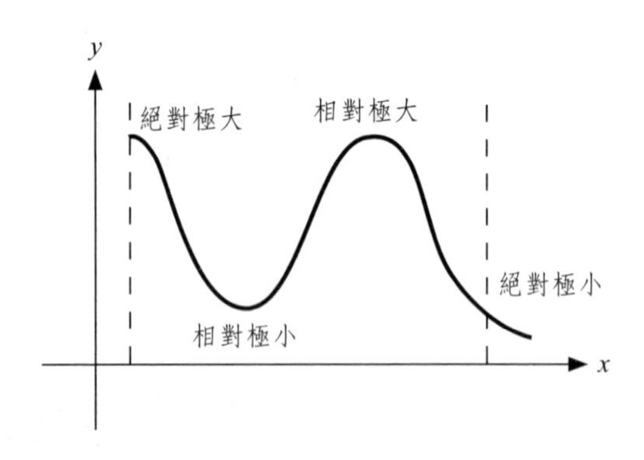

3.4.1 相對極值

相對極值亦稱之爲局部極值（Local Extremes），它的定義是：

定義 函數 f 之定義域爲 D，

(1) I 爲包含於 D 之開區間，若 $c\in I$，且 $f(c)\geqq f(x)$，$\forall x\in I$，則稱 f 有一相對極大值 $f(c)$；

(2) I 爲包含於 D 之開區間，若 $c\in I$，且 $f(c)\leqq f(x)$，$\forall x\in I$，則稱 f 有一相對極小值 $f(c)$。

有了這個定義後，我們將探討以下二個問題，一是相對極值在何處發生？如何求出極值？茲分述如下：

臨界點（Critical Point）：f 在 (a, b) 中爲可微分，則 $f'(x) = 0$ 或 $f'(x)$ 不存在之點稱爲臨界點，有了臨界點後，我們可有以下之重要定理。

若函數 f 在 $x = c$ 處有一相對極值，則 $f'(c) = 0$ 或 $f'(c)$ 不存在。

定理 A 說明了一點，要求函數極值，首先要求出其臨界點。同時我們要知道 $f'(c) = 0$ 或 $f'(c)$ 不存在，是 $f(x)$ 在 $x = c$ 處有相對極值之必要條件。

例 1. 求 $y = x + \frac{1}{x}$ 之臨界點？其中 $x \in R$ 但 $x \neq 0$。

解　$y' = 1 - \frac{1}{x^2} = 0$，$\therefore x = \pm 1$ 是爲二個臨界點。

3.4.2 相對極值之判別法

判斷可微分函數之相對極值之方法有二，一是一階導數判別法（即常稱之增減表法），一是二階導函數判別法。

一階導函數判別法

f 在 (a, b) 中爲連續，且 c 爲 (a, b) 中之一點，

(1) 若 $f' > 0$，$\forall x \in (a, c)$ 且 $f' < 0$，$\forall x \in (c, b)$，則 $f(c)$

為 f 之一相對極大值；

(2) 若 $f' < 0$，$\forall x \in (a, c)$ 且 $f' > 0$，$\forall x \in (c, b)$，則 $f(c)$ 為 f 之一相對極小值。

證明 （只證 (1)）

$\because$ 在 (a, c) 中 $f' > 0 \Rightarrow f(x) < f(c)$，

又在 (c, b) 中 $f' < 0 \Rightarrow f(x) < f(c)$，

$\therefore$ 在 (a, b) 中除 $x = c$ 外，$f(x) < f(c)$，

即 $f(c)$ 為相對極大值。 ■

這個定理有一種直覺的比喻，這就好像我們爬山，先往上爬（增函數），等爬到了山頂（相對極大點）再往下走（減函數）。又如我們到地下室，先往下走（減函數），等走到地下室（相對極小點）再往上爬（增函數）。

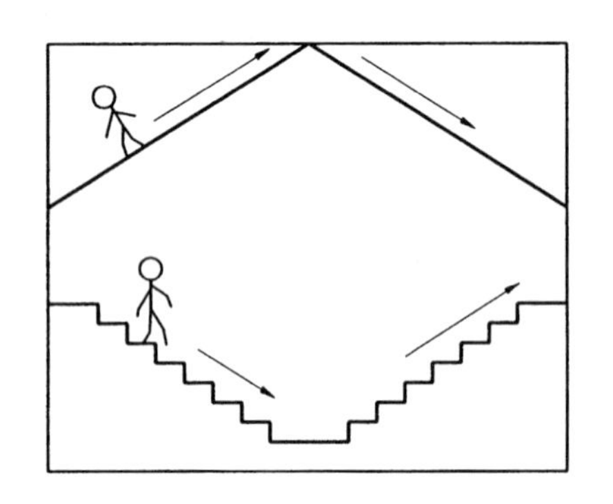

例 2. 求 $f(x) = x^3 - 3x^2 - 9x + 11$ 之相對極值？

解 (1) 先求臨界點：

$$f'(x) = 3x^2 - 6x - 9$$
$$= 3(x-3)(x+1)$$
$$= 0$$

$\therefore x = 3$ 或 $x = -1$

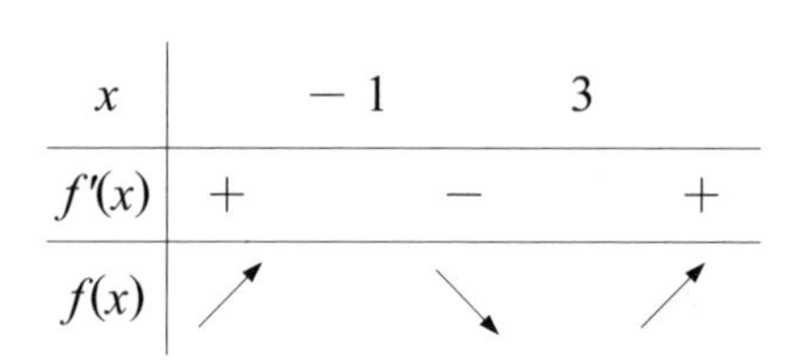

x		-1		3	
$f'(x)$	$+$		$-$		$+$
$f(x)$	↗		↘		↗

(2) 作增減表

(3) $\therefore f(x)$ 在 $x=-1$ 處有相對極大值 $f(-1)=16$，
且 $f(x)$ 在 $x=3$ 處有相對極小值 $f(3)=-16$。

例 3. 求 $f(x)=\frac{lnx}{x}$，$x>0$ 之極值？

解

(1) $f'(x)=\frac{x(lnx)'-lnx\cdot 1}{x^2}$
$=\frac{1-lnx}{x^2}=0$，
得臨界點 $x=e$

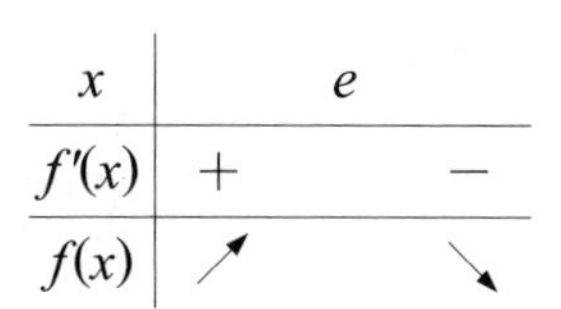

x		e	
$f'(x)$	$+$		$-$
$f(x)$	↗		↘

(2) 作增減表

(3) $\therefore f(x)$ 在 $x=e$ 處有相對極大值 $f(e)=\frac{1}{e}$。

例 4. 分別求 $f(x)=x^2-2x+3$，$g(x)=e^{(x^2-2x+3)}$，$h(x)=\frac{1}{\sqrt{x^2-2x+3}}$ 之臨界點與相對極值？你能否說明其間之規則？

解

(1) $f(x)=x^2-2x+3$則$f'(x)=2x-2=0$ 臨界點爲 $x=1$，而得一相對極小值 $f(1)=2$。

(2) $g(x)=e^{(x^2-2x+3)}$ 則 $g'(x)=(2x-2)e^{(x^2-2x+3)}=0$，得臨界點 $x=1$，且 $g(1)=e^2$ 爲相對極小值。

(3) $h(x)=\frac{1}{\sqrt{x^2-2x+3}}$，則

$h'(x)=(2x-2)[-\frac{1}{2}(x^2-2x+3)]^{-\frac{3}{2}}=0$，得臨界點 $x=1$，且 $h(1)=\frac{1}{\sqrt{2}}$ 爲相對極大值。

x		1	
$f'(x)$	$-$		$+$
$f(x)$	↘		↗

例 4(1)

x		1	
$f'(x)$	$-$		$+$
$f(x)$	↘		↗

例 4(2)

x		1	
$f'(x)$	$+$		$-$
$f(x)$	↗		↘

例 4(3)

隨堂演練

3.4A

1. 求 $f(x)=\frac{1}{3}x^3-x^2-3x+1$ 之相對極值？

2. $g(x)=e^{(\frac{1}{3}x^3-x^2-3x+1)}$ 之相對極值？

〔提示〕

1. $x=3$ 有相對極小值 -8；$x=-1$ 有相對極大值 $\frac{8}{3}$。

2. $x=3$ 有相對極小值 e^{-8}；$x=-1$ 有相對極大值 $e^{\frac{8}{3}}$。

二階導函數判別法

若 $f'(c)=0$ 且 f'，f'' 在包含 c 之開區間 (α,β) 均存在，則

(1) $f''(c)<0$ 時，$f(c)$ 爲 f 之一相對極大值；

(2) $f''(c)>0$ 時，$f(c)$ 爲 f 之一相對極小值。

證明（只證 $f''(c)<0$ 之情況，$f''(c)>0$ 之情況可自行仿證）

x	α		c		β
$f'(x)$		$+$		$-$	
$f(x)$		↗		↘	

$$f''(c)=\lim_{x\to c}\frac{f'(x)-f'(c)}{x-c}=\lim_{x\to c}\frac{f'(x)-0}{x-c}$$ ：

(1) $f''(c)<0 \Rightarrow \lim_{x\to c^-}\frac{f'(x)-0}{x-c}<0 \Rightarrow f'(x)>0$ ，即 (α, c) 內 $f'(x)>0$，(2) $f''(c)<0 \Rightarrow \lim_{x\to c^+}\frac{f'(x)-0}{x-c}<0 \Rightarrow f'(x)<0$ ，即 (c, β) 內 $f'(x)<0$。

由定理 B $f(c)$ 爲 $f(x)$ 之一相對極大值。 ■

例 5. 用二階導函數判別法重做例 2.。

解 在例 2. 我們已求出

$f'(x)=3x^2-6x-9$，臨界點爲 $x=3, -1$

$\because f''(x)=6x-6$

$f''(3)=12>0 \quad \therefore f(x)$ 有相對極小值 $f(3)=-16$

$f''(-1)=-12<0 \quad \therefore f(x)$ 有相對極大值 $f(-1)=-16$

例 6. 求 $f(x)=xe^x$ 之極值，用二階導函數判別法求 $f(x)=xe^x$ 之極值。

解 1. 一階條件：

$f'(x)=e^x+xe^x=(x+1)e^x=0$

$\therefore$ 得臨界點 $x=-1$

2. 二階條件：

$f''(x)=(x+2)e^x$

$f''(-1)=e^{-1}>0$

$\therefore f(x)$ 在 $x=-1$ 處有相對極小值 $f(-1)=-e^{-1}$

隨堂演練

3.4B

求 $f(x)=\frac{1}{3}x^3-x^2-1$ 之相對極值？

〔提示〕

$f(0)=-1$ 為相對極大值，$f(2)=-\frac{7}{3}$ 為相對極小值。

定理 D 若 $f(x)$ 在 $x=a$ 之 n 階導函數存在，且 $f'(a)=f''(a)=\cdots f^{(n-1)}(a)=0$，但 $f^{(n)}(a)\neq 0$，

(1) n 為偶數時，$x=a$ 為一臨界點，且

$$\begin{cases} f^{(n)}(a)>0\text{，則 } f(x)\text{有一相對極小值 } f(a) \\ f^{(n)}(a)<0\text{，則 } f(x)\text{有一相對極大值 } f(a) \end{cases}$$

(2) n 為奇數時，$x=a$ 不是一臨界點。

例 7. 求下列函數之相對極值

(a) $y=x^3$　　　(b) $y=x^4$

解 (a) $y'=3x^2$，$y''=6x$，$y'''=6$，令 $y'=0$ 得 $x=0$

$\because y''(0)=0$，但 $y'''(0)=6\neq 0$　$\therefore x=0$ 不為 $y=x^3$ 之臨界點，即 $f(x)=x^3$ 無相對極值。

(b) $y'=4x^3$，$y''=12x^2$，$y'''=24x$，$y^{(4)}=24$

令 $y'=0$ 得 $x=0$，又 $y''(0)=y'''(0)=0$，但 $y^{(4)}(0)=24>0$

$\therefore f(x)=x^4$ 在 $x=0$ 處有相對極小值 $f(0)<0$。

3.4.3 絕對極值

絕對極值（Absolute Extremes）又稱爲**全域極值**（Global Extremes），其定義如下：

定義 f 爲定義於閉區間 I，(1) 若在 I 中存在一個 u，使得 $f(u) \geq f(x)\ \forall x \in$ I，則 $f(u)$ 是 f 在 I 中之絕對極大值；(2) 若在 I 中存在一個 v，使得 $f(v) \leq f(x)\ \forall x \in$ I，則 $f(v)$ 是 f 在 I 中之絕對極小值。

下面定理說明了若函數 $\boldsymbol{f(x)}$ **在閉區間 I 中爲連續，則它必存在絕對極大與絕對極**小。

定理 E 若函數 f 在閉區間 $[a, b]$ 中爲連續，則 $f(x)$ 在 $[a, b]$ 中有絕對極大與絕對極小。

本定理之證明遠超過本書範圍從略，讀者可參閱其他高等微積分教材。

$f(x)$ 在 $[a, b]$ 中爲連續，則它在 $[a, b]$ 中有絕對極大及絕對極小，那麼**絕對極值會在哪些地方出現？**答案是 $\boldsymbol{f'(x) = 0}$、$\boldsymbol{f'(x)}$ 不存在之點以及端點——$\boldsymbol{f(a)}$、$\boldsymbol{f(b)}$。

例 8. 承例 2. 求在以下區間之絕對極值？

(1) $4 \geq x \geq -2$　(2) $2 \geq x \geq -2$　(3) $4 \geq x \geq 2$　(4) $2 \geq x \geq 0$

解 (1) $4 \geq x \geq -2$

$\therefore$ 絕對極大值爲 $f(-1) = 16$，

絕對極小值爲 $f(3) = -16$。

x	-2	-1	3	4
$f(x)$	9	16	-16	-9

(2) $2 \geq x \geq -2$

$\therefore$ 絕對極大值爲 $f(-1) = 16$，

絕對極小值爲 $f(2) = -11$

x	-2	-1	2
$f(x)$	9	16	-11

要注意的是 $x = 3$ 不在 $[-2, 2]$ 內，因此在本小題中 $x = 3$ 不爲臨界點。

(3) $4 \geq x \geq 2$

$\therefore$ 絕對極大值爲 $f(4) = -9$，

絕對極小值爲 $f(3) = -16$。

x	2	3	4
$f(x)$	-11	-16	-9

(4) $2 \geq x \geq 0$

$\therefore$ 絕對極大值爲 $f(0) = 11$，

絕對極小值爲 $f(2) = -11$。

x	0	1	2
$f(x)$	11	0	-11

隨堂演練

3.4C

求 $f(x) = 2x^3 - 3x^2 + 1$，$-2 \leq x \leq 2$ 之絕對極值？

〔提示〕

驗證：絕對極大值爲 $f(2) = 5$，絕對極小值爲 $f(-2) = -27$。

3.4.4 極值的應用

在許多場合中我們需要應用本小節所述之方法，求某些極大或極小之應用問題，以下一些規則可供參考。

1. 確定問題是求極大或是極小，並用字母或符號來代表。
2. 對問題中之其他變量亦用字母或其他符號來表示，並盡可能繪圖以使問題具體化。
3. 探討各變量間之關係。
4. 將要求極大／極小之變量以上述變數中之某一個變數的函數，並求出該變數有意義之範圍。
5. 用本節方法求出 4. 範圍中之絕對極大／極小。

例 9. 設二數和為一定時，問應如何分配，可使兩數之積為最大？

解 設二數和為 k，且其中一數為 x，則另一數為 $k-x$，

如此，我們可設定函數

$f(x)=x(k-x)$，$k\geq x\geq 0$

$f'(x)=k-2x=0\Rightarrow x=\dfrac{k}{2}$

茲比較 $f(0)$，$f(\frac{k}{2})$ 及 $f(k)$

$\because f(0)=f(k)=0$，$f(\frac{k}{2})=\frac{k}{2}(k-\frac{k}{2})=\frac{k^2}{4}$

$\therefore$ 當 $x=\frac{k}{2}$ 時有絕對極大值 $f(\frac{k}{2})=\frac{k}{2}(k-\frac{k}{2})=\frac{k^2}{4}$

即當二數相等（均為 $\frac{k}{2}$）時，其積有最大值 $\frac{k^2}{4}$。

例 10. 求 $y=e^{-x^2}$ 內接矩形（如下圖）之最大面積？

解 $y=e^{-x^2}$ 內接矩形面積爲 $A(x)=2xe^{-x^2}$

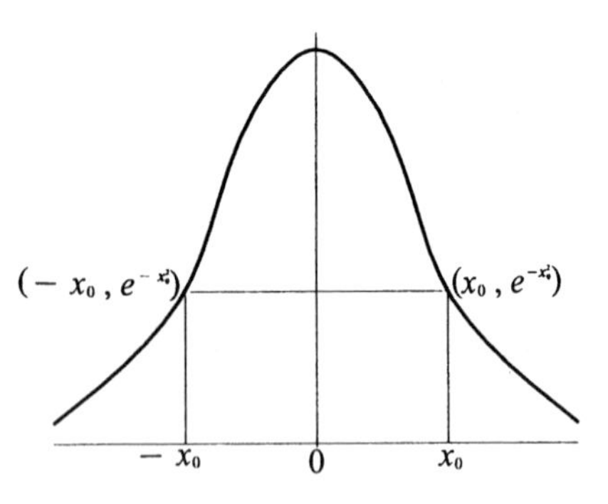

$$\frac{d}{dx}A(x)=\frac{d}{dx}(2xe^{-x^2})$$
$$=2e^{-x^2}-4x^2e^{-x^2}$$
$$=2(1-2x^2)e^{-x^2}$$
$$=0$$

$\therefore 1-2x^2=0$ 得臨界點

$$x=\pm\frac{1}{\sqrt{2}}$$

由增減表

x		$-\frac{1}{\sqrt{2}}$		$\frac{1}{\sqrt{2}}$	
$f'(x)$	$-$		$+$		$-$
$f(x)$	↘		↗		↘

$\therefore x=\frac{1}{\sqrt{2}}$ 時有一相對極值，因而內接矩形之最大面積爲

$$2xe^{-x^2}=2\cdot\frac{1}{\sqrt{2}}\cdot e^{-\frac{1}{2}}=\sqrt{2}e^{-\frac{1}{2}}$$

例 11. 將每邊長 a 之正方形鋁片截去四個角做成一個無蓋子的盒子，求盒子的最大容積爲何？

解 (1) 本題要解的是最大容積爲何？

設 $V=$ 容積。

(2) 設截去之角每邊長 x，如右圖，

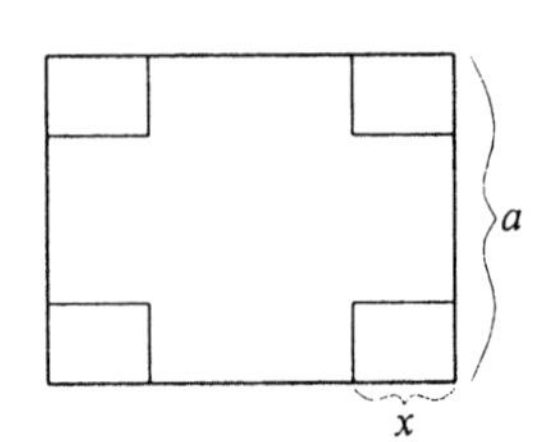

(3) 求 a，x，V 間之關係：

$V=(a-2x)^2\cdot x$

(4) 取 $f(x)=(a-2x)^2\cdot x$，$a>2x$

(5) $f'(x)=12x^2-8ax+a^2=(6x-a)(2x-a)=0$

解得 $x=\frac{a}{2}$（不合）或 $x=\frac{a}{6}$，

$f''(\frac{a}{6})=24(\frac{a}{6})-8a<0$

$\therefore V=(a-\frac{a}{3})^2\cdot\frac{a}{6}=\frac{2}{27}a^3$，此即盒子之最大容積。

例 12. 設容積一定之圓柱形容器，證明只有當高度爲半徑 2 倍時最爲省材料（即表面積最小）。

解 耗用材料最小，相當於表面積最小

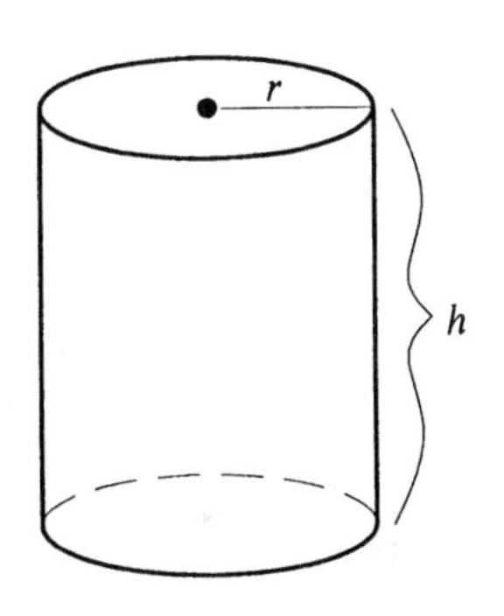

(1) 體積 $V=\pi r^2h$，r 爲底之半徑，h 爲高

(2) 表面積 $S=2\pi r^2+2\pi rh$

由 (1)，$h=\frac{V}{\pi r^2}$ 代入 (2) 得

$S=2\pi r^2+2\pi r\cdot\frac{V}{\pi r^2}=2\pi r^2+\frac{2V}{r}$

現在要求一個 r 使得 S 爲最小：

$\frac{dS}{dr}=4\pi r-\frac{2V}{r^2}=0$　$\therefore r=\sqrt[3]{\frac{V}{2\pi}}$（可驗證 $S''\left(\sqrt[3]{\frac{V}{2\pi}}\right)>0$）

即 $r=\sqrt[3]{\frac{V}{2\pi}}$ 爲所求，代入 $h=\frac{V}{\pi r^2}=\sqrt[3]{\frac{4V}{\pi}}$ 得 $h=2r$。

例 13. 某農莊擬在沿河邊作一牧場，牧場圍籬成「ㄇ」字形（如下圖），假定 $OABC$ 可視爲一長方形。若圍籬長度爲 6,000 公尺，試問應如何圍籬方可使所圍之面積爲最大？

解　設 $OA = BC = x$ 則

$AB = 6{,}000 - 2x$

$\therefore$ $OABC$ 之面積

$$A(x) = x(6{,}000 - 2x)$$

$$= -2x^2 + 6{,}000x$$

$$\frac{d}{dx}A(x) = -4x + 6{,}000 = 0 \quad \therefore x = 1{,}500$$

$$\frac{d^2}{dx^2}A(x) = -4 < 0$$

$\therefore x = 1{,}500$ 時 $A(x)$ 有極大值，即 $\overline{OA} = \overline{BC} = 1{,}500$ 公尺，$\overline{AB} = 3{,}000$ 公尺時面積最大，即 4,500,000 平方公尺。

隨堂演練

3.4D

如右圖，驗證內接矩形之最大面積爲 3。

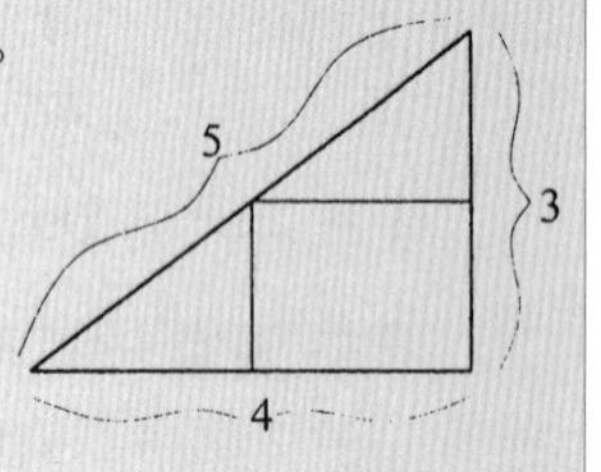

〔提示〕

$$\frac{4x}{2} + \frac{3y}{2} = 6 \quad \therefore 4x + 3y = 12$$

$y = \dfrac{12 - 4x}{3}$，得矩形面積 $f(x) = \dfrac{12-4x}{3} \cdot x$

習題 3-4

1. 求下列各題之相對極值？

(1) $f(x)=\frac{1}{4}x^4-x^3-\frac{1}{2}x^2+3x+1$

(2) $f(x)=x^3-2x^2+x+1$

(3) $f(x)=\frac{1}{x}-\frac{1}{x+3}$

(4) $f(x)=xe^x$

2. 若 $y=x^3+ax^2+bx+c$ 在 $x=-1$ 時有相對極大，$x=2$ 時有相對極小，求 a，b？

3. 求下列各題之絕對極值？

(1) $f(x)=10\sqrt{x}-x$ ，$x\in[0,25]$

(2) $f(x)=x^{\frac{1}{3}}(x-3)^{\frac{2}{3}}$ ，$-1\leq x\leq 4$

(3) $f(x)=x^{\frac{2}{3}}$ ，$x\in[-1,1]$

4. 將質量為 m 之物體在斜角為 θ 之斜面上，以 F 之力向前拉動，假設摩擦係數為 C，則依物理定律知

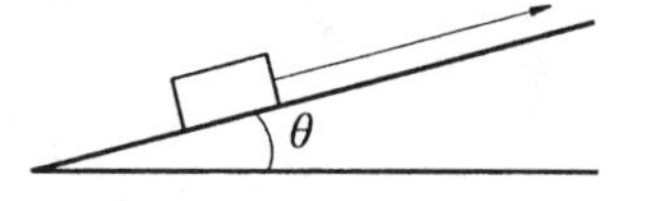

$F=\frac{mC}{C\sin\theta+\cos\theta}$，試證當 $\tan\theta=C$ 時，力 (F) 為最小。

5. 將 24 之繩子分成二段，一段圍成正方形，另一段圍成圓形，問應如何分段，才能使面積和為最大？

6. 用長度為 2ℓ 之直線所圍成之諸矩形中，長寬應為何方能使面積最大？

3.5 繪圖

以往我們對一些簡單的圖形如直線、圓、拋物線等，只需幾個點便可繪出其概圖，但對於如 $y = xe^{-x}$ 或更複雜之圖形，便需找出一套有效之系統方法，本節的目的討論這種系統方法。

設 $y = f(x)$，要描繪 y 的圖形，可依下述步驟進行：

1. 決定 $f(x)$ 的定義域，即範圍。
2. 求 x 與 y 的截距。
3. 判斷 $y = f(x)$ 是否過原點及對稱性。
4. 漸近線。
5. 由 $f'(x)$ 是正、負決定曲線遞增、遞減的範圍。由 $f''(x)$ 是正、負決定曲線向上凹、向下凹的範圍：

   (1) 一階導函數 $\begin{cases} f' > 0 & f \in \quad \uparrow（遞增）\\ f' < 0 & f \in \quad \downarrow（遞減）\end{cases}$

   (2) 二階導函數 $\begin{cases} f'' > 0 & f \in \quad \cup（向上凹）\\ f'' < 0 & f \in \quad \cap（向下凹）\end{cases}$

   (3) ① $f' > 0$，其 $f'' > 0$ 圖形為 ↗

   ② $f' > 0$，其 $f'' < 0$ 圖形為 ↗

   ③ $f' < 0$，其 $f'' > 0$ 圖形為 ↘

   ④ $f' < 0$，其 $f'' < 0$ 圖形為 ↘

   上面規則可由下圖一目瞭然並幫助記憶：

   (1) A 圖有相對極小值，$f''(x) > 0$，

   ①在 $x = a$ 之左側為一減函數，故 $f' < 0$，因此 $f' < 0$，$f'' > 0$ 時圖形為 ↘。

②在 $x = a$ 之右側為一增函數，故 $f' > 0$，因此 $f' > 0$，$f'' < 0$ 時圖形為 ↗。

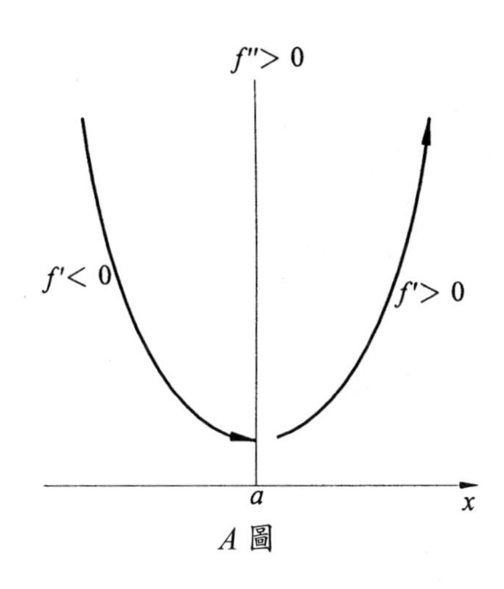

A 圖

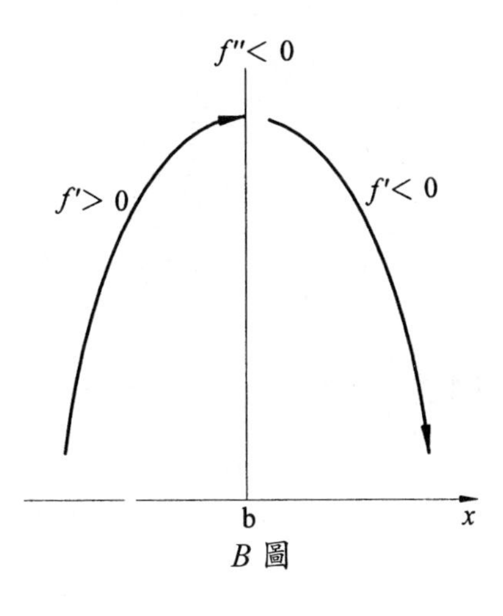

B 圖

⑵ B 圖有相對極大值，$f'' < 0$。

①在 $x = b$ 之左側為一增函數，因此 $f' > 0$，$f'' < 0$ 時圖形為 ↗。

②在 $x = b$ 之右側為一減函數，故 $f' < 0$，因此 $f' < 0$，$f'' < 0$ 時圖形為 ↘。

例 1. 試繪 $y = \dfrac{1}{x}$ 之概圖。

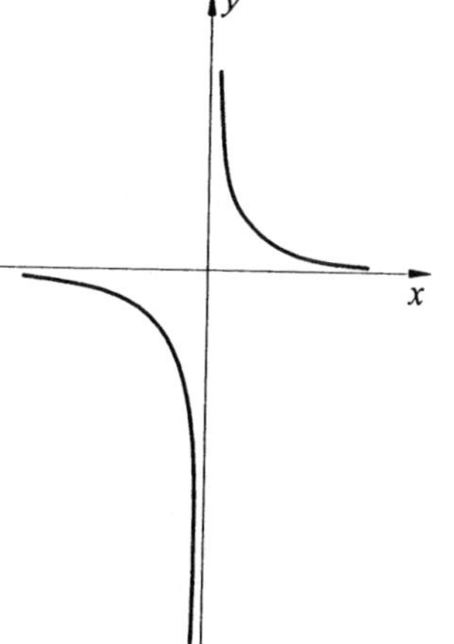

解 ⑴ 範圍：x 為除了 0 以外之所有實數

⑵ 漸近線：由視察法可知 $x = 0$（y 軸）為一垂直漸近線

又 $\lim\limits_{x \to 0^+} \dfrac{1}{x} = \infty \quad \therefore y = 0$（$x$ 軸）為一水平漸近線

(3)對稱原點 $f(-x)=-f(x)$

(4)作增減表，

$y'=-x^{-2}$，$y''=2x^{-3}$

x	$-\infty$		0		∞
$f'(x)$		$-$		$-$	
$f''(x)$		$-$		$+$	
$f(x)$	0	↘	∞	↘	0

例 2. 試繪 $y=x^3-3x^2-9x+11$ 之概圖。

解 我們依本節所述之繪圖步驟：

(1)範圍：$\lim\limits_{x\to\infty} y=\lim\limits_{x\to\infty}(x^3-3x^2-9x+11)=\infty$

$\lim\limits_{x\to-\infty} y=\lim\limits_{x\to-\infty}(x^3-3x^2-9x+11)=-\infty$

即 $y=x^3-3x^2-9x+11$ 之範圍為整個實數

(2)漸近線：無

(3)不通過原點，也不具對稱性

(4)求增減表：

$y'=3x^2-6x-9=3(x^2-2x-3)$

$=3(x-3)(x+1)=0$

$\therefore x=3$，-1 爲臨界點。

$y''=6x-6=6(x-1)$

$\therefore x>1$，$y''>0$

$x<1$，$y''<0$ 及 $(1,0)$ 爲反曲點

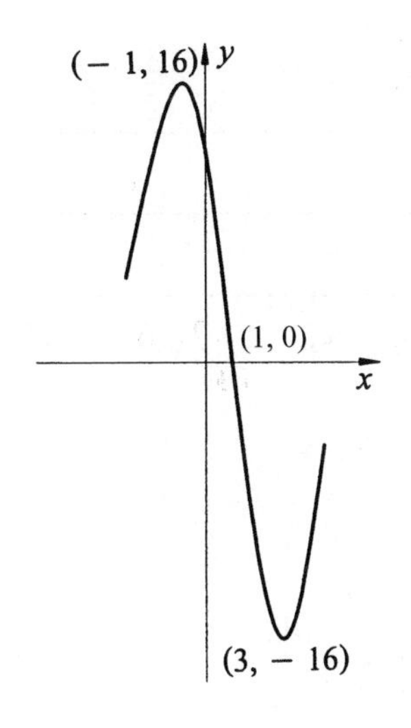

x		-1		1		3	
$f'(x)$	$+$		$-$		$-$		$+$
$f''(x)$	$-$		$-$		$+$		$+$
$f(x)$	↗	16	↘	0	↘	-16	↗

例 3. 試繪 $y = 2x + \dfrac{3}{x}$。

解 (1) 範圍：x 爲除了 0 外之所有實數

(2) 漸近線：由視察法易知有二條漸近線

①斜漸近線 $y = 2x$

②垂直漸近線 $x = 0$（即 y 軸）

(3) 不通過原點，對稱原點

(4) 作增減表

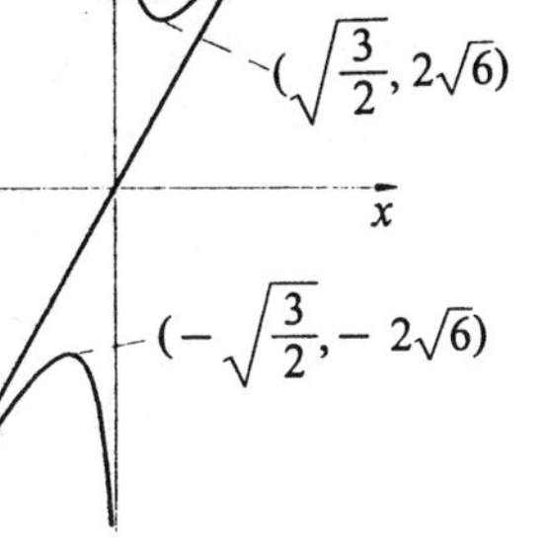

$y' = 2 - \dfrac{3}{x^2} = 0 \quad \therefore x = \pm\sqrt{\dfrac{3}{2}}$

$y'' = \dfrac{6}{x^3}$，$\begin{cases} x > 0 \text{ 時 } y'' > 0 \\ x < 0 \text{ 時 } y'' < 0 \end{cases}$

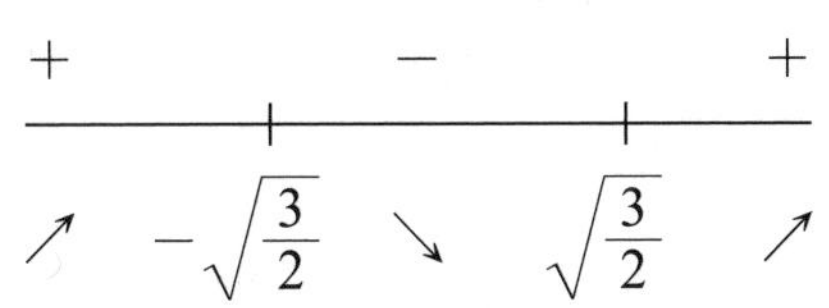

x		$-\sqrt{\frac{3}{2}}$		0		$\sqrt{\frac{3}{2}}$	
$f'(x)$	$+$		$-$		$-$		$+$
$f''(x)$	$-$		$-$		$+$		$+$
$f(x)$	↗	$-2\sqrt{6}$	↘	∞	↘	$2\sqrt{6}$	↗

例 4. 求作 $y=\dfrac{4x}{1+x^2}$ 之圖形。

解 (1) 範圍：x 爲所有實數

(2) 漸近線：$\lim\limits_{x\to\infty}\dfrac{4x}{1+x^2}=0$，$\lim\limits_{x\to-\infty}\dfrac{4x}{1+x^2}=0$　$y=0$ 爲水平漸近線

(3) 過原點且對稱原點

(4) 作增減表

x		$-\sqrt{3}$		-1		0		1		$\sqrt{3}$	
$f'(x)$	$-$	$-$	$-$	0	$+$	$+$	$+$	0	$-$	$-$	$-$
$f''(x)$	$-$	0	$+$	$+$	$+$	0	$-$	$-$	$-$	0	$+$
$f(x)$	↘	$-\sqrt{3}$	↘	-2	↗	0	↗	2	↘	$\sqrt{3}$	↘

$f'(x)=\dfrac{4(1-x^2)}{(1+x^2)^2}$，令 $f'(x)=0$　$x=\pm 1$

$f''(x)=\dfrac{8x(x^2-3)}{(1+x^2)^3}$，令 $f''(x)=0$　$x=0$ 或 $x=\pm\sqrt{3}$

(5) 作圖：

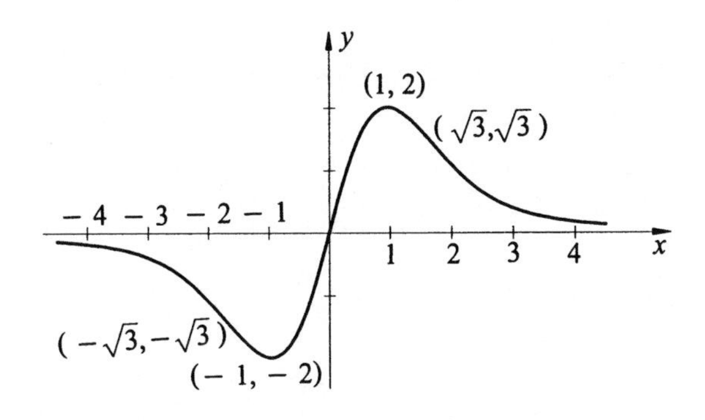

隨堂演練

3.5A

試繪 $y = 2x^3 - 6x + 4$ 之概圖。

習題 3-5

1. 試繪 $y = \dfrac{lnx}{x}$，$x > 0$。
2. 試繪 $y = xe^x$。
3. 試繪 $y = \dfrac{x^2 - 4}{x^2 - 9}$。
4. 試繪 $y = x + \dfrac{1}{x}$ 之概圖。

第4章

積分及其應用

4.1 反導函數

若可微分函數 F，滿足 $F' = f$ 則稱 F 為函數 f 之反導函數（Anti-derivative）也稱為不定積分（Indefinite integral）或原函數（primitive function）。本節之求反導函數，顧名思義是已知 $f(x)$ 下要反求 $F(x)$。$f(x)$ 之反導函數（不定積分）記做 $\int f(x)\,dx$。以上可用一個簡單的例子說明之：若 $f(x) = 2x + 1$，求 $f(x)$ 反導函數等同於「若 $\frac{d}{dx}F(x) = 2x + 1$，那麼 $F(x) = ?$」也就是 $\int (2x+1)\,dx = ?$ 我們看出 $x^2 + x + 1$ 是個解，$x^2 + x + 40001$ 也是個解，顯然凡形如 $x^2 + x + c$ 之函數均是其解，**由此看出反導函數之結果必有一常數 c，若積分式 $f(x)$ 為連續函數時之常數 c 為惟一。**

4.1.1 反導函數之基本解法

定義

$$\int x^n dx = \begin{cases} \frac{1}{n+1}x^{n+1} + c, & n \neq -1 \\ ln|x| + c, & n = -1 \end{cases}$$

證明 ① $\frac{d}{dx}(\frac{1}{n+1}x^{n+1}+c)=x^n$

$\therefore \int x^n dx=\frac{1}{n+1}x^{n+1}+c, n\neq -1$

② $\frac{d}{dx}(ln|x|+c)=\frac{1}{x}$ $\quad \therefore \int x^{-1}dx=ln|x|+c, n=-1$

例 1. 求 (1) $\int x^3 dx=?$ (2) $\int \sqrt[3]{x}dx=?$ (3) $\int \frac{1}{x}dx=?$

解 (1) $\int x^3 dx=\frac{1}{4}x^4+c$

(2) $\int \sqrt[3]{x}dx=\int x^{\frac{1}{3}}dx=\frac{3}{4}x^{\frac{4}{3}}+c$

(3) $\int \frac{1}{x^2}dx=\int x^{-2}dx=-\frac{1}{x}+c$

例 2. 求 (1) $\int \sqrt[4]{x^5}dx=?$ (2) $\int \sqrt[14]{x^{23}}dx=?$

解 (1) $\int \sqrt[4]{x^5}dx=\int x^{\frac{5}{4}}dx=\frac{4}{9}x^{\frac{9}{4}}+c$

(2) $\int \sqrt[14]{x^{23}}dx=\int x^{\frac{23}{14}}dx=\frac{14}{37}x^{\frac{37}{14}}+c$

隨堂演練

4.1A

求 1. $\int \sqrt[5]{x^3}dx=?$ 2. $\int (\sqrt[5]{x^3})^2 dx=$

〔提示〕

1. $\frac{5}{8}x^{\frac{8}{5}}+c$ 2. $\frac{5}{11}x^{\frac{11}{5}}+c$

定理 A 若 f，g 之反導函數均存在，且 k 爲任一常數，則

(1) $\int kf(x)dx = k\int f(x)dx$；

(2) $\int (f(x) \pm g(x))dx = \int f(x)dx \pm \int g(x)dx$

例 3. 求 $\int (x^3 + x + 1)dx = ?$

解

$$\int (x^3 + x + 1)dx = \int x^3 dx + \int x dx + \int 1 dx$$

$$= \frac{1}{4}x^4 + c_1 + \frac{1}{2}x^2 + c_2 + x + c_3$$

$$= \frac{1}{4}x^4 + \frac{1}{2}x^2 + x + c \text{，} c = c_1 + c_2 + c_3$$

因爲幾個任意常數之和在本質上仍爲任意常數，因此，在幾個不定積分結果加總時，這幾個不定積分結果之常數項可不必考慮，而只在最後結果加上常數 c。

例 4. 求 $\int (3\sqrt{x} + 2x - \frac{1}{x})dx = ?$

解

$$\int (3\sqrt{x} + 2x - \frac{1}{x})dx$$

$$= \int 3x^{\frac{1}{2}}dx + \int 2x dx + \int \frac{-1}{x}dx$$

$$= 3(\frac{2}{3}x^{\frac{3}{2}}) + x^2 - \ln|x| + c$$

$$= 2x^{\frac{3}{2}} + x^2 - \ln|x| + c \text{ 或 } 2\sqrt{x^3} + x^2 - \ln|x| + c$$

例 5. 求 $\int \frac{(x+1)^2}{\sqrt{x}}dx=$ ？

解

$$\int \frac{(x+1)^2}{\sqrt{x}}dx=\int x^{-\frac{1}{2}}(x^2+2x+1)dx$$

$$=\int x^{\frac{3}{2}}+2x^{\frac{1}{2}}+x^{-\frac{1}{2}}dx$$

$$=\frac{2}{5}x^{\frac{5}{2}}+2\cdot\frac{2}{3}x^{\frac{3}{2}}+2x^{\frac{1}{2}}+c$$

$$=\frac{2}{5}x^{\frac{5}{2}}+\frac{4}{3}x^{\frac{3}{2}}+2x^{\frac{1}{2}}+c\ (\text{或}\ \frac{2}{5}\sqrt{x^5}+\frac{4}{3}\sqrt{x^3}+2\sqrt{x}+c)$$

隨堂演練

4.1B

求 $\int \sqrt{x}(x+1)dx=$ ？

〔提示〕

$\frac{2}{5}x^{\frac{5}{2}}+\frac{2}{3}x^{\frac{3}{2}}+c$

4.1.2 有關指數函數之反導函數求法

定理 B

1. $\int e^x dx=e^x+c$。
2. $\int a^x dx=\frac{1}{lna}(a^x)+c \quad a>0$。

證明 1. $\because \frac{d}{dx}(e^x+c)=e^x \quad \therefore \int e^x dx=e^x+c$

2. $\because \frac{d}{dx}[\frac{1}{lna}(a^x)+c]=\frac{1}{lna}(lna)a^x=a^x$

$\therefore \int a^x dx=\frac{1}{lna}a^x+c$ ■

例 6. 求 $\int 3^x dx=$ ？

解 $\int 3^x dx=\frac{1}{ln3}3^x+c$

4.1.3 微分方程式的簡介

微分方程式（Differential Equations）是描述函數與導函數間關係、偏導函數的方程式，只含導函數之微分方程式稱為常微分方程式（Ordinary Differential Equations），如 $y'+2y''+y=3e^x$，$\frac{dx}{dy}+xy=e^x$ 等均是。

微分方程式的解

在初等代數學中，我們知道 $2x+1=3$ 的解為 $x=1$，這是因為當 $x=1$ 時 $2x+1=3$，同樣的道理，例如：$y'=x^2$ 的解可透過積分求得 $y=\int x^2 dx=\frac{x^3}{3}+c$。因為 $y=\frac{x^3}{3}+c$，c 為任意常數，滿足 $y'=x^2$，因而 $y=\frac{x^3}{3}+c$ 是 $y'=x^2$ 之解。如果我們給定一個條件，如 $y(0)=1$，$y(0)=1$ 稱為初始條件（Initial

Condition）。這表示 $x=0$ 時 $y=1$，因此可決定 $y=\frac{x^3}{3}+c$ 中之常數 c：$\because 1=0+c$，$\therefore c=1$，因而 $y=\frac{x^3}{3}+1$。在本例中 $y=\frac{x^3}{3}+c$ 稱爲通解（General Solution），而 $y=\frac{x^3}{3}+1$ 稱爲特解（Particular Solution）。

例 8. 若 $y'=3$，求 $y=?$。又 $y(0)=1$，求 $y=?$

解 $y'=3$ 相當於 $\frac{d}{dx}y=3$，則 $y=?$

$\therefore y=\int 3dx=3x+c$

又 $y(0)=1$，此相當於 $x=0$，$y=1$

$\therefore y=3x+c\Big|_{x=0,\,y=1}$ 得 $c=1$

即 $y=3x+1$ 是爲所求。

例 9. 若 $y''=0$，$y(0)=y'(1)=1$，求 $y=?$

解 $y''=0 \quad \therefore y'=c$

$y'=c \quad \therefore y=\int c\,dx=cx+p$（$c, p$ 均爲特定）

(1) $x=0$ 時 $y=1 \quad \therefore p=1$

(2) $x=1$ 時，$y'=1 \quad \therefore y'=c$，得 $c=1$

由 (1)，(2) $y=x+1$ 是爲所求。

例 10. 函數曲線之斜率函數爲 $m=x^3$，若此曲線過 $(1, 1)$，求 $f(3)=?$

解　$f'(x)=x^3 \quad \therefore f(x)=\int x^3dx=\frac{x^4}{4}+c$

又 $y=\frac{x^4}{4}+c$ 過$(1, 1)$　$\therefore c=\frac{3}{4}$，即 $y=\frac{x^4}{4}+\frac{3}{4}$

$f(3)=\frac{3^4}{4}+\frac{3}{4}=\frac{84}{4}=21$

隨堂演練

4.1C

若 $y'''=0$，求 $y=f(x)$ 之通式。

〔提示〕

$y=a+bx+cx^2$

習題 4-1

1. 解：

(1) $\int (x^2+3x+1)dx$

(2) $\int (x-\frac{2}{x})^2dx$

(3) $\int \frac{(1+x)^3}{x}dx$

(4) $\int \frac{x+1}{\sqrt{x}}dx$

(5) $\int (1+x)^2dx$

(6) $\int \sqrt[3]{\sqrt[5]{x}}(1-x)dx$

(7) $\int (x^2+x+1)(x^2-x+1)dx$

(8) $\int 5^xdx$

（提示：$(x^2+x+1)(x^2-x+1)=x^4+x^2+1$）

2. 試解下列微分方程式。

(1) $y' = x^2$　　(2) $y' = 3 \cdot 2^x$

(3) $y' = x^3 + x + 1$　　(4) $y' = \sqrt{x} + \sqrt[3]{x}$

4.2 定積分

4.2.1 定積分之幾何意義

將區間 $[a, b]$ 用 $a = x_0 < x_1 < x_2 \cdots\cdots < x_n = b$ 諸點劃分成 n 個子區間（Subinterval），並選出 n 個點 ε_k，$x_{k-1} \leqq \varepsilon_k \leqq x_k$，$k = 1, 2, \cdots\cdots n$。令 $\delta = max(x_1 - x_0, x_2 - x_1, \cdots\cdots, x_n - x_{n-1}) \cdots\cdots$。若 $\lim_{\delta \to 0} \sum_{k=1}^{n} f(\varepsilon_k)(x_k - x_{k-1})$ 存在，則 $\int_a^b f(x)\,dx = \lim_{\delta \to 0} \sum_{k=1}^{n} f(\varepsilon_k)(x_k - x_{k-1})$ $= \lim_{\delta \to 0} \sum_{k=1}^{n} f(\varepsilon_k)\,\Delta x_k$，$\Delta x_k = x_k - x_{k-1}$。

上面之定義相當於將 x 軸之區間 $[a, b]$ 中分成幾個子區間，其分割點爲 $a = x_0 < x_1 < x_2 \cdots\cdots < x_{n-1} < x_n = b$ 而形成 n 個小的矩形。

而 $\int_a^b f(x)\,dx$ 相當於 $n \to \infty$ 時這些 n 個小矩形之面積和。

4.2.2 微積分基本定理

微積分基本定理（Fundamental Theorem of Calculus）在微積分中占有極重要之角色。因爲導函數是討論變化率而定積是由分割、求和以求平面面積，這二個似不相干的二大微積分問題，我們可透過微積分基本定理來做個整合，更重要的是，由微積分基本定理可知微分與積分是二個互逆之運算。用定積分定義求函數 $y=f(x)$ 在 $[a, b]$ 中與 x 軸所夾之區域面積，顯然不是一個很有效率的方法，因此，例子從略，並不影響以後之學習。在 4.9 節將系統地說明如何用定積分求區域面積。

（微積分基本定理）若 $f(x)$ 在 $[a, b]$ 中爲連續，$F(x)$ 爲 $f(x)$ 之任何一個反導函數，則 $\int_a^b f(x)dx=F(b)-F(a)$。

定理 A 可由定積分定義與微分學之拉格蘭日均值定理導出。

例 1. 求 $\int_0^1 x^2dx=?$

解 $\int_0^1 x^2dx=\frac{1}{3}x^3]_0^1=\frac{1}{3}[(1)^3-(0)^3]=\frac{1}{3}$

例 2. 求 $\int_0^{16} \sqrt[4]{x^5}dx=?$

解 $\int_0^{16} \sqrt[4]{x^5}dx=\frac{4}{9}x^{\frac{9}{4}}]_0^{16}=\frac{4}{9}[16^{\frac{9}{4}}-0^{\frac{9}{4}}]=\frac{4}{9}[(2^4)^{\frac{9}{4}}-0]=\frac{4}{9}(2^9)$

例 3. 求 $\int_0^{ln3} e^x dx = ?$

解 $\int_0^{ln3} e^x dx = e^x]_0^{ln3} = e^{ln3} - e^0 = 3 - 1 = 2$

例 4. 求 $\int_1^{e^4} \frac{1}{x} dx = ?$

解 $\int_1^{e^4} \frac{1}{x} dx = ln\ |\ x\ |\ ]_1^{e^4} = lne^4 - ln1 = 4 - 0 = 4$

隨堂演練

4.2A

求 $\int_1^{e} \frac{(1+x)^2}{x} dx = ?$

〔提示〕

$\frac{e^2}{2} + 2e - \frac{3}{2}$

4.2.3 定積分之基本性質

由 $\int_a^b f(x)dx = F(b) - F(a)$ 可導出定積分幾個基本性質，綜述於定理 A。

定理 B (1) $\int_b^a f(x)dx = -\int_a^b f(x)dx$

(2) $\int_a^a f(x)dx = 0$

(3) $\int_a^b f(x)dx = \int_a^c f(x)dx + \int_c^b f(x)dx$，$c$ 爲 $[a, b]$ 中之一點

(4) $\frac{d}{dx}\int_a^x f(z)dz = f(x)$

證明 我們只證明 (1)，$\int_a^b f(x)dx = F(b) - F(a)$

$$\int_b^a f(x)dx = F(a) - F(b) = -(F(b) - F(a)) = -\int_a^b f(x)dx$$

$$\therefore \int_b^a f(x)dx = -\int_a^b f(x)dx$$ ■

定理 A(4) 可一般化如下：$\frac{d}{dx}\int_a^{g(x)} f(t)dt = f(g(x))g'(x)$，$g(x)$ 爲 x 之可微分函數。

隨堂演練

4.2B

證明 $\int_a^a f(x)dx = 0$。

例 5. 驗證 $\frac{d}{dx}\int_0^x t^5 dt = x^5$。

解

方法一：$\because \int_0^x t^5 dt = \frac{1}{6}t^6\Big]_0^x = \frac{1}{6}x^6$

$$\therefore \frac{d}{dx}\int_0^x t^5 dt = \frac{d}{dx}\left(\frac{1}{6}x^6\right) = x^5$$

方法二：直接用定理 A(4)

$$\frac{d}{dx}\int_0^x t^5 dt = x^5$$

例 6. 求 (a) $\frac{d}{dx}\int_0^x \frac{sint}{t}dt=$？及 (b) $\frac{d}{dx}\int_0^{x^2} \frac{sint}{t}dt=$？

解 (a) $\frac{d}{dx}\int_0^x \frac{sint}{t}dt = \frac{sinx}{x}$

(b) $\frac{d}{dx}\int_0^{x^2} \frac{sint}{t}dt = \frac{sinx^2}{x^2} \cdot 2x = \frac{2sinx^2}{x}$

例 7. $H(x)=x\int_0^x f(t)\,dt$，求 $xH'(x)-H(x)$

解 $H'(x)=\int_0^x f(t)\,dt + xf(x)$

$$\begin{aligned} \therefore\ & xH'(x)-H(x) \\ &= x\left[\int_0^x f(t)\,dt + xf(x)\right] - H(x) \\ &= H(x) + x^2 f(x) - H(x) \\ &= x^2 f(x) \end{aligned}$$

隨堂演練

4.2C

驗證 $\frac{d}{dx}\int_0^{x^2} te^{t^3} dt = 2x^3 e^{x^6}$。

習題 4-2

1. 計算下列各題：

(1) $\int_0^1 (x^2 + a^2)xdx$

(2) $\int_0^1 (x + 2)^3 dx$

(3) $\int_0^1 5^x dx$　　(4) $\int_{-2}^3 10^x dx$

2. 計算下列各題：

(1) $\frac{d}{dx}\int_0^x \sqrt{1+z^3}dz$　　(2) $\frac{d}{dx}\int_0^{x^2} \sqrt{1+z^3}dz$

(3) $\frac{d}{dx}\int_0^{x^2} e^{sinz}dz$　　(4) $\frac{d}{dx}\int_0^{x^2} \frac{\tan^{-1}z}{z}dz$

3. 計算

(1) $\lim_{x\to 0}\frac{\int_0^x sint^2dt}{x^3}$　　(2) $\lim_{x\to 0}\frac{x-\int_0^x cost^2dt}{x^3}$

4. 試證定理 A 之 (2)，(3)。

4.3 不定積分之基本解法

4.3.1 基本不定積分變數變換法

定理 A　（不定積分之變數變換）若 g 為一可微分函數，F 為 f 之反導函數，取 $u=g(x)$，則 $\int f(g(x))g'(x)dx=\int f(u)du=F(u)+c=F(g(x))+c$

證明 $\because \frac{d}{dx}[F(g(x))+c]$

$= F'(g(x))g'(x)$

$= f(g(x))g'(x)$

$\therefore \int f(g(x))g'(x)dx = F(g(x))+c$ ■

例 1. 求 $\int \sqrt{3x+5}dx=$？

解

方法一：令 $3x+5=u$，則 $3dx=du$

$\therefore \int \sqrt{3x+5}dx=\int \sqrt{u}\frac{1}{3}du=\frac{1}{3}\int u^{\frac{1}{2}}du=\frac{1}{3}\cdot\frac{2}{3}u^{\frac{3}{2}}+c$

$=\frac{2}{9}u^{\frac{3}{2}}+c=\frac{2}{9}(3x+5)^{\frac{3}{2}}+c$

方法二：令 $\sqrt{3x+5}=u$，則 $u^2=3x+5$ $\therefore 2udu=3dx$，

$dx=\frac{2}{3}udu$

得 $\int \sqrt{3x+5}dx=\int u\cdot\frac{2}{3}udu=\frac{2}{3}\cdot\frac{1}{3}u^3+c$

$=\frac{2}{9}(3x+5)^{\frac{3}{2}}+c$

對熟悉積分之讀者，在求像例 1 這一類積分時可省去設媒介變數 u 這一程序。以例 1. 爲例：

$$\int \sqrt{3x+5}\,dx=\int (3x+5)^{\frac{1}{2}}d\frac{1}{3}(3x+5)$$

$$=\frac{1}{3}\int (3x+5)^{\frac{1}{2}}d(3x+5)=\frac{1}{3}\frac{2}{3}(3x+5)^{\frac{3}{2}}+c$$

$$=\frac{2}{9}(3x+5)^{\frac{3}{2}}+c$$

例 2. 求 $\int x\sqrt{3x+5}dx=$？

解

方法一：令 $\sqrt{3x+5}=u$，則 $3x+5=u^2$，

$$\because \begin{cases} 3dx=2udu \Rightarrow dx=\frac{2}{3}udu \\ x=\frac{1}{3}(u^2-5) \end{cases}$$

$$\therefore \int x\sqrt{3x+5}dx=\int \frac{1}{3}(u^2-5)\cdot u\frac{2}{3}udu$$

$$=\frac{2}{9}\int (u^4-5u^2)du=\frac{2}{9}[\frac{1}{5}u^5-\frac{5}{3}u^3]+c$$

$$=\frac{2}{45}u^5-\frac{10}{27}u^3+c=\frac{2}{45}(3x+5)^{\frac{5}{2}}-\frac{10}{27}(3x+5)^{\frac{3}{2}}+c$$

方法二：取 $3x+5=u$，則 $\begin{cases} 3dx=du \Rightarrow dx=\frac{1}{3}du \\ x=\frac{1}{3}(u-5) \end{cases}$

$$\int x\sqrt{3x+5}dx=\int \frac{1}{3}(u-5)\cdot u^{\frac{1}{2}}\cdot \frac{1}{3}du$$

$$=\frac{1}{9}\int u^{\frac{3}{2}}-5u^{\frac{1}{2}}du=\frac{1}{9}[\frac{2}{5}u^{\frac{5}{2}}-\frac{10}{3}u^{\frac{3}{2}}]+c$$

$$=\frac{2}{45}(3x+5)^{\frac{5}{2}}-\frac{10}{27}(3x+5)^{\frac{3}{2}}+c$$

例 3. 求 $\int (x+1)\sqrt{x^2+2x+4}dx=$？

解

方法一：令 $u=x^2+2x+4$, $du=2(x+1)dx$ 或 $(x+1)dx=\frac{1}{2}du$

$$\therefore \int (x+1)\sqrt{x^2+2x+4}dx = \int u^{\frac{1}{2}} \cdot \frac{1}{2}du$$

$$= \frac{1}{2} \cdot \frac{2}{3}u^{\frac{3}{2}} + c = \frac{1}{3}u^{\frac{3}{2}} + c = \frac{1}{3}(x^2+2x+4)^{\frac{3}{2}} + c$$

方法二：$\int (x+1)\sqrt{x^2+2x+4}\,dx$

$$= \int (x^2+2x+4)^{\frac{1}{2}} d\frac{1}{2}(x^2+2x+4)$$

$$= \frac{1}{2} \cdot \frac{2}{3}(x^2+2x+4)^{\frac{3}{2}} + c = \frac{1}{3}(x^2+2x+4)^{\frac{3}{2}} + c$$

例 4. 求 $\int (x^3+2x)(x^4+4x^2+1)^{30}dx = ?$

解

方法一：令 $u = x^4+4x^2+1$，則 $du = (4x^3+8x)dx = 4(x^3+2x)dx$

即 $(x^3+2x)dx = \frac{1}{4}du$

$$\therefore \int (x^3+2x)(x^4+4x^2+1)^{30}dx$$

$$= \int \frac{1}{4}u^{30}du = \frac{1}{4} \cdot \frac{1}{31}u^{31} + c = \frac{1}{124}(x^4+4x^2+1)^{31} + c$$

方法二：$\int (x^3+2x)(x^4+4x^2+1)^{30}\,dx$

$$= \int (x^4+4x^2+1)^{30} d\frac{1}{4}(x^4+4x^2+1)$$

$$= \frac{1}{4} \cdot \frac{1}{31}(x^4+4x^2+1)^{31} + c = \frac{1}{124}(x^4+4x^2+1)^{31} + c$$

隨堂演練

4.3A

1. 求 $\int (x^2+1)\sqrt[3]{x^3+3x+4}\,dx=$?

2. 求 $\int \sqrt{5x-1}\,dx=$?

〔提示〕

1. $\frac{3}{4}(x^3+3x+4)^{\frac{4}{3}}+c$ 2. $\frac{2}{15}(5x-1)^{\frac{3}{2}}+c$

4.3.2 有關自然對數函數與指數函數之不定積分

在 $\int \frac{g(x)}{f(x)}dx$ 式子中，若 $g(x)=kf'(x)$，$k\neq 0$，則可取 $u=f(x)$。

例 5. 求 (1) $\int \frac{x^3+2x}{x^4+4x^2+1}dx=$? (2) $\int \frac{x^3+2x}{(x^4+4x^2+1)^3}dx=$?

解

方法一

令 $u=x^4+4x^2+1$，$du=4(x^3+2x)dx$，$\frac{1}{4}du=(x^3+2x)dx$

(1) $\int \frac{x^3+2x}{x^4+4x^2+1}dx=\int \frac{du}{4u}$

$=\frac{1}{4}ln\mid u\mid+c=\frac{1}{4}ln(x^4+4x^2+1)+c$

(2) $\int \frac{x^3+2x}{(x^4+4x^2+1)^3}dx=\int \frac{du}{4u^3}=\frac{1}{4}(\frac{1}{-2})u^{-2}+c$

$=-\frac{1}{8}u^{-2}+c=-\frac{1}{8(x^4+4x^2+1)^2}+c$

方法二

$$(1)\int \frac{x^3+2x}{x^4+4x^2+1}dx=\int \frac{\frac{1}{4}d(x^4+4x^2+1)}{x^4+4x^2+1}=\frac{1}{4}ln(x^4+4x^2+1)+c$$

$$(2)\int \frac{x^3+2x}{(x^4+4x^2+1)^3}dx=\int \frac{\frac{1}{4}d(x^4+4x^2+1)}{(x^4+4x^2+1)^3}$$

$$=\frac{1}{4}\left(-\frac{1}{2}\right)(x^4+4x^2+1)^{-2}+c=-\frac{1}{8}\frac{1}{(x^4+4x^2+1)^2}+c$$

隨堂演練

4.3B

求 $\int (x^2+1)/(x^3+3x+4)dx=$？

〔提示〕

$\frac{1}{3}ln|x^3+3x+4|+c$

定理 B $\int e^u du=e^u+c$，u 為 x 之連續函數。

例 6. 求 (1) $\int e^{2x}dx=$？ (2) $\int e^{\frac{x}{3}}dx=$？

解 (1) 方法一：令 $u=2x$，$du=2dx$，$dx=\frac{1}{2}du$

$$\therefore \int e^{2x}dx=\int e^u\cdot\frac{1}{2}du=\frac{1}{2}\int e^u du=\frac{1}{2}e^u+c=\frac{1}{2}e^{2x}+c$$

方法二：$\int e^{2x}d\frac{1}{2}(2x)=\frac{1}{2}e^{2x}+c$

(2) **方法一**：令 $u=\frac{x}{3}$，$x=3u$，$dx=3du$

$$\therefore \int e^{\frac{x}{3}}dx=\int e^{u}\cdot 3du=3\int e^{u}du=3e^{u}+c=3e^{\frac{x}{3}}+c$$

方法二：$\int e^{\frac{x}{3}}dx=\int e^{\frac{1}{3}x}d3\left(\frac{x}{3}\right)=3e^{\frac{x}{3}}+c$

例 7. 求 (1) $\int xe^{x^2}dx=?$　(2) $\int (x+1)e^{x^2+2x+3}dx=?$

解　(1) **方法一**：令 $u=x^2$，則 $du=2xdx$，$xdx=\frac{1}{2}du$

$$\therefore \int xe^{x^2}dx=\int e^{u}\frac{1}{2}du=\frac{1}{2}\int e^{u}du=\frac{1}{2}e^{u}+c=\frac{1}{2}e^{x^2}+c$$

方法二：$\int xe^{x^2}dx=\int e^{x^2}d\frac{1}{2}(x^2)=\frac{1}{2}e^{x^2}+c$

(2) **方法一**：令 $u=x^2+2x+3$，則 $du=(2x+2)dx=2(x+1)dx$ 即 $(x+1)dx=\frac{1}{2}du$

$$\therefore \int (x+1)e^{x^2+2x+3}dx=\int e^{u}\frac{1}{2}du$$
$$=\frac{1}{2}e^{u}+c=\frac{1}{2}e^{x^2+2x+3}+c$$

方法二：$\int (x+1)e^{x^2+2x+3}dx$

$$=\int e^{x^2+2x+3}d\frac{1}{2}(x^2+2x+3)=\frac{1}{2}e^{x^2+2x+3}+c$$

隨堂演練

4.3C

下列各題中何者可用本節代換法，若可，則計算出它們的結果。

(1) $\int \frac{1}{x}e^{\frac{1}{x^2}}dx$　(2) $\int \frac{1}{x^2}e^{\frac{1}{x}}dx$

〔提示〕

1. 不可用　2. $-e^{\frac{1}{x}}+c$

4.3.3 有關三角函數之積分法

定理 C

$$\int sinxdx = -cosx + c$$

$$\int cosxdx = sinx + c$$

$$\int tanxdx = -ln|cosx| + c$$

$$\int cotxdx = ln|sinx| + c$$

$$\int secxdx = ln|secx + tanx| + c$$

$$\int cscxdx = ln|cscx - cotx| + c$$

證明 （我們只證 $\int secxdx = ln|secx + tanx| + c$，其餘讀者可自行仿證）

$$\because \frac{d}{dx}(ln|secx + tanx| + c)$$

$$= \frac{d}{dx}ln|secx + tanx| + \frac{d}{dx}c$$

$$= \frac{\frac{d}{dx}(secx + tanx)}{secx + tanx} = \frac{secx\,tanx + sec^2x}{secx + tanx}$$

$$= \frac{secx(tanx + secx)}{secx + tanx} = secx$$

$$\therefore \int secx\,dx = ln|secx + tanx| + c$$

■

除了上面的證法外，我們還可用下列的證法：

$$\int secxdx = \int secx \cdot (\frac{secx + tanx}{secx + tanx})dx$$

$$= \int \frac{sec^2x + secxtanx}{secx + tanx}dx$$

取 $u = secx + tanx$　則 $du = (secxtanx + sec^2x)dx$

$$= \int \frac{du}{u} = ln|u| + c$$

$$= ln|secx + tanx| + c$$

■

推論 C1

u 爲 x 之連續函數，則

$$\int sinudu = -cosu + c$$

$$\int cosudu = sinu + c$$

$$\int tanudu = -ln|cosu| + c$$

$$\int cotudu = ln|sinu| + c$$

$$\int secudu = ln|secu + tanu| + c$$

$$\int cscudu = ln|cscu - cotu| + c$$

例 8. 求 (1) $\int (2x + 1)sin(x^2 + x + 3)dx = ?$

(2) $\int (x^2 + 2x + 1)cos(x^3 + 3x^2 + 3x + 4)dx = ?$

解 (1) **方法一**：令 $u = x^2 + x + 3$，則 $du = (2x + 1)dx$

$$\therefore \int (2x + 1)sin(x^2 + x + 3)dx$$

$$=\int sinudu=-cosu+c=-cos(x^2+x+3)+c$$

方法二：

$$\int(2x+1)sin(x^2+x+3)dx$$

$$=\int sin(x^2+x+3)d(x^2+x+3)$$

$$=-cos(x^2+x+3)+c$$

(2) **方法一**：

令 $u=x^3+3x^2+3x+4$，則 $du=3(x^2+2x+1)dx$

$$\therefore\int(x^2+x+1)cos(x^3+3x^2+3x+4)dx$$

$$=\int\frac{1}{3}cosudu=\frac{1}{3}sinu+c=\frac{1}{3}sin(x^3+3x^2+3x+4)+c$$

方法二：

$$\int(x^2+2x+1)cos(x^3+3x^2+3x+4)dx$$

$$=\int cos(x^3+3x^2+3x+4)d\frac{1}{3}(x^3+3x^2+3x+4)$$

$$=\frac{1}{3}sin(x^3+3x^2+3x+4)+c$$

例 9. 求 (1) $\int(x+1)sec(x^2+2x-2)dx=?$

(2) $\int(x-1)csc(x^2-2x+2)dx=?$

解 (1) **方法一**：令 $u=x^2+2x-2$，則 $du=2(x+1)dx$

$$\therefore\int(x+1)sec(x^2+2x-2)dx$$

$$=\int\frac{1}{2}secudu=\frac{1}{2}ln\mid secu+tanu\mid+c$$

$$=\frac{1}{2}ln\mid sec(x^2+2x-2)+tan(x^2+2x-2)\mid+c$$

方法二：$\int (x-1)\sec(x^2-2x+2)dx$

$= \int \sec(x^2-2x+2)\,d\frac{1}{2}(x^2-2x+2)$

$= \frac{1}{2} ln \mid \sec(x^2-2x+2) + \tan(x^2-2x+2) \mid + c$

(2) **方法一**：令 $u = x^2-2x+2$，則 $du = 2(x-1)dx$

$\therefore \int (x-1)\csc(x^2-2x+2)dx$

$= \frac{1}{2}\int cscudu = \frac{1}{2} \mid cscu - cotu \mid + c$

$= \frac{1}{2} ln \mid \csc(x^2-2x+2) - \cot(x^2-2x+2) \mid + c$

方法二：$\int (x-1)\csc(x^2-2x+2)dx$

$= \int \csc(x^2-2x+2)\,d\frac{1}{2}(x^2-2x+2)$

$= ln \mid \csc(x^2-2x+2) - \cot(x^2-2x+2) \mid + c$

隨堂演練

4.3D

求 $\int (\frac{1}{x^2})\tan\frac{1}{x}dx = ?$

〔提示〕

$-\ln \mid \cos\frac{1}{x} \mid + c$

例 10. 求 (1) $\int \sin^3 xdx$　　(2) $\int \sin^3 x\cos xdx$

解 (1) $\int sin^3xdx = \int sin^2xd(-cosx)$

$= -\int (1 - cos^2x)\,dcosx = -cosx + \frac{1}{3}cos^3x + c$

(2) $\int sin^3xcosxdx = \int sin^3xdsinx = \frac{1}{4}sin^4x + c$

習題 4-3

1. 求下列各題積分？

(1) $\int x(x^2 + 1)^4dx$　(2) $\int (x + 1)[(x + 1)^2 + 1]^4dx$

(3) $\int [(x^2 + 1)/(x^3 + 3x + 4)]dx$　(4) $\int \frac{(2x + 7)}{(x^2 + 7x + 4)^2}dx$

(5) $\int (x + 1)\sqrt[3]{5x^2 + 10x - 2}dx$

(6) $\int \frac{1}{x^2}(\frac{x + 1}{x})^{12}dx$（提示：$\frac{1}{x^2}(\frac{x + 1}{x})^{12} = \frac{1}{x^2}(1 + \frac{1}{x})^{12}$）

(7) $\int \frac{1}{\sqrt{x}}(1 + \sqrt{x})^5dx$　(8) $\int x^2(1 + x^3)^{12}dx$

2. 求下列各題積分？

(1) $\int x\sin(x^2 + 1)dx$　(2) $\int \frac{sin\sqrt{x}}{\sqrt{x}}dx$

(3) $\int e^{2x}\sin e^{2x}dx$　(4) $\int cos\,xe^{sinx}dx$

(5) $\int \frac{sin2x}{1 + sin^2x}dx$　(6) $\int \frac{1}{\sqrt{x}}tan\sqrt{x}dx$

(7) $\int cos\,x(1 + 2\sin x)^{10}dx$　(8) $\int (1 + tan^2x)e^{tanx}dx$

(9) $\int \sqrt{tanx}\,sec^2xdx$

3. 求下列各題積分

(1) $\int \frac{dx}{x^2(1+\frac{1}{x})^3}$　　(2) $\int \frac{1+lnx}{x}dx$

4. 求下列積分

(1) $\int \frac{cosx}{secx+tanx}dx$

4.4 定積分之變數變換

4.4.1 基本定積分之變數變換法

定理 A 若函數 g' 在 $[a, b]$ 中為連續，且 f 在 g 之值域中為連續，取 $u=g(x)$，則 $\int_a^b f[g(x)]g'(x)dx=\int_{g(a)}^{g(b)} f(u)du$。

證明 由微積分基本定理：

$$\int_{g(a)}^{g(b)} f(u)du=F[g(b)]-F[g(a)]$$

又 $\int_a^b f[g(x)]g'(x)dx=F[g(x)]]_a^b$

$$=F[g(b)]-F[g(a)]$$

比較上面二式得：

$$\int_a^b f[g(x)]g'(x)\,dx = \int_{g(a)}^{g(b)} f(u)\,du$$ ■

例 1. 求 $\int_1^2 xe^{x^2}dx = ?$

解

方法一：取 $u = x^2$，$du = 2xdx$；$\int_1^2 \xrightarrow{u = x^2} \int_1^4$

$$\int_1^2 xe^{x^2}dx = \int_1^4 \frac{1}{2}e^u du = \frac{1}{2}e^u\Big]_1^4 = \frac{1}{2}(e^4 - e)$$

方法二：取 $v = e^{x^2}$ 作變數變換

$dv = 2xe^{x^2}$，$\int_1^2 \xrightarrow{u = e^{x^2}} \int_e^{e^4}$

$$\therefore \int_1^2 xe^{x^2}dx = \int_e^{e^4} \frac{1}{2}dv = \frac{1}{2}v\Big]_e^{e^4} = \frac{1}{2}(e^4 - e)$$

方法三：$\int_1^2 xe^{x^2}dx = \int_1^2 e^{x^2}d\frac{1}{2}(x^2) = \frac{1}{2}e^{x^2}\Big]_1^2 = \frac{1}{2}(e^4 - e)$，

與方法一、二相較下，方法三之積分上、下限未做任何改變（因方法三之積分變數仍是 x），讀者應注意之。

例 2. 求 $\int_0^{\frac{\pi}{2}} cosxe^{sinx}dx = ?$

解

方法一：取 $u = sinx$，則 $du = cosxdx$，$\int_0^{\frac{\pi}{2}} \xrightarrow{u = sinx} \int_0^1$

$$\therefore \int_0^{\frac{\pi}{2}} cosxe^{sinx}dx = \int_0^1 e^u du = e^u\Big]_0^1 = e - 1$$

方法二：$\int_0^{\frac{\pi}{2}} cosxe^{sinx}dx=\int_0^{\frac{\pi}{2}} e^{sinx}d\sin x=e^{sinx}\Big]_0^{\frac{\pi}{2}}=e-1$

例 3. 求 $\int_0^1 (1+\sqrt{x})^3dx=$？

解

方法一：我們用本節之方法：令 $u=\sqrt{x}$，$dx=2udu$，$\int_0^1 \xrightarrow{u=\sqrt{x}} \int_0^1$

$$\therefore \int_0^1 (1+\sqrt{x})^3dx=\int_0^1 (1+u)^3 2udu$$

$$=2\int_0^1 (u+1-1)(1+u)^3du$$

$$=2[\int_0^1 (1+u)^4-(1+u)^3du]$$

$$=2[\frac{1}{5}(1+u)^5-\frac{1}{4}(1+u)^4]_0^1$$

$$=2[\frac{1}{5}(2^5-1)-\frac{1}{4}(2^4-1)]=2(\frac{31}{5}-\frac{15}{4})=\frac{49}{10}$$

方法二：令 $u=\sqrt{x}+1$，$x=(u-1)^2$

$\therefore dx=2(u-1)du$，

$\int_0^1 \xrightarrow{u=\sqrt{x}+1} \int_1^2$

$$\therefore \int_0^1 (1+\sqrt{x})^3dx=\int_1^2 u^3\cdot 2(u-1)du=2\int_1^2 (u^4-u^3)du$$

$$=2[(\frac{u^5}{5}-\frac{u^4}{4})]_1^2=2(\frac{31}{5}-\frac{15}{4})=\frac{49}{10}$$

例 4. 求 $\int_{e^2}^{e^4} \frac{dx}{x(lnx)}=$？

解

方法一：令 $u=lnx$ 則 $du=\frac{dx}{x}$，$\int_{e^2}^{e^4} \xrightarrow{u=lnx} \int_2^4$

$\therefore \int_{e^2}^{e^4}\frac{dx}{x(lnx)}=\int_2^4\frac{du}{u}=ln\ |\ u\ |\ ]_2^4=ln4-ln2=ln2$

方法二：$\int_{e^2}^{e^4}\frac{dx}{x(lnx)}=\int_{e^2}^{e^4}\frac{d\,lnx}{lnx}=ln\,ln\,x]_{e^2}^{e^4}=ln\,ln\,e^4-ln\,ln\,e^2$

$=ln4-ln2=ln2$

例 5. 試證 $\int_a^b f(-x)\,dx=\int_{-b}^{-a}f(x)\,dx$。

解 在$\int_a^b f(-x)\,dx$中取$y=-x$，則$dy=-dx$，$\int_a^b \xrightarrow{u=-x} \int_{-a}^{-b}$

且原式爲

$\int_{-a}^{-b}f(y)(-dy)=-\int_{-a}^{-b}f(y)\,dy=\int_{-b}^{-a}f(y)\,dy$

在上例中，我們需注意的是 $\int_a^b f(x)\,dx$ 中之 x 是一個**啞變數**（Dummy Variable），因此 x 可被其他字母取代，而不會影響到定積分值，亦即 $\int_a^b f(x)\,dx=\int_a^b f(t)\,dt=\int_a^b f(u)\,du=\cdots\cdots$。

隨堂演練

4.4A

求 $\int_0^{\frac{\pi}{2}}\frac{cosx}{1+sinx}dx=$？

〔提示〕

ln2

4.4.2 $\int_{-a}^{a} f(x)dx$

定理 B 設 f 爲一奇函數（即 f 滿足 $f(-x)=-f(x)$），則

$$\int_{-a}^{a} f(x)\,dx = 0$$

證明 $\int_{-a}^{a} f(x)\,dx = \int_{-a}^{0} f(x)\,dx + \int_{0}^{a} f(x)\,dx$ ⋯⋯⋯⋯⋯⋯⋯⋯(1)

現在我們要證明 $\int_{-a}^{0} f(x)\,dx = -\int_{0}^{a} f(x)\,dx$：

取 $y=-x$，則 $\int_{-a}^{0} f(x)\,dx = \int_{a}^{0} f(-y)(-dy)$

$= -\int_{a}^{0} f(-y)\,dy = \int_{0}^{a} f(-y)\,dy = -\int_{0}^{a} f(y)\,dy$

$= -\int_{0}^{a} f(x)\,dx$ ⋯⋯⋯⋯⋯⋯⋯⋯⋯⋯⋯⋯⋯⋯(2)

代(2)入(1)得，在 f 爲奇函數時，$\int_{-a}^{a} f(x)\,dx = 0$ ■

例 6. 求 $\int_{-\frac{\pi}{2}}^{\frac{\pi}{2}} x^5 \cos x\,dx = ?$

解 $f(x)=x^5\cos x$，則 $f(x)$ 在 $\left[-\frac{\pi}{2}, \frac{\pi}{2}\right]$ 滿足

$f(-x)=(-x)^5\cos(-x)=-x^5\cos x=-f(x)$

得 $f(x)$ 在 $\left[-\frac{\pi}{2}, \frac{\pi}{2}\right]$ 爲奇函數

$\therefore \int_{-\frac{\pi}{2}}^{\frac{\pi}{2}} x^5 \cos x\,dx = 0$

例 7. 求 $\int_{-\frac{\pi}{2}}^{\frac{\pi}{2}} x^5 sin(x^4)\,dx = ?$

解 $f(x) = x^5 sin(x^4)$ 則 $f(x)$ 在 $\left[-\frac{\pi}{2}, \frac{\pi}{2}\right]$ 滿足

$f(-x) = (-x)^5 sin(-x)^4 = -x^5 sinx^4 = -f(x)$，

$\therefore f(x) = x^5 sin(x^4)$ 在 $\left[-\frac{\pi}{2}, \frac{\pi}{2}\right]$ 為一奇函數。

由定理 B 知 $\int_{-\frac{\pi}{2}}^{\frac{\pi}{2}} x^5 sin(x^4)\,dx = 0$。

例 8. 求 $\int_{-1}^{1} sin^4 x tanx dx$

解 $\because f(x) = sin^4 x tanx$ 在 $[-1, 1]$ 滿足 $f(-x) = -f(x)$，

即 $f(x)$ 在 $[-1, 1]$ 為奇函數

$\therefore \int_{-1}^{1} sin^4 x tanx dx = 0$

定理 C 設 f 為一偶函數（即 f 滿足 $f(-x) = f(x)$），則

$$\int_{-a}^{a} f(x)\,dx = 2\int_{0}^{a} f(x)\,dx$$

證明 $\int_{-a}^{a} f(x)\,dx = \int_{-a}^{0} f(x)\,dx + \int_{0}^{a} f(x)\,dx$

現在我們要證明的是：$\int_{-a}^{0} f(x)\,dx = \int_{0}^{a} f(x)\,dx$，

取 $y = -x$，則 $\int_{-a}^{0} f(x)\,dx = \int_{a}^{0} f(-y)\,d(-y)$

$= \int_{0}^{a} f(-y)\,dy = \int_{0}^{a} f(y)\,dy = \int_{0}^{a} f(x)\,dx$

$\therefore f(x)$ 為偶函數時，$\int_{-a}^{a} f(x)\,dx = 2\int_{0}^{a} f(x)\,dx$ ■

例 9. 求 $\int_{-3}^{3} |x| dx =$？

解 積分式 $f(x) = |x|$ 在 $[-3, 3]$ 有 $f(-x) = |-x| = |x| = f(x)$，

$\therefore f(x) = |x|$ 在 $[-3, 3]$ 為一偶函數

由定理 C 知 $\int_{-3}^{3} |x| dx = 2\int_{0}^{3} xdx = 2 \cdot \frac{x^2}{2}\Big]_0^3 = 9$

隨堂演練

4.4B

求 $\int_{-a}^{a} xe^{x^4} dx$

〔提示〕

Ans：0

習題 4-4

1. 計算：

(1) $\int_0^1 \sqrt[3]{1+3x}dx$

(2) $\int_0^1 x(x^2+1)^3 dx$

(3) $\int_3^8 \frac{\sin\sqrt{x+1}}{\sqrt{x+1}}dx$

（提示：$y = \sqrt{x+1}$）

(4) $\int_1^e \frac{dx}{x(1+(\ln x)^2)}$

（提示：$y = \ln x$）

(5) $\int_{-2}^{2} x\sqrt{x+2}dx$

(6) $\int_{-5}^{0} (x+5)^{10} dx$

(7) $\int_0^1 \frac{(x+1)^2}{x^3+3x^2+3x+7}dx$

(8) $\int_0^1 x\sqrt{1-x}dx$

（提示：$y = x^3 + 3x^2 + 3x + 7$）

2. 計算：

(1) $\int_{\frac{-\pi}{2}}^{\frac{\pi}{2}} \frac{x^2 sinx}{1 + x^4} dx$　　(2) $\int_{-1}^{1} (x^3 - 3x)^{\frac{1}{3}} dx$

(3) $\int_{-1}^{1} sinx^5 dx$　　(4) $\int_{-1}^{1} x \mid x \mid dx$

3. 證明：$\int_0^1 x^m (1 - x)^n dx = \int_0^1 x^n (1 - x)^m dx$

（提示：取 $y = 1 - x$）

4.5 分部積分法

4.5.1 分部積分之基本解法

由微分之乘法法則得知：若 u，v 為 x 之函數則有：

$$\frac{d}{dx} uv = u \frac{d}{dx} v + v \frac{d}{dx} u \quad \therefore u \frac{d}{dx} v = \frac{d}{dx} uv - v \frac{d}{dx} u$$

兩邊同時對 x 積分可得 $\int udv = uv - \int vdu$。

分部積分之架構雖然簡單，但在實作上，何者當 u，何者當 v，往往需經驗，以下歸納一些規則以供參考。

在分題型前，不妨由例 1 來看分部積分：

例 1. $f''(x)$ 在 $[a, b]$ 爲連續，求 $\int_b^a xf''(x)\,dx$。

解 $\int_b^a xf''(x)\,dx = \int_b^a xdf'(x) = xf'(x)\Big]_a^b - \int_b^a f'(x)\,dx$

$= bf'(b) - af'(a) - \int_b^a df(x)$

$= bf'(b) - af'(a) - f(x)]_a^b$

$= bf'(b) - af'(a) - f(b) + f(a)$

題型 $\int x^m e^{nx} dx$

$\int x^m e^{nx} dx = \int x^m\, d\frac{1}{n} e^{nx} = \cdots\cdots$

例 2. 求 (1) $\int xe^x dx = ?$ (2) $\int xe^{x^2} dx = ?$

解 (1) $\int xe^x dx = \int xde^x = xe^x - \int e^x dx = xe^x - e^x + c$

(2) $\int xe^{x^2} dx$ 可用上節例 1. 之變數變換即可求解，而無須用本節方法。

取 $u = x^2$ 則 $du = 2xdx$

$\therefore \int xe^{x^2} dx = \frac{1}{2}\int e^u\, du = \frac{1}{2}e^u + c = \frac{1}{2}e^{x^2} + c$

隨堂演練

4.5A

驗證 $\int xe^{2x} dx = \frac{1}{2}xe^{2x} - \frac{1}{4}e^{2x} + c$。

題型 $\int x^m\ (cosnx \text{ 或 } sinnx)\ dx$

$$\int x^m\, sinnxdx = \int x^m\, d(-\frac{1}{n} cosnx)$$

$$\int x^m\, cosnxdx = \int x^m\, d\frac{1}{n} sinnx = \cdots\cdots$$

例 3. 求 $\int_0^1 x^2 sinxdx = ?$

解 $\int_0^1 x^2 sinxdx = \int_0^1 x^2 d(-cosx) = -x^2cosx]_0^1 - \int_0^1 (-cosx)\, dx^2$

$= -cos1 + 2\int_0^1 xcosxdx = -cos1 + 2\int_0^1 xdsinx$

$= -cos1 + 2xsinx]_0^1 - 2\int_0^1 sinxdx$

$= -cos1 + 2sin1 + 2cosx]_0^1$

$= -cos1 + 2sin1 + 2cos1 - 2 = cos1 + 2sin1 - 2$

分部積分法時，往往可考慮先從變數變換著手如例 4。

例 4. 求 $\int cos\sqrt{x}dx = ?$

解 令 $u = \sqrt{x}$，$u^2 = x$，$dx = 2udu$

$\therefore \int cos\sqrt{x}dx = \int cosu\,(2udu)$

$= 2\int ucosudu = 2\int udsinu = 2(usinu - \int sinudu)$

$= 2usinu + 2cosu + c = 2\sqrt{x}sin\sqrt{x} + 2cos\sqrt{x} + c$

例 5. 求 (1) $\int xsinx^2dx = ?$ (2) $\int x^3cosx^2dx = ?$

解　(1) 令 $u = x^2$，$du = 2xdx$，由變換積分法求得

$$\int x\sin x^2 dx = \frac{1}{2}\int \sin u du = -\frac{1}{2}\cos u + c = -\frac{1}{2}\cos x^2 + c$$

(2) 令 $u = x^2$，$du = 2xdx$，$xdx = \frac{1}{2}du$

則 $\int x^3\cos x^2 dx = \int x^2(\cos x^2)xdx = \frac{1}{2}\int u\cos u du$

$= \frac{1}{2}\int ud\sin u = \frac{1}{2}u\sin u - \frac{1}{2}\sin du$

$= \frac{1}{2}u\sin u + \frac{1}{2}\cos u + c = \frac{1}{2}x^2\sin x^2 + \frac{1}{2}\cos x^2 + c$

隨堂演練

4.5B

驗證 $\int x\sin 3x dx = -\frac{x}{3}\cos 3x + \frac{1}{9}\sin 3x + c$。

題型 $\int x^n(\ln x)^m dx = \int \ln x^m d\frac{1}{n+1}x^{n+1} = \cdots\cdots$

例 6. 求 (1) $\int x\ln x dx = ?$　(1) $\int \ln x dx = ?$

解　(1) $\int x\ln x dx = \int \ln x d\frac{x^2}{2}$

$= \frac{x^2}{2}\ln x - \int \frac{x^2}{2}d\ln x = \frac{x^2}{2}\ln x - \int \frac{x^2}{2}\cdot\frac{1}{x}dx$

$= \frac{x^2}{2}\ln x - \int \frac{x}{2}dx = \frac{x^2}{2}\ln x - \frac{x^2}{4} + c$

(2) $\int (lnx)dx = xlnx - \int xd(lnx) = xlnx - \int x \cdot \frac{1}{x}dx$

$= xlnx - x + c$

例 7. 求 $\int xln2xdx = ?$

解 $\int xln2xdx = \int x(ln2 + lnx)dx = ln2\int xdx + \int xlnxdx$

$= (\frac{1}{2}ln2)x^2 + \frac{x^2}{2}lnx - \frac{x^2}{4} + c$（由例 6.(1)）

隨堂演練

4.5C

驗證 $\int x^2lnxdx = \frac{x^3}{3}lnx - \frac{x^3}{9} + c$。

題型 $\int e^{ax}(cosbx, sinbx)dx$

$\int e^{ax}cosbx\,dx = \int e^{ax}d\frac{1}{b}sinbx = \cdots\cdots$

或 $\int e^{ax}cosbx\,dx = \int cos\,bxd\frac{1}{a}e^{ax} = \cdots\cdots$

$\int e^{ax}sinbx\,dx = \int e^{ax}d-\frac{1}{b}cosbx = \cdots\cdots$

或 $\int e^{ax}sinbx\,dx = \int sin\,bxd\frac{1}{a}e^{ax} = \cdots\cdots$

例 8. 求 $\int e^xcosxdx = ?$

解 $\int e^xcosxdx = \int e^xdsinx$

$$= e^x sinx - \int sinxde^x = e^x sinx - \int e^x sinxdx$$

$$= e^x sinx + \int e^x dcosx = e^x sinx + e^x cosx - \int cosxde^x$$

$$= e^x sinx + e^x cosx - \int e^x cosxdx$$

$$\therefore \int e^x cosxdx = \frac{1}{2} e^x (sinx + cosx) + c$$

我們也可用 $\int e^x cosxdx = \int cosxde^x$ 開始，而得到同樣的結果。

隨堂演練

4.5D

驗證 $\int e^{3x} sin4xdx = \frac{e^{3x}}{25}(3sin4x - 4cos4x) + c$。

雜例

例 9. 求 $\int sec^3 xdx = ?$

解

$$\int sec^3 xdx = \int secx \cdot sec^2 xdx = \int secxdtanx$$

$$= secxtanx - \int tanxdsecx$$

$$= secxtanx - \int tanxsecxtanxdx$$

$$= secxtanx - \int secx(sec^2 x - 1)dx$$

$$= secxtanx - \int sec^3 xdx + \int secxdx$$

$$= secxtanx - \int sec^3xdx + ln \mid secx + tanx \mid + c$$

$$\therefore \int sec^3xdx = \frac{1}{2}(secxtanx + ln \mid secx + tanx \mid) + c'$$

4.5.2 分部積分之速解法

一些特殊之積分式（如 $\int x^n e^{bx}dx$，$\int x^n sinbxdx$，$\int x^n cosbxdx$，$\int x^n lnxdx \cdots\cdots$），我們便可用所謂的速解法。

給定一個積分 $\int fgdx$（暫時忘了 $\int udv$ 那個公式），其積分表是由二個直欄組成，左欄是由 $f, f', f'' \cdots\cdots$ 直到 $f^{(k)} = 0$（$f^{(k-1)} \neq 0$），或 $I^k g$ 與 $g(x)$ 重現（除了係數外）爲止。$I^k g(x)$ 重現常見於 $g(x)$ 爲 $\sin px$ 或 $\cos qx$ 時。右欄是由 g 開始不斷地積分，Ig 表示 $\int g$ 但積分常數不計，$I^2 g = I(Ig) \cdots\cdots I^{k-1}g$，$I^k g$。如此，我們可由積分表讀出各項式（在下表之斜線部份表示相乘，連續之＋，－號表示乘積之正負號，若最後一列爲重現，例如：左因子爲 $af(x)$，右因子爲 $bg(x)$ 則最後一列爲$\int abf(x)g(x)dx$，對應正負號經由移項即可得結果，如例 12。由下表可看出是由＋號開始正負相間），同時由微分經驗可知，例如：$\int x^n e^{bx}(cosbx, sinbx)dx$，$n \in N$。這類問題 f 一定是擺 x^n, g 擺 e^{bx}, $cosbx$, $sinbx$。

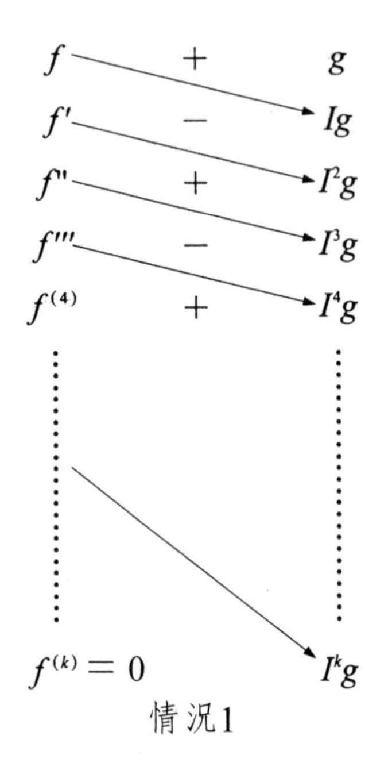

情況1

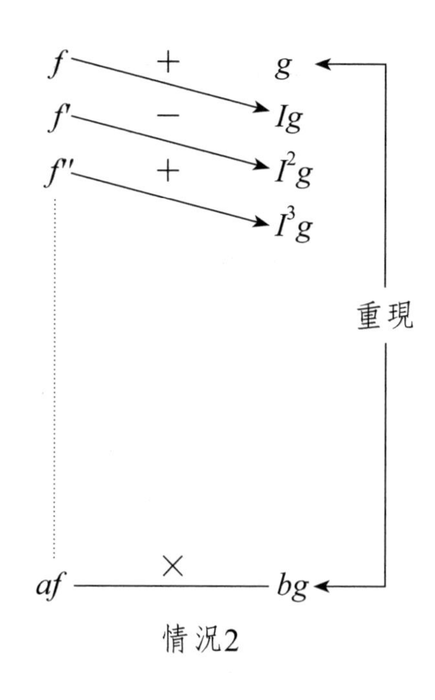

情況2

例 10. 以速解表，求(1)$\int xe^x dx$（例1.(1)）＝？(2)$\int xe^{3x}dx$（例2.）＝？(3)$\int_1^4 \sqrt{x}e^{\sqrt{x}}dx$（例3.）＝？

解

(1)$\int xe^x dx$

$= xe^x - e^x + c$

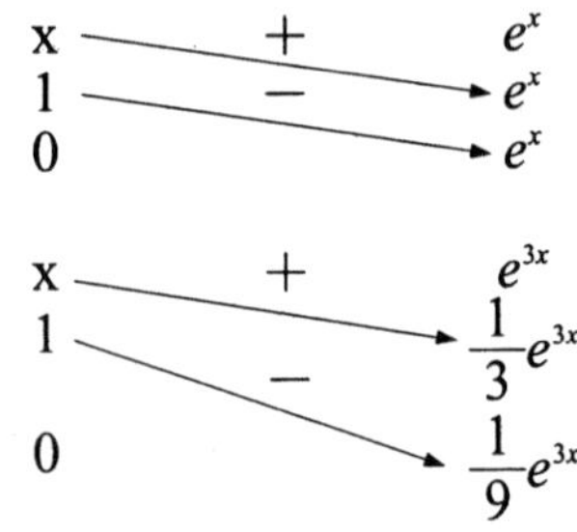

(2)$\int xe^{3x}dx$

$= \frac{1}{3}xe^{3x} - \frac{1}{9}e^{3x} + c$

(3)取 $u = \sqrt{x}$

則①積分上、下限：$\int_1^4 \to \int_1^2$

② $u\sqrt{x}$, $x = u^2$ $\quad\therefore dx = 2udu$

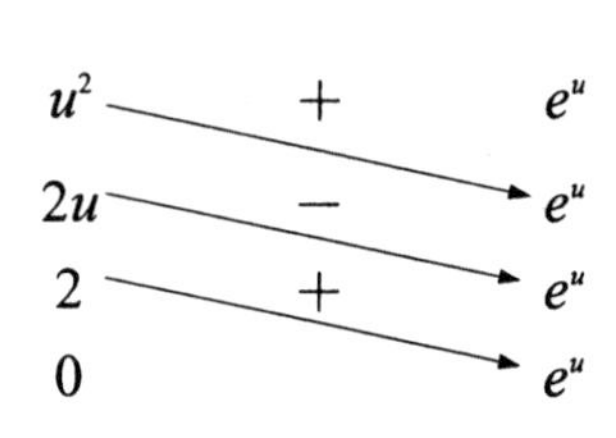

$$\therefore \int_1^4 \sqrt{x}e^{\sqrt{x}}dx = 2\int_1^2 u^2e^u du$$

$$= 2(u^2 - 2u + 2)e^u]_1^2$$

$$= 4e^2 - 2e$$

例 11. 求 $\int_0^1 x^2 sinxdx = ?$

解 $\int_0^1 x^2 sinxdx = ?$

$$= -x^2cosx + 2xsinx + 2cosx]_0^1$$

$$= -1cos1 + 2sin1 + 2cos1 - 2$$

$$= cos1 + 2sin1 - 2$$

x^2	$+$	$sinx$
$2x$	$-$	$-cosx$
2	$+$	$-sinx$
0		$cosx$

例 12. 求 $\int e^{3x}\sin 4xdx$（隨堂演練 4D）

解 $\int e^{3x}\sin 4xdx$

$$= -\frac{1}{4}e^{3x}\cos 4x + \frac{3}{16}e^{3x}\sin 4x$$

$$+ \int 9e^{3x}(-\frac{1}{16})\sin 4x\, dx$$

e^{3x}	$+$	$sin4x$	重現
$3e^{3x}$	$-$	$\frac{-1}{4}cos4x$	
$9e^{3x}$	$+$	$-\frac{1}{16}\sin 4x$	

$$= -\frac{1}{4}e^{3x}\cos 4x + \frac{3}{16}e^{3x}\sin 4x - \frac{9}{16}\int e^{3x}\sin 4xdx$$

$$\therefore \int e^{3x}\sin 4xdx = \frac{16}{25}(-\frac{1}{4}e^{3x}cos4x + \frac{3}{16}e^{3x}\sin 4x) + c$$

$$= \frac{1}{25}e^{3x}(3sin4x - 4cos4x) + c$$

隨堂演練

4.5E
用速解法解例 8

習題 4-5

1. 計算下列各題之值？

(1) $\int xe^{ax}dx$　(2) $\int_0^1 xe^{-x}dx$　(3) $\int_0^1 e^{\sqrt{x}}dx$　(4) $\int_0^1 x^2e^xdx$

2. 計算下列各題之值？

(1) $\int_0^{\frac{\pi}{2}} xcosxdx$　(2) $\int_0^{\frac{\pi}{4}} xsin^2xdx$　(3) $\int_0^{\pi} xsinxdx$　(4) $\int xsin3xdx$

(5) $\int sin^{-1}x\,dx$　(6) $\int tan^{-1}xdx$　(7) $\int xsec^2xdx$　(8) $\int (lnx)^2dx$

(9) $\int coslnxdx$　(10) $\int x(lnx)^2dx$

3. 計算下列各題之值？(1)～(3) 請用標準法與速解法二種方法。

(1) $\int e^{2x}cosxdx$　(2) $\int e^{-x}sinxdx$　(3) $\int_0^{\frac{\pi}{2}} e^{2x}sin3xdx$

4. (用速解法) 計算下列各題之值？

(1) $\int (lnx)^3dx$　(2) $\int x^3e^{2x}dx$　(3) $\int x^2e^xdx$

4.6 三角代換積分法

題型 $\int f(a^2 \pm x^2)\,dx$ 或 $\int f(x^2 - a^2)\,dx$

- $\int f(a^2 - x^2)\,dx$：可令 $x = asiny$ ➡ $\begin{cases} y = sin^{-1}\dfrac{x}{a} \\ dx = a\,cosydy \end{cases}$

- $\int f(a^2+x^2)dx$ ：可令 $x = a\tan y \Rightarrow \begin{cases} y = \tan^{-1}\dfrac{x}{a} \\ dx = a\sec^2 y dy \end{cases}$

- $\int f(x^2-a^2)dx$ ：可令 $x = a\sec y \Rightarrow \begin{cases} y = \sec^{-1}\dfrac{x}{a} \\ dx = a\sec y\tan y dy \end{cases}$

這類題型之積分問題，大抵可用上述代換底定，但如果能套用定理 A，在解題上有更大的簡化了。

定理 A

$$\int \frac{du}{\sqrt{u^2 \pm a^2}} = \ln\left|u+\sqrt{u^2 \pm a^2}\right| + c$$

$$\int \sqrt{u^2 \pm a^2}\,du = \frac{u}{2}\sqrt{u^2 \pm a^2} \pm \frac{a^2}{2}\ln\left|u+\sqrt{u^2 \pm a^2}\right| + c$$

$$\int \sqrt{a^2-u^2}\,du = \frac{u}{2}\sqrt{a^2-u^2} + \frac{a^2}{2}\sin^{-1}\frac{u}{a} + c$$

$$\int \frac{1}{\sqrt{a^2-u^2}}du = \sin^{-1}\frac{u}{a} + c$$

$$\int \frac{du}{a^2+u^2} = \frac{1}{a}\tan^{-1}\frac{u}{a} + c$$

證明

1. $\int \frac{du}{\sqrt{u^2+a^2}}$ （取 $u = a\tan y$，$du = a\sec^2 y dy$）

$$= \int \frac{a\sec^2 y dy}{\sqrt{a^2\tan^2 y + a^2}} = \int \sec y dy$$

$$= \ln\left|\sec y + \tan y\right| + c' \cdots\cdots\cdots\cdots\cdots\cdots ※$$

$$u = a\tan y \quad \therefore \tan y = \frac{u}{a}$$

$$\sec y = \sqrt{1+\tan^2 y} = \sqrt{1+\frac{u^2}{a^2}} = \frac{\sqrt{a^2+u^2}}{a}$$

代以上結果入 ※ 得

$$\ln|\sec y+\tan y| + c'$$

$$= \ln\left|\frac{\sqrt{a^2+u^2}}{a}+\frac{u}{a}\right| + c'$$

$$= \ln\left|u+\sqrt{a^2+u^2}\right| + c \qquad \blacksquare$$

2. $\int\sqrt{u^2+a^2}\,du$ 取 $u = a\tan y, du = a\sec^2 y\,dy$

$$= \int\sqrt{a^2\tan^2 y + a^2}\cdot(a\sec^2 y)\,dy$$

$$= a^2\int \sec^3 y\,dy$$

$$= a^2\left(\frac{1}{2}\sec y\tan y + \frac{1}{2}\ln|\sec y+\tan y|\right) + c' \text{(4.5節例9)}$$

$$= a^2\left(\frac{1}{2}\frac{\sqrt{a^2+u^2}}{a}\cdot\frac{u}{a}+\frac{1}{2}\ln\left|\frac{\sqrt{a^2+u^2}}{a}+\frac{u}{a}\right|\right) + c'$$

$$= \frac{u}{2}\sqrt{a^2+u^2}+\frac{a^2}{2}\ln\left|\sqrt{a^2+u^2}+u\right| + c \qquad \blacksquare$$

3. $\int\sqrt{a^2-u^2}\,du$ 取 $u = a\sin y, du = a\cos y\,dy$

$$= \int\sqrt{a^2-(a\sin y)^2}\,a\cos y\,dy$$

$$= a^2\int \cos^2 y\,dy = a^2\int\frac{\cos 2y+1}{2}dy$$

$$= \frac{a^2}{2}\left[y+\frac{1}{2}\sin 2y\right] + c = \frac{a^2}{2}y + \frac{a^2}{2}\cdot\sin y\cos y + c$$

$$= \frac{a^2}{2}\sin^{-1}\left(\frac{u}{a}\right) + \frac{a^2}{2}\frac{u}{a}\cdot\sqrt{1-\left(\frac{u}{a}\right)^2} + c$$

$$=\frac{u}{2}\sqrt{a^2-u^2}+\frac{a^2}{2}\sin^{-1}\frac{u}{a}+c$$ ■

4. $\int\frac{du}{\sqrt{a^2-u^2}}$ 取 $u=a\sin y, du=a\cos y dy$

$$=\int\frac{a\cos y dy}{\sqrt{a^2-a^2\sin^2 y}}=\int dy=y+c=\sin^{-1}\frac{u}{a}+c$$ ■

5. 取 $u=a\tan y, du=a\sec^2 y dy$

$$\therefore\int\frac{du}{a^2+u^2}=\int\frac{a\sec^2 y}{a^2(1+\tan^2 y)}dy$$

$$=\frac{1}{a}\int dy=\frac{y}{a}+c=\frac{1}{a}\tan^{-1}\frac{u}{a}+c$$ ■

定理 A $\int\sqrt{u^2-a^2}\,du$之推導見本節習題第 4 題。

例 1. 求(1) $\int\sqrt{4-x^2}dx=?$ (2) $\int\frac{dx}{\sqrt{4-x^2}}=?$

(3) $\int x\sqrt{4-x^2}dx=?$ (4) $\int(x-1)\sqrt{4-x^2}dx=?$

解 (1) $a=2$，$u=x$ $\therefore\int\sqrt{4-x^2}dx=\frac{x}{2}\sqrt{4-x^2}+\frac{4}{2}\sin^{-1}\frac{x}{2}+c$

$$=\frac{x}{2}\sqrt{4-x^2}+2\sin^{-1}\frac{x}{2}+c$$

(2) $a=2$，$u=x$ $\therefore\int\frac{dx}{\sqrt{4-x^2}}=\sin^{-1}\frac{x}{2}+c$

(3) 令 $u=x^2, du=2xdx$

$$\int x\sqrt{4-x^2}dx=\int\frac{1}{2}(4-u)^{\frac{1}{2}}du=$$

$$\frac{1}{2}\cdot\frac{-2}{3}(4-u)^{\frac{3}{2}}+c=\frac{-1}{3}(4-x^2)^{\frac{3}{2}}+c$$

(4) $\int(x-1)\sqrt{4-x^2}dx$

$$=\int x\sqrt{4-x^2}dx-\int\sqrt{4-x^2}dx$$

$$=-\frac{1}{3}(4-x^2)^{\frac{3}{2}}-(\frac{x}{2}\sqrt{4-x^2}+2sin^{-1}\frac{x}{2})+c$$

（由(1)、(3)之結果）

請比較(1)、(3)之不同處。

例 2. 求 $\int_0^1\sqrt{2+x^2}dx=?$

解 $a=\sqrt{2}$，$u=x$

$$\because\int\sqrt{2+x^2}dx=\frac{x}{2}\sqrt{2+x^2}+\frac{2}{2}ln\mid\sqrt{2+x^2}+x\mid+c$$

$$\therefore\int_0^1\sqrt{2+x^2}dx=\frac{x}{2}\sqrt{2+x^2}+ln\mid\sqrt{2+x^2}+x\mid]_0^1$$

$$=\frac{\sqrt{3}}{2}+ln(1+\sqrt{3})-ln\sqrt{2}\ (\text{或}\frac{\sqrt{3}}{2}+ln\frac{1+\sqrt{3}}{\sqrt{2}})$$

例 3. 求(1) $\int\sqrt{x^2+2x+5}dx=?$　(2) $\int\frac{dx}{\sqrt{x^2+2x+5}}=?$

解 (1) $\int\sqrt{x^2+2x+5}dx=\int\sqrt{(x+1)^2+4}dx$

（取 $u=x+1$，$a=2$）

$$=\int\sqrt{u^2+4}\,du$$

$$=\frac{u}{2}\sqrt{2^2+u^2}+\frac{2^2}{2}ln|\sqrt{u^2+4}+u|+c$$

$$=\frac{x+1}{2}\sqrt{x^2+2x+5}+\frac{4}{2}ln\mid\sqrt{x^2+2x+5}+(x+1)\mid+c$$

$$=\frac{x+1}{2}\sqrt{x^2+2x+5}+2\,ln\mid\sqrt{x^2+2x+5}+(x+1)\mid+c$$

(2) $\int \frac{dx}{\sqrt{x^2+2x+5}} = \int \frac{dx}{\sqrt{(x+1)^2+4}}$（取 $u=x+1$）

$= \int \frac{du}{\sqrt{u^2+4}}$

$= ln|\sqrt{u^2+4}+u|+c$

$= ln\ |\sqrt{x^2+2x+5}+(x+1)\ |+c$

例 4. 求 (1) $\int \frac{dx}{x^2+2x+2} = ?$ (2) $\int \frac{dx}{\sqrt{x^2+2x+2}} = ?$

解 (1) $\int \frac{dx}{x^2+2x+2} = \int \frac{dx}{(x+1)^2+1}$ 取 $u=x+1, du=dx$

$= \int \frac{du}{u^2+1} = tan^{-1}u+c = tan^{-1}(x+1)+c$

(2) $\int \frac{dx}{\sqrt{x^2+2x+2}} = \int \frac{dx}{\sqrt{(x+1)^2+1}}$，取 $u=x+1$

$du=dx$

$= \int \frac{du}{\sqrt{u^2+1}} = ln\ |\ u+\sqrt{u^2+1}\ |+c$

$= ln\ |\ (x+1)+\sqrt{(x+1)^2+1}\ |+c$

$= ln\ |\ (x+1)+\sqrt{x^2+2x+2}\ |+c$

例 5. 求 $\int \frac{x}{\sqrt{x^2+2x+2}}dx = ?$

解 $\int \frac{x}{\sqrt{x^2+2x+2}}dx = \int \frac{x}{\sqrt{(x+1)^2+1}}dx$，取 $u=x+1$

$du=dx$

$$= \int \frac{(u-1)}{\sqrt{u^2+1}}du$$

$$= \int \frac{u}{\sqrt{u^2+1}}du - \int \frac{du}{\sqrt{u^2+1}}$$

$$= \int \frac{u}{\sqrt{u^2+1}}du - ln \mid u + \sqrt{u^2+1} \mid + c'$$

$$= \sqrt{u^2+1} - ln \mid u + \sqrt{u^2+1} \mid + c$$

$$= \sqrt{(x+1)^2+1} - ln \mid (x+1) + \sqrt{(x+1)^2+1} \mid + c$$

$$= \sqrt{x^2+2x+2} - ln \mid (x+1) + \sqrt{x^2+2x+2} \mid + c$$

隨堂演練

4.6A

驗證

$$\int \sqrt{5-4x-x^2}dx = \frac{(x+2)}{2}\sqrt{5-4x-x^2} + \frac{9}{2}sin^{-1}(\frac{x+2}{3}) + c$$

正弦、餘弦之有理函數積分法

若積分式為只含 $sinx$ ，$cosx$ 之有理分式，我們可考慮用 $z = tan\frac{x}{2}$，$-\frac{\pi}{2} < \frac{x}{2} < \frac{\pi}{2}$ 來變數變換：

$z = tan\frac{x}{2}$，由右圖易得：

$\sqrt{1+z^2}$

z

$\frac{x}{2}$

1

$$sin\frac{x}{2} = \frac{z}{\sqrt{1+z^2}}$$

$$cos\frac{x}{2} = \frac{1}{\sqrt{1+z^2}}$$

$$\therefore (1)\ sinx = sin\left(2\cdot\frac{x}{2}\right) = 2sin\frac{x}{2}cos\frac{x}{2}$$
$$= 2\cdot\frac{z}{\sqrt{1+z^2}}\cdot\frac{1}{\sqrt{1+z^2}} = \frac{2z}{1+z^2}$$

$$(2)\ cosx = cos\left(2\cdot\frac{x}{2}\right) = 2cos^2\frac{x}{2} - 1$$
$$= 2\left(\frac{1}{\sqrt{1+z^2}}\right)^2 - 1 = \frac{1-z^2}{1+z^2}$$

$(3)\ z = tan\frac{x}{2}$，得 $x = 2tan^{-1}z$ $\quad \therefore dx = \frac{2}{1+z^2}dz$

綜上所述我們得到下列結果：

定理 A f爲包含 $sinx$，$cosx$ 之有理分式，若以 $z = tan\frac{x}{2}$，$-\frac{\pi}{2} < \frac{x}{2} < \frac{\pi}{2}$ 變數變換時，有 $sinx = \frac{2z}{1+z^2}$，$cosx = \frac{1-z^2}{1+z^2}$，$dx = \frac{2dz}{1+z^2}$。

積分式爲含 $sinx$，$cosx$ 之有理函數時，在計算前，最好先行化簡並判斷是否能用三角恆等式或其它之變數變換法解答。

例 6. 求 $\int \frac{dx}{1+sinx+cosx}$。

解 取 $z = tan\frac{x}{2}$，則 $sinx = \frac{2z}{1+z^2}$，$cosx = \frac{1-z^2}{1+z^2}$，$dx = \frac{2dz}{1+z^2}$

則原式

$$= \int \frac{\frac{2dz}{1+z^2}}{1+\left(\frac{2z}{1+z^2}\right)+\left(\frac{1-z^2}{1+z^2}\right)} = \int \frac{dz}{1+z} = \ln|1+z| + c$$

$$= \ln\left|1 + tan\frac{x}{2}\right| + c$$

例 7. 求 $\int \frac{1}{1-sinx}dx$。

解　取 $z = tan\frac{x}{2}$，則

$$\int \frac{1}{1-sinx}dx = \int \frac{\frac{2}{1+z^2}dz}{1-\frac{2z}{1+z^2}} = \int \frac{2dz}{(1-z)^2} = \frac{2}{1-z} + c$$

$$= \frac{2}{1-tan\frac{x}{2}} + c$$

隨堂演練

4.6B

驗證

$$\int \frac{dx}{2+sinx+2cosx} = \ln\left|tan^{-1}\frac{x}{2}+2\right| + c$$

習題 4-6

1. 計算下列各題：

(1) $\int \sqrt{9-x^2}dx$　(2) $\int \frac{dx}{\sqrt{9-x^2}}$　(3) $\int \frac{x}{\sqrt{9-x^2}}dx$

(4) $\int x\sqrt{9-x^2}dx$　(5) $\int \sqrt{x^2+2x+2}dx$

(6) $\int \frac{(x+1)dx}{\sqrt{x^2+2x+2}}$ (7) $\int_0^1 \sqrt{2+x^2}dx$ (8) $\int \frac{x-3}{\sqrt{5+4x-x^2}}dx$

2. 請採用變數變換法計算下列各題：

(1) $\int_0^1 (\sqrt{1-x^2})^3 dx$ (2) $\int \frac{dx}{x\sqrt{x^2-a^2}}$

3. 求 $\int \frac{dx}{3-2cosx}$

4. 試證定理 A 之 $\int \sqrt{u^2-a^2}du = \frac{u}{2}\sqrt{u^2-a^2} - \frac{a^2}{2}ln|u+\sqrt{u^2-a^2}|+c$

（提示：應用 $\int sec^3xdx = \frac{1}{2}(secxtanx + ln|secx+tanx| + c)$）

4.7 有理分式積分法

有理分式可用兩個多項式之商來表達，即

$f(x) = a_nx^n + a_{n-1}x^{n-1} + \cdots\cdots + a_1x + a_0$

$g(x) = b_mx^m + b_{m-1}x^{m-1} + \cdots\cdots + b_1x + b_0$

則求 $\int \frac{f(x)}{g(x)}dx$ 時可將 $\frac{f(x)}{g(x)}$ 化爲部分分式後再逐次積分，其分解之步驟大致如下：

(1) 若 $f(x)$ 的次數較 $g(x)$ 爲高，則化 $\frac{f(x)}{g(x)} = h(x) + \frac{t(x)}{g(x)}$

(2) 將 $g(x)$ 化成一連串不可化約式（Irreducible Factors）之積：

・分項之分母爲 $(a+bx)^k$ 時：

$$\frac{A_1}{a+bx} + \frac{A_2}{(a+bx)^2} + \cdots\cdots + \frac{A_k}{(a+bx)^k}$$

・分項之分母爲 $(a+bx+cx^2)^p$ 時：

$$\frac{B_1x+C_1}{a+bx+cx^2}+\frac{B_2x+C_2}{(a+bx+cx^2)^2}+\cdots\cdots+\frac{B_px+C_p}{(a+bx+cx^2)^p}$$

以此類推其餘

(3)用 $g(x)$ 遍乘 $\frac{f(x)}{g(x)}=h(x)+\frac{t(x)}{g(x)}$ 之兩邊，由比較兩邊係數或長除法（如 $g(x)$ 之分母爲 $(a+bx)^n$ 形式）

爲了便於說明計算，我們假設 $\frac{f(x)}{(x-\alpha)(x-\beta)}$ 之情況，然後再看一些較複雜之情形。

令 $\frac{f(x)}{(x-\alpha)(x-\beta)}=\frac{A}{x-\alpha}+\frac{B}{x-\beta}$

兩邊同乘 $(x-\alpha)(x-\beta)$ 得

$f(x)=A(x-\alpha)+B(x-\beta)$

令 $x=\alpha$ 得 $A=\frac{f(\alpha)}{\alpha-\beta}$

令 $x=\beta$ 得 $B=\frac{f(\beta)}{\beta-\alpha}$

上面的結果，我們可有下列之視察法：

$$\frac{f(x)}{(x-\alpha)(x-\beta)}=\frac{A}{x-\alpha}+\frac{B}{x-\beta}$$

$A=\frac{f(\alpha)}{\alpha-\beta}$ 相當於代 $x=\alpha$ 入 $\frac{f(x)}{\boxed{}(x-\beta)}$

$B=\frac{f(\beta)}{(\beta-\alpha)}$ 相當於代 $x=\beta$ 入 $\frac{f(x)}{(x-\alpha)\boxed{}}$

設

$$\frac{f(x)}{g(x)}=\frac{f(x)}{(x-\alpha)(x-\beta)(x-\gamma)}=\frac{A}{x-\alpha}+\frac{B}{x-\beta}+\frac{C}{x-\gamma}$$

$A(x-\beta)(x-\gamma)+B(x-\alpha)(x-\gamma)+C(x-\alpha)(x-\beta)=f(x)$

$f(\alpha)=A(\alpha-\beta)(\alpha-\gamma)$

$\therefore A=\dfrac{f(\alpha)}{(\alpha-\beta)(\alpha-\gamma)}$

$f(\beta)=B(\beta-\alpha)(\beta-\gamma)\quad \therefore B=\dfrac{f(\beta)}{(\beta-\alpha)(\beta-\gamma)}$

$f(\gamma)=C(\gamma-\alpha)(\gamma-\beta)\quad \therefore C=\dfrac{f(\gamma)}{(\gamma-\alpha)(\gamma-\beta)}$

因此我們可將 A，B，C 求法圖解如下：

A：$\dfrac{f(x)}{\boxed{}(x-\beta)(x-\gamma)}$ ← 代 $x=\alpha$

B：$\dfrac{f(x)}{(x-\alpha)\boxed{}(x-\gamma)}$ ← 代 $x=\beta$

C：$\dfrac{f(x)}{(x-\alpha)(x-\beta)\boxed{}}$ ← 代 $x=\gamma$

若 $\dfrac{f(x)}{(ax+b)(x-\beta)(x-c)}=\dfrac{A}{ax+b}+\cdots$ 時，代 $x=-\dfrac{b}{a}$ 入

$\dfrac{f(x)}{\boxed{}(x-\beta)(x-c)}$

例 1. 求 $\displaystyle\int\frac{x+3}{(x+1)(x-2)}dx$

解 $\dfrac{x+3}{(x+1)(x-2)}=\dfrac{A}{x+1}+\dfrac{B}{x-2}$

A：代 $x=-1$ 入 $\dfrac{x+3}{\boxed{}(x-2)}$ 得 $A=-\dfrac{2}{3}$

B：代 $x=2$ 入 $\dfrac{x+3}{(x+1)\boxed{}}$ 得 $B=\dfrac{5}{3}$

$\therefore \displaystyle\int\frac{x+3}{(x+1)(x-2)}dx=-\frac{2}{3}\int\frac{dx}{x+1}+\frac{5}{3}\int\frac{dx}{x-2}$

$=-\dfrac{2}{3}\ln|x+1|+\dfrac{5}{3}\ln|x-2|+C$

例 2. $\int \frac{2x+1}{(x-2)(3x+1)}dx$

解 $\frac{2x+1}{(x-2)(3x+1)}=\frac{A}{x-2}+\frac{B}{3x+1}$

A：代 $x=2$ 入 $\frac{2x+1}{\boxed{}(3x+1)}$ 得 $A=\frac{5}{7}$

B：代 $x=-\frac{1}{3}$ 入 $\frac{2x+1}{(x-2)\boxed{}}$ 得 $B=-\frac{1}{7}$

$\therefore \int \frac{2x+1}{(x-2)(3x+1)}dx$

$=\frac{5}{7}\int \frac{dx}{x-2}-\frac{1}{7}\int \frac{dx}{3x+1}$

$=\frac{5}{7}ln|x-2|-\frac{1}{21}ln|3x+1|+C$

例 3. 求 $\int \frac{(2x+3)}{(x+1)(x^2+1)}dx$

解 $\frac{2x+3}{(x+1)(x^2+1)}=\frac{A}{x+1}+\frac{Bx+C}{x^2+1}$，由視察法 $A=\frac{1}{2}$

$\therefore \frac{Bx+C}{x^2+1}=\frac{2x+3}{(x+1)(x^2+1)}-\frac{1}{2}\frac{1}{x+1}=\frac{(x-5)(x+1)}{2(x+1)(x^2+1)}$

$=\frac{x-5}{-2(x^2+1)}$

即 $\int \frac{2x+3}{(x+1)(x^2+1)}dx=\frac{1}{2}\int \frac{dx}{x+1}+\int \frac{x-5}{-2(x^2+1)}dx$

$=\frac{1}{2}\ln|x+1|-\frac{1}{4}\int \frac{2x}{x^2+1}dx+\frac{5}{2}\int \frac{dx}{x^2+1}$

$=\frac{1}{2}\ln|x+1|-\frac{1}{4}\ln|1+x^2|+\frac{5}{2}\tan^{-1}x+C$

例 4. 求 $\int \frac{2x^2+3x+1}{(x-1)^3}dx$

解

方法一

利用長除法

2	3	1	
	2	5	1
2	5	6	
	2		
2	7		

$$\frac{2x^2+3x+1}{(x-1)^3}=\frac{2}{x-1}+\frac{7}{(x-1)^2}+\frac{6}{(x-1)^3}$$

$$\therefore \int \frac{2x^2+3x+1}{(x-1)^3}dx=2\int \frac{dx}{x-1}+7\int \frac{dx}{(x-1)^2}+6\int \frac{dx}{(x-1)^3}$$

$$=2\ln|x-1|-\frac{7}{x-1}-\frac{3}{(x-1)^2}+C$$

方法二

$$\frac{2x^2+3x+1}{(x-1)}=(2x+5)+\frac{6}{x-1}$$

$$\frac{2x^2+3x+1}{(x-1)^2}=\frac{2x+5}{x-1}+\frac{6}{x-1}=2+\frac{7}{x-1}+\frac{6}{(x-1)^2}$$

$$\therefore \frac{2x^2+3x+1}{(x-1)^3}=\frac{2}{x-1}+\frac{7}{(x-1)^2}+\frac{6}{(x-1)^3}$$

$$\int \frac{2x^2+3x+1}{(x-1)^3}dx=2\int \frac{dx}{x-1}+7\int \frac{dx}{(x-1)^2}+6\int \frac{dx}{(x-1)^3}$$

$$=2\ln|x-1|-\frac{7}{x-1}-\frac{3}{(x-1)^2}+C$$

例 5. 求 $\int \frac{x^3+x^2+1}{(x^2+1)^2}dx$

解

$$\frac{x^3+x^2+1}{(x^2+1)}=(x+1)+\frac{-x}{x^2+1}$$

$$\therefore \frac{x^3+x^2+1}{(x^2+1)^2}=\frac{x+1}{x^2+1}-\frac{x}{(x^2+1)^2}$$

$$\int \frac{x^3+x^2+1}{(x^2+1)^2}dx = \int \frac{x+1}{x^2+1}dx - \int \frac{x}{(x^2+1)^2}dx$$

$$= \frac{1}{2}\int \frac{2x}{x^2+1}dx + \int \frac{dx}{x^2+1} - \frac{1}{2}\int \frac{2x}{(x^2+1)^2}dx$$

$$= \frac{1}{2}\ln|1+x^2| + \tan^{-1}x + \frac{1}{2(1+x^2)} + C$$

本節最後推薦一個常用公式：$\int \frac{dx}{x^2-a^2} = \frac{1}{2a}\ln\left|\frac{x-a}{x+a}\right| + C$，證明見習題第 3 題。

隨堂演練

4.7A

求 $\int \frac{3x+1}{(x-1)(x^2+1)}dx$

〔提示〕

$2\ln|x-1| - \ln|1+x^2| + \tan^{-1}x + C$

習題 4-7

1. $\int \frac{x^2+1}{x(x^2+3)}dx$

2. $\int \frac{dx}{x(1+x^n)}$

3. $\int \frac{dx}{x^2-a^2}$

4. $\int \frac{x}{(x+1)(x+2)(x+3)}dx$

5. $\int \frac{x}{x^4-2x^2-3}dx$

6. $\int \frac{dx}{1-x^4}$

7. $\int \frac{dx}{(x^2-4x+4)(x^2-4x+5)}$　　8. $\int \frac{x}{(1+x)(1+x^2)}dx$

9. $\int \frac{x^2}{(x+1)^3}dx$　　10. $\int \frac{2x+3}{(x-2)(x+5)}dx$

4.8 瑕積分

4.8.1 基本概念

定義 若（1）函數 $f(x)$ 在 $[a, b]$ 內有一點不連續或（2）至少有一個積分界限是無窮大，則稱 $\int_a^b f(x)dx$ 爲**瑕積分**（Improper Integral）或譯爲廣義積分。

例 1. 以下均爲瑕積分之例子：

（1）$\int_0^1 \frac{e^x}{\sqrt{x}}dx$：$x=0$ 時，$f(x)=e^x/\sqrt{x}$ 爲不連續

（2）$\int_0^3 \frac{1}{3-x}dx$：$x=3$ 時，$f(x)=\frac{1}{3-x}$ 爲不連續

（3）$\int_{-1}^1 \frac{dx}{x^{\frac{4}{5}}}$：$x=0$ 時，$f(x)=x^{-\frac{4}{5}}$ 爲不連續

（4）$\int_{-\infty}^{\infty} e^{-2x}dx$：兩個積分界限均爲無窮大

定義 (1) 若函數 f 在半開區間 $[a, b)$ 可積分，則

$$\int_a^b f(x)\,dx = \lim_{t\to b^-}\int_a^t f(x)\,dx \text{（若極限存在）}$$

(2) 若 f 在 $(a, b]$ 可積分，則

$$\int_a^b f(x)\,dx = \lim_{s\to a^+}\int_s^b f(x)\,dx \text{（若極限存在）}$$

(3) 若 f 在 $[a, b]$ 內除了 c 點以外的每一點都連續，

$a < c < b$，則 $\int_a^b f(x)\,dx = \int_a^c f(x)\,dx + \int_c^b f(x)\,dx$

（若右式兩瑕積分都存在）

在上述定義中，若極限存在，則稱**瑕積分收斂**（Convergent）否則爲**發散**（Divergent）。

例 2. 求 $\int_0^2 \frac{dx}{2-x} = ?$

解

$$\int_0^2 \frac{dx}{2-x} = \lim_{x\to 2^-}\int_0^t \frac{dx}{2-x}$$

$$= \lim_{t\to 2^-} ln\frac{1}{|t-2|}\Big]_0^t = \lim_{t\to 2^-}\left(ln\frac{1}{|t-2|} - ln\frac{1}{2}\right),$$

但 $\lim_{t\to 2^-} ln\frac{1}{|t-2|}$ 不存在 $\therefore \int_0^2 \frac{dx}{2-x}$ 發散

例 3. 求 $\int_0^3 \frac{dx}{\sqrt{9-x^2}} = ?$

解

$$\int_0^3 \frac{dx}{\sqrt{9-x^2}} = \lim_{t\to 3^-}\int_0^t \frac{dx}{\sqrt{9-x^2}} = \lim_{t\to 3^-} sin^{-1}\frac{x}{3}\Big]_0^t$$

$$= \lim_{t\to 3^-} sin^{-1}\frac{t}{3} - sin^{-1}0 = \frac{\pi}{2}$$

定義 (1) 若函數 $f(x)$ 在區間 $[a, t]$ 連續，則

$$\int_a^{\infty} f(x)\,dx = \lim_{t\to\infty}\int_a^t f(x)\,dx$$（若極限存在）

(2) 若 $f(x)$ 在 $[s, b]$ 連續，則

$$\int_{-\infty}^{b} f(x)\,dx = \lim_{s\to-\infty}\int_s^b f(x)\,dx$$（若極限存在）

(3) 若 $f(x)$ 在 $[s, t]$ 連續，則

$$\int_{-\infty}^{\infty} f(x)\,dx = \lim_{t\to\infty}\int_a^t f(x)\,dx + \lim_{s\to-\infty}\int_s^a f(x)\,dx$$

（若右端兩極限都存在）

許多讀者往往把 $\int_{-\infty}^{\infty} f(x)\,dx$ 誤認為 $\lim_{t\to\infty}\int_{-t}^{t} f(x)\,dx$，這是不對的，應特別注意。

例 4. 求 $\int_1^{\infty}\frac{dx}{x^2}=$？

解

$$\int_1^{\infty}\frac{dx}{x^2}=\lim_{t\to\infty}\int_1^t\frac{dx}{x^2}=\lim_{t\to\infty}\frac{-1}{x}\Big]_1^t=\lim_{t\to\infty}1-\frac{1}{t}=1$$

例 5. 討論 $\int_1^{\infty}\frac{dx}{x^p}$ 的斂散性。

解

$$p=1,\int_1^{\infty}\frac{1}{x}dx=\lim_{t\to\infty}\int_1^t\frac{1}{x}dx=\lim_{t\to\infty}ln|t|=\infty$$

$$p\neq1,\int_1^{\infty}\frac{dx}{x^p}=\lim_{t\to\infty}\int_1^t\frac{1}{x^p}dx=\lim_{t\to\infty}\frac{x^{1-p}}{1-p}\Big]_1^t$$

$$=\lim_{t\to\infty}\frac{t^{1-p}-1}{1-p}=\begin{cases}\infty & \text{若 } p<1\\ \dfrac{1}{p-1} & \text{若 } p>1\end{cases}$$

故 $\int_1^\infty \frac{dx}{x^p}$ 當 $p>1$ 時爲收斂，當 $p\leqq 1$ 時爲發散。

例 5 之結果不妨記住。

隨堂演練

4.8A

討論 $\int_1^\infty \frac{1}{\sqrt{x}}\,dx$ 與 $\int_1^\infty \frac{1}{x^3}\,dx$ 之斂散性。

〔提示〕

（應用例 5 之結果）(1) 發散　(2) 收斂

4.8.2 Gamma函數

定義 我們定義 Gamma 函數爲 $\Gamma(n)=\int_0^\infty x^{n-1}e^{-x}dx\,,n>0$

定理 A 若 n 爲正整數則

$\Gamma(n)=(n-1)!$

$[(n-1)!=(n-1)(n-2)\cdots\cdots 3\cdot 2\cdot 1]$

證明 $\Gamma(n)=\int_0^{\infty} x^{n-1}e^{-x}dx=\int_0^{\infty} x^{n-1}d(-e^{-x})$

$$=-x^{n-1}e^{-x}]_0^{\infty}+=\int_0^{\infty} e^{-x}d(x^{n-1})$$

$$=\int_0^{\infty}(n-1)x^{n-2}e^{-x}dx=(n-1)\Gamma(n-1)$$

$$\therefore \Gamma(n)=(n-1)\Gamma(n-1)$$
$$=(n-1)(n-2)\Gamma(n-2)$$
$$=(n-1)(n-2)(n-3)\Gamma(n-3)$$
$$\cdots\cdots$$
$$=(n-1)!$$ ■

由定理 A，我們可得$\int_0^{\infty} x^n e^{-x}dx=n$！，$n$ 爲正整數

例 6. 求 $\int_0^{\infty} x^2e^{-x}dx=$？

解 $\int_0^{\infty} x^2e^{-x}dx=\Gamma(3)=2!=2\cdot 1=2$

例 7. 求 $\int_0^{\infty} x^4e^{-x}dx=$？

解 $\int_0^{\infty} x^4e^{-x}dx=4\cdot 3\cdot 2\cdot 1=24$

推論 A-1 $\int_0^{\infty} x^m e^{-nx}dx=\frac{m!}{n^{m+1}}$，$m$ 爲非負整數，$n>0$

證明 取 $y=nx$，$dy=ndx$，即 $dx=\frac{1}{n}dy$

$$\therefore \int_0^\infty x^m e^{-nx} dx = \int_0^\infty \left(\frac{y}{n}\right)^m e^{-y} \cdot \frac{1}{n} dy$$

$$= \frac{1}{n^{m+1}} \int_0^\infty y^m e^{-y} dy = \frac{\Gamma(m+1)}{n^{m+1}} = \frac{m!}{n^{m+1}}$$ ■

例 8. 求 $\int_0^\infty x^3 e^{-2x} dx = ?$

解 $\int_0^\infty x^3 e^{-2x} dx = \frac{3!}{2^{3+1}} = \frac{6}{16} = \frac{3}{8}$

例 9. 求 $\int_0^\infty x e^{-\frac{x}{2}} dx = ?$

解 取 $y = \frac{x}{2}$，$dx = 2dy$，$x = 2y$

則 $\int_0^\infty x e^{-\frac{x}{2}} dx \overset{y=\frac{x}{2}}{=\!=} \int_0^\infty 2y e^{-y} (2dy) = 4 \int_0^\infty y e^{-y} dy = 4 \cdot 1 = 4$

另解 $\int_0^\infty x e^{-\frac{x}{2}} dx = \frac{1!}{\left(\frac{1}{2}\right)^2} = 4$

隨堂演練

4.8B

驗證 $\int_0^\infty x e^{-3x} dx = \frac{1}{9}$。

習題 4-8

1. 判斷下列瑕積分何者為收斂？何者為發散？若為收斂則進一步求出它的值。

(1) $\int_{-1}^{1}\frac{dx}{x^3}$ (2) $\int_{0}^{1}lnxdx$ (3) $\int_{0}^{1}xlnxds$ (4) $\int_{0}^{2}\frac{dx}{(x-1)^3}$

(5) $\int_{0}^{1}\frac{lnx}{x}dx$ (6) $\int_{0}^{3}\frac{dx}{x^2-x-2}$ (7) $\int_{0}^{3}\frac{dx}{(x-2)^2}$

2. 計算下列各題：

(1) $\int_{0}^{\infty}xe^{-x}dx$ (2) $\int_{0}^{\infty}x^3e^{-x}dx$ (3) $\int_{0}^{\infty}x^5e^{-x}dx$ (4) $\int_{0}^{\infty}x^3e^{-3x}dx$

(5) $\int_{0}^{\infty}(xe^{-x})^3dx$ (6) $\int_{0}^{\infty}x(xe^{-x})^3$

4.9 定積分在求面積上之應用

在 4.2 節中，我們說明了定積分在計算過程中，是先將區域分割成n個近似矩形區域，利用矩形面積＝底 × 高的基本公式，將這些矩形區域面積加總取極限 n →∞即得。由此我們可直覺地聯想到如何用定積分方法求出平面區域之面積。

4.9.1 平面面積

若 $y = f(x)$ 在 $[a, b]$ 中為一連續的非負函數，則 $y = f(x)$ 在 $[a, b]$ 中與 x 軸所夾區域的面積為 $A(R) = \int_a^b f(x)dx$。

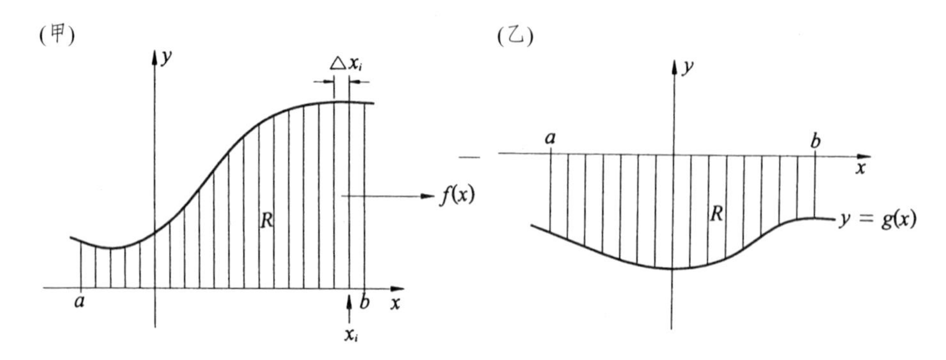

在圖乙中，因 $y = g(x)$ 在 $[a, b]$ 為連續之非正函數，因為一平面區域的面積恆為正，因此 $y = g(x)$ 在 $[a, b]$ 中與 x 軸所夾區域的面積為：

$$A(R) = -\int_a^b g(x)dx。$$

例 1. 求 $y = 5$ 在 $[-1，2]$ 與 x 軸所夾區域之面積？

解 $A = \int_{-1}^{2} 5dx = 5x]_{-1}^{2} = 15$

讀者應可注意到例 1. 相當於求底長為 3，高為 5 之矩形面積，由小學算術即知其面積為 $5 \times 3 = 15$

例 2. 求 $y = x^2 - 4$ 在 $[0, 1]$ 間與 x 軸所夾區域之面積？

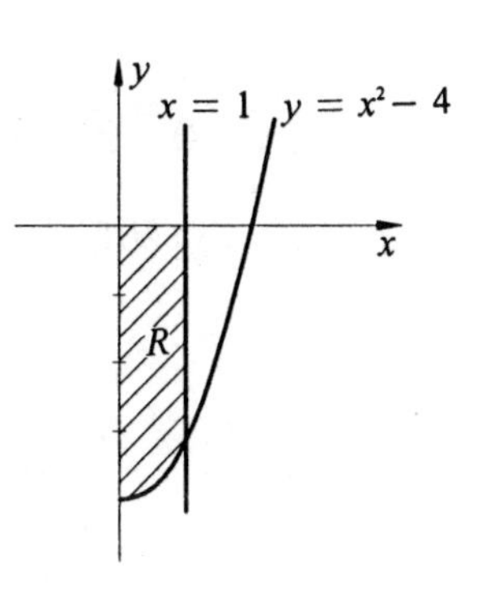

解 因 $y = x^2 - 4$ 在 $[0, 1]$ 間為負值函數

$$\therefore A = -\int_0^1 (x^2 - 4)dx = -\left[\frac{x^3}{3} - 4x\right]_0^1$$

$$= -\left(-\frac{11}{3}\right) = \frac{11}{3}$$

若在例 2. 中，若我們要求 $y = x^2 - 4$ 在 $[0, 3]$ 間與 x 軸所夾區域之面積，由右圖：$f(x) = x^2 - 4$ 在 $[0, 2]$ 間為負值函數，在 $[2, 3]$ 為非負函數，因此，我們需將 $[0, 3]$ 分割成二個區域 $[0, 2]$ 與 $[2, 3]$，分別求算面積然後加總：

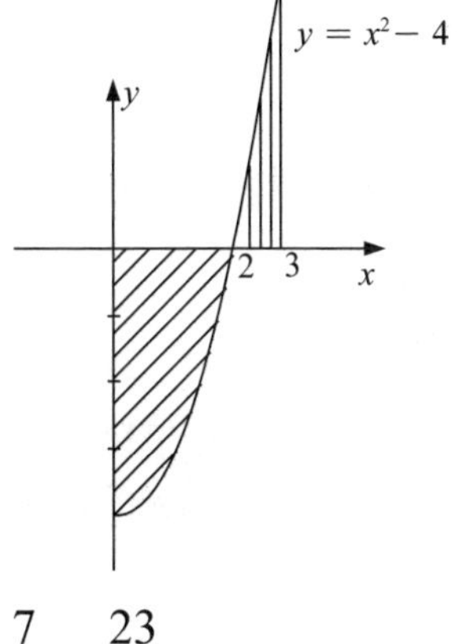

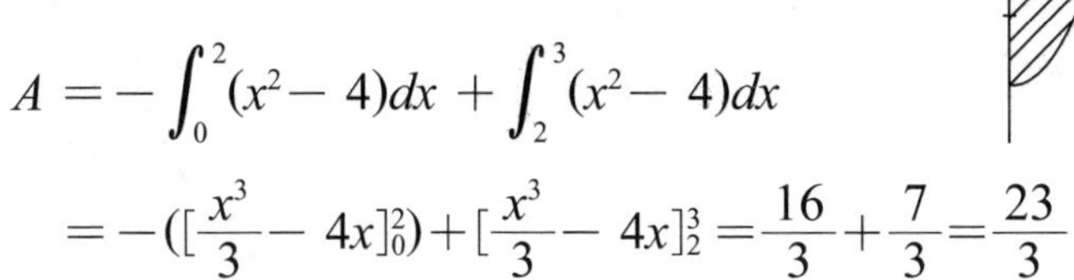

$$A = -\int_0^2 (x^2 - 4)dx + \int_2^3 (x^2 - 4)dx$$

$$= -\left(\left[\frac{x^3}{3} - 4x\right]_0^2\right) + \left[\frac{x^3}{3} - 4x\right]_2^3 = \frac{16}{3} + \frac{7}{3} = \frac{23}{3}$$

例 3. 求頂點為 $(0, 1)$，$(-1, 0)$，$(2, 0)$ 之三角形區域面積？

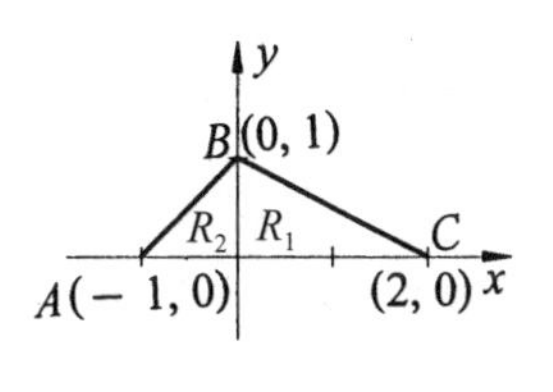

解 例 3. 相當於求底為 3，高為 1 之三角形面積，這由算術易知面積為 $\frac{1}{2}$ 底高 $\frac{1}{2} \times 3 \times 1 = \frac{3}{2}$，現在我們要用積分方法求算：首先要決定 $\overline{BC}$ 之方程式：

$$\frac{y-1}{x-0}=\frac{0-1}{2-0}=-\frac{1}{2} \quad \therefore y=-\frac{x}{2}+1$$

$\therefore \triangle OBC$ 之面積為 $A(R_1)=\int_0^2(-\frac{x}{2}+1)dx$

$$=[-\frac{x^2}{4}+x]_0^2=1$$

其次決定 $\overleftrightarrow{AB}$ 之方程式：

$$\frac{y-1}{x-0}=\frac{0-1}{-1-0}=1 \quad \therefore y=x+1$$

$\therefore \triangle OAB$ 之面積為 $A(R_2)=\int_{-1}^0(x+1)dx=\frac{x^2}{2}+x]_{-1}^0=\frac{1}{2}$

$\therefore \triangle ABC$ 之面積為 $A(R_1)+A(R_2)=1+\frac{1}{2}=\frac{3}{2}$

例 4. 求 $y=2x$ 在 $x=1, x=3$ 與 x 軸所夾之面積？

解

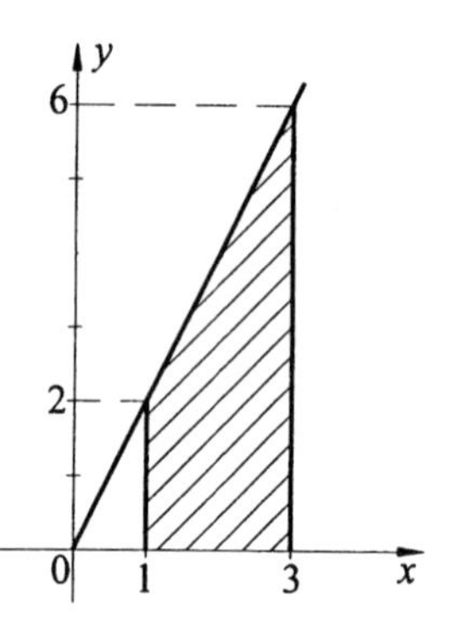

方法一：$y=2x, x=1, x=3$ 與 x 軸所夾之面積即為右圖斜線部分，這是一個梯形，面積為：

$$A=\frac{2+6}{2}\times(3-1)=8$$

方法二：$A=\int_1^3(2x)dx=x^2]_1^3=9-1=8$

例 5. $y=x^2$ 將 $(0,0)$，$(0,1)$，$(1,0)$，$(1,1)$ 所成之正方形分成 I，II 兩個區域，求 I，II 之面積？

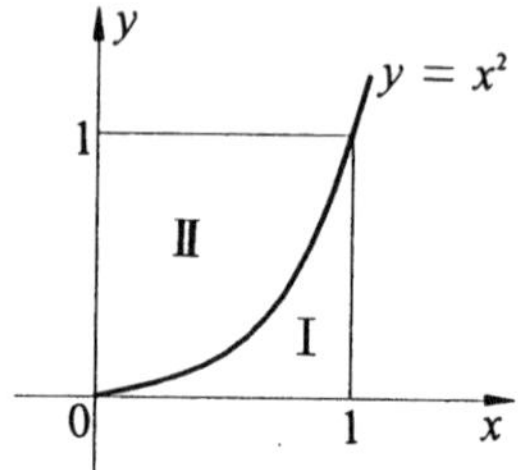

解 (1) I 之面積

$$A=\int_0^1 x^2dx=\frac{x^3}{3}]_0^1=\frac{1}{3}-0=\frac{1}{3}$$

(2) Ⅱ之面積（有下列三種方法）

方法一：Ⅱ之面積＝正方形面積－Ⅰ之面積＝$1-\frac{1}{3}=\frac{2}{3}$

方法二：$A=\int_0^1\sqrt{y}dy=\int_0^1 y^{\frac{1}{2}}dy=\frac{2}{3}y^{\frac{3}{2}}\Big]_0^1=\frac{2}{3}-0=\frac{2}{3}$

方法三：Ⅱ之面積相當於 $y=1, y=x^2$ 與 y 軸 $(x=0), x=1$ 所圍成區域

$$A=\int_0^1(1-x^2)dx=x-\frac{1}{3}x^3\Big]_0^1=\frac{2}{3}$$

隨堂演練

4.9A

驗證 $y=\frac{1}{x}$ 在 $x=1, x=3$ 與 x 軸所圍成區域之面積爲 ln3。

若我們要求 $y=f(x)$ 與 $y=g(x)$ 在 [a, b] 間與 x 軸所夾面積，假設在 [a, b] 間 $f(x)\geq g(x)$，則 $\int_a^b f(x)dx=R+R_1$，$\int_a^b g(x)dx=R_1$ 故 $y=f(x)$ 與 $y=g(x)$ 在 [a, b] 間所夾之面積：

$$R=\int_a^b[f(x)-g(x)]\,dx$$

二曲線所夾之面積

例 6. 求 $y=x^2$ 與 $y=x+6$ 圍成區域的面積？

解 **方法一**：（對 x 積分）

先繪出 $y=x^2$ 與 $y=x+6$ 之概圖，由此概圖我們要求以下有用的訊息：

(1) $y=x^2$ 與 $y=x+6$ 交點之 x 坐標：

令 $x^2=x+6, x^2-x-6=0$

$\therefore (x-3)(x+2)=0, x=3,-2$

(2) $f(x)=x+6, g(x)=x^2$，

則在 $[-2,3]$ 裡 $f>g$

$$\therefore A=\int_{-2}^{3}[(x+6)-x^2]dx=-\frac{x^3}{3}+\frac{x^2}{2}+6x\Big]_{-2}^{3}=20\frac{5}{6}$$

方法二：（對 y 積分）

$y=4$ 將所圍區域分成 R_1, R_2 二個區域

$$A(R_1)=\int_4^9[\sqrt{y}-(y-6)]dy=\frac{2}{3}y^{\frac{3}{2}}-\frac{y^2}{2}+6y\Big]_4^9=\frac{61}{6}$$

$$A(R_2)=\int_0^4 2\sqrt{y}\,dy=\frac{4}{3}y^{\frac{3}{2}}\Big]_0^4=\frac{32}{3}$$

$$\therefore A(R)=A(R_1)+A(R_2)=20\frac{5}{6}$$

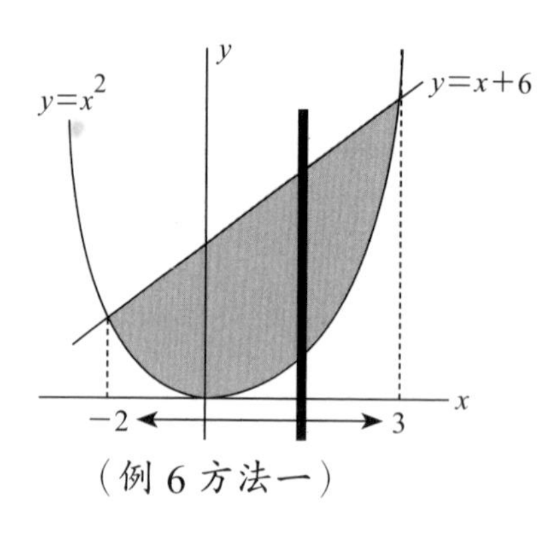

（例 6 方法一）

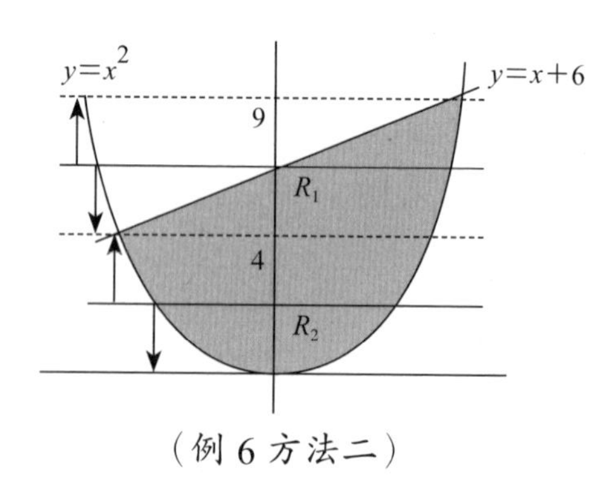

（例 6 方法二）

在例 6. 中，對 x 軸進行垂直分割比以 y 軸行水平分割在解面積上來得容易，但有時則相反，例 7. 就是一個例子。

例 6 之圖示部份，我們可想像有一動線（圖中粗線），在方法一而言，動線在 $-2 \le x \le 3$ 間移動，它的積分式都是 $f(x) = x + 6 - x^2$，但在方法二中，我們是對 y 積分，動線在 $0 \le y \le 4$ 移動時，它的積分式是 $g(y) = \sqrt{y} - (-\sqrt{y}) = 2\sqrt{y}$，在 $4 \le y \le 9$ 移動時，它的積分式是 $g(y) = \sqrt{y} - (y - 6)$。

例 7. 求 $y^2 = 4x$ 與 $y^2 = x + 3$ 圍成區域的面積？

解

方法一：$A = 2\int_0^2 \frac{y^2}{4} - (y^2 - 3)\,dy$

$= 2[\frac{-3y^3}{12} + 3y]_0^2 = 8$

方法二：$A = 2\left(\int_{-3}^{1} \sqrt{3 + x}\,dx - \int_0^1 2\sqrt{x}\,dx\right)$

$= 2(3 + x)^{\frac{3}{2}}\Big|_{-3}^{1} - 4(\frac{2}{3}x^{\frac{3}{2}})\Big|_0^1 = 8$

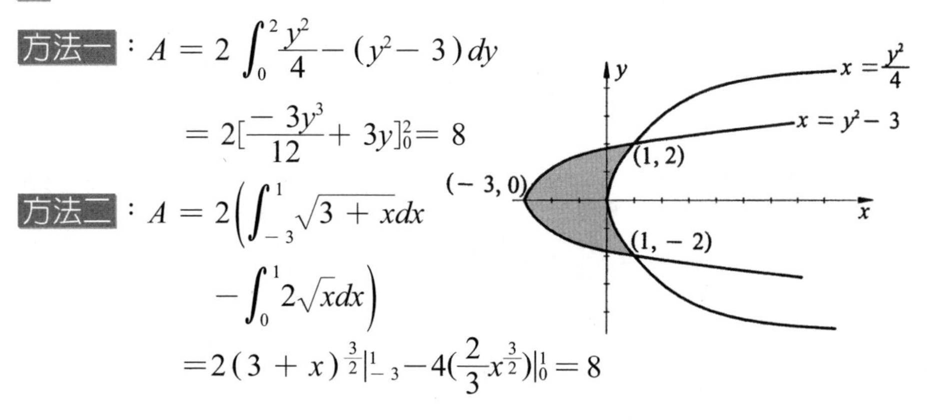

例 8. 求 $x \ge 2$ 與 $\frac{1}{x^2} \ge y \ge 0$ 所夾區域之面積？

解 $A = \int_2^{\infty} \frac{1}{x^2}dx = -\frac{1}{x}\Big]_2^{\infty} = \frac{1}{2}$

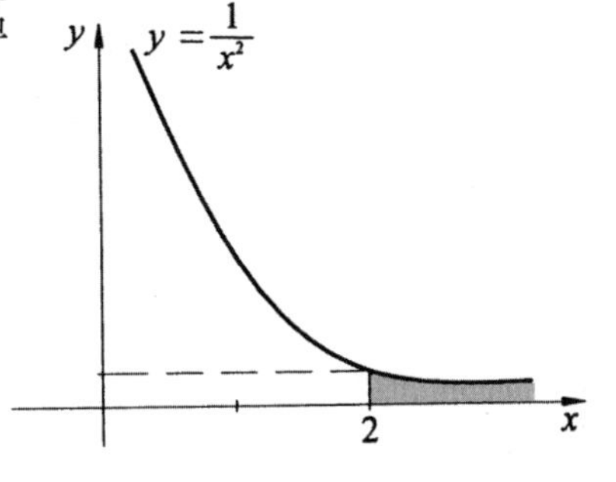

例 9. 求 $y=\dfrac{x^2}{4}$ 與 $y=\dfrac{x+2}{4}$ 所圍成區域之面積？

解 **方法一**：先求 $y=\dfrac{x^2}{4}$ 與 $y=\dfrac{x+2}{4}$ 交點之 x 坐標，以決定積分之上、下限：

$$\frac{x^2}{4}=\frac{x+2}{4}$$

$$\therefore x^2-x-2=(x-2)(x+1)=0$$

得 $x=2,-1$

$$A=\int_{-1}^{2}\left(\frac{x+2}{4}-\frac{x^2}{4}\right)dx$$

$$=\frac{1}{4}\int_{-1}^{2}(x+2-x^2)dx$$

$$=\frac{1}{4}\left[\frac{x^2}{2}+2x-\frac{x^3}{3}\right]\Big|_{-1}^{2}=\frac{9}{8}$$

（例 9 方法一圖示）

方法二：$A=\displaystyle\int_0^{\frac{1}{4}}(2\sqrt{y}-(-2\sqrt{y}))dy+\int_{\frac{1}{4}}^{1}(2\sqrt{y}-4y+2)dy$

$$=\frac{8}{24}+\frac{19}{24}=\frac{9}{8}$$

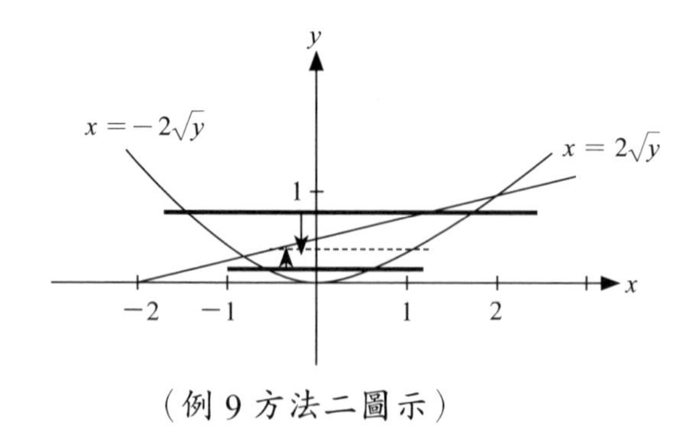

（例 9 方法二圖示）

隨堂演練

4.9B

驗證 $y = x^2 - 2x$ 與 $y = x$ 在 $[0, 4]$ 所夾之面積爲 $\frac{19}{3}$。

習題 4-9

1. 求下列面積？

(1) $y = \frac{1}{x}$ 在 $y = x$ 與 $x = 2$ 間所夾之面積？

(2) $y = 2^x$ 在 $x + y = 1$ 與 $x = 1$ 軸所夾之面積？

(3) $y = \ln x$ 與 y 軸、$y = \ln a, y = \ln b, b > a > 0$ 所夾之面積？

(4) $\sqrt{x} + \sqrt{y} = 1$ 與 x 軸、y 軸所夾之面積。

(5) $y = x^2$ 與 $y = x + 2$ 所夾之面積。

(6) 橢圓 $b^2x^2 + a^2y^2 = a^2b^2$ 之面積，$a > 0, b > 0$。

(7) 求 $y = x^2$ 與 $y = 1 - x^2$ 所夾之面積？

2. 求 $y = e^{-x}, x > 0$ 上之一點 P，使得過 P 之切線與 x 軸、y 軸所夾之面積為最大，則 P 之坐標為何？最大面積為何？

4.10 定積分在其他幾何上之應用

定積分在幾何上有一些應用如面積、體積、弧長、表面積等。前節已介紹過最基本也最重要的應用—面積，本節將專注於弧長及旋轉固體之體積，因屬簡介性質，因此我們討論以限於直角坐標系。

讀者可由基本之幾何知識爲起點，透過分割→加總→求極限而得到我們想要的結果。

4.10.1 曲線之弧長

給定 $y=f(x)$ 在 $[a, b]$ 爲連續之函數，現要求 $y=f(x)$ 在 $[a, b]$ 間之弧長。

1. 將 $[a, b]$ 分割成 n 等份：

   $[a, x_1], [x_1, x_2]\cdots\cdots[x_{i-1}, x_i]\cdots\cdots[x_{n-1}, b]$

2. 取第 i 個區間之線段 (x_{i-1}, y_{i-1}) 至 (x_i, y_i) 之長度爲

   $\sqrt{(x_i-x_{i-1})^2+(y_i-y_{i-1})^2}$

   $=\sqrt{(\Delta x_i)^2+(\Delta y_i)^2}$

   $=\sqrt{1+\left(\dfrac{\Delta y_i}{\Delta x_i}\right)^2}\cdot\Delta x_i$

   $\therefore y=f(x)$ 在 $[a, b]$ 之長度

   L 爲：

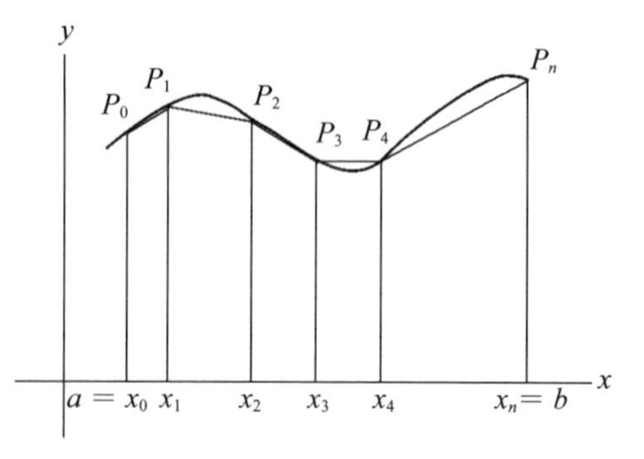

$$L \approx \sum_{i=1}^{n} \sqrt{1+\left(\frac{\Delta y_i}{\Delta x_i}\right)^2} \cdot \Delta x_i$$

但 $\Delta y_i = f(x_i) - f(x_{i-1}) = f'(u_i)(x_i - x_{i-1}) = f'(u_i)\Delta x_i$。$u_i$ 介於 x_i 與x_{i-1}之間（拉格蘭日均值定理）

$\therefore \dfrac{\Delta y_i}{\Delta x_i} = f'(u_i)$，代入 L 後取 Riemann 和，得

$$L \approx \int_a^b \sqrt{1+(y')^2}dx$$

因此我們可有下列定理：

定理 A $y = f(x)$ 在 $[a, b]$ 為連續函數，則 $y = f(x)$ 在 $[a, b]$ 之弧長 L 為

$$L = \int_a^b \sqrt{1+(y')^2}dx$$

例 1. 求直線 $y = 2x + 3$ 自 $1 \geq x \geq -1$ 間之長度。

解

方法一：本例若不用定積分，我們也可用解析幾何之基本公式求出，此相當於求 $(-1, 1)$ 至 $(1, 5)$ 間之線段長度 $L = \sqrt{(1-(-1)^2+(5-1)^2)} = 2\sqrt{5}$

方法二：我們用本節方法：

$$L = \int_{-1}^{1} \sqrt{1+(y')^2}\, dx = \int_{-1}^{1} \sqrt{1+2^2}\, dx = 2\sqrt{5}$$

例 2. 求 $x^2 + y^2 = 1$ 自 $(1, 0)$ 至 $(0, 1)$ 間之弧長。

解

方法一：此相當於以原點為圓心，半徑為 1 之圓在第一象限之周長

$\therefore L=\frac{1}{4}\cdot 2\pi=\frac{\pi}{2}$

方法二：用本節方法：$x^2+y^2=1$，$y=\sqrt{1-x^2}$，$x>0$，$y>0$

$$L=\int_0^1\sqrt{1+(y')^2}\,dx=\int_0^1\sqrt{1+\left(\frac{-x}{\sqrt{1-x^2}}\right)^2}\,dx$$

$$=\int_0^1\frac{dx}{\sqrt{1-x^2}}=\sin^{-1}x\Big]_0^1=\frac{\pi}{2}$$

例 3. 求 $y=\ln\cos x$ 在 $0\le x\le\frac{\pi}{4}$ 間之弧長。

解

$$L=\int_0^{\frac{\pi}{4}}\sqrt{1+(y')^2}dx=\int_0^{\frac{\pi}{4}}\sqrt{1+\left(\frac{-sinx}{cosx}\right)^2}dx$$

$$=\int_0^{\frac{\pi}{4}}secxdx=ln\mid secx+tanx\mid\Big]_0^{\frac{\pi}{4}}=ln(1+\sqrt{2})$$

隨堂演練

4.10A

求 $y=x^{\frac{3}{2}}$ 自 $x=0$ 至 $x=1$ 之弧長。

〔提示〕

$\frac{13\sqrt{13}-8}{27}$

4.10.2 旋轉體之體積

$y=f(x)$ 繞著平面上之一條直線（最簡單也最常見的就是 x 軸、y 軸）旋轉一周所成之立體稱爲旋轉體或固體（Solid）。其基本算法有二：一是圓盤法（Disk Method）；一是剝殼法（Shell Method）。

圓盤法

$f(x)$ 在 $[a, b]$ 中任取一區間 $[x, x+dx]$，繞 x 軸旋轉，可得一個以 $|f(x)|$ 爲半徑，dx 爲高之圓柱體，故可得體積元素 dV 爲：

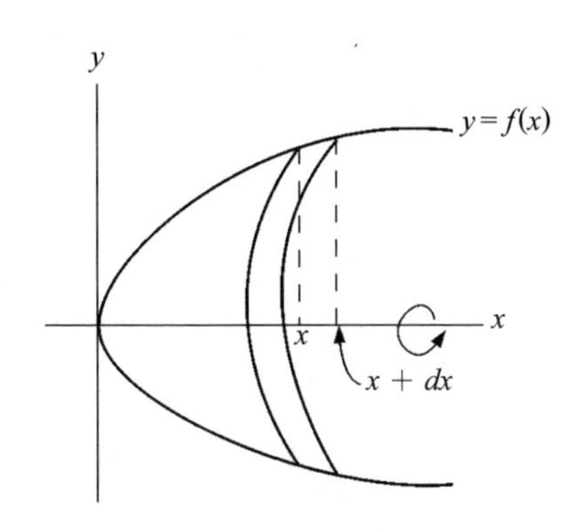

$$dV=\pi[f(x)]^2\,dx$$

$$\therefore V=\int_a^b \pi(f(x))^2\,dx$$

同理，若 $y=f(x)$ 在 $c \le y \le d$ 在繞 y 軸旋轉一周所成之旋轉體體積 V 爲：

$$V=\int_c^d \pi(h(y))^2\,dy \text{；其中 } x=h(y)$$

剝殼法

現在我們要研究的是求旋轉體體積之第二種方法——剝殼法，在 $y=f(x)$ 對 y 軸旋轉，其旋轉體體積有時很難用前述方法求算時，可改處用剝殼法。剝殼法公式，導出如下：

第一步：

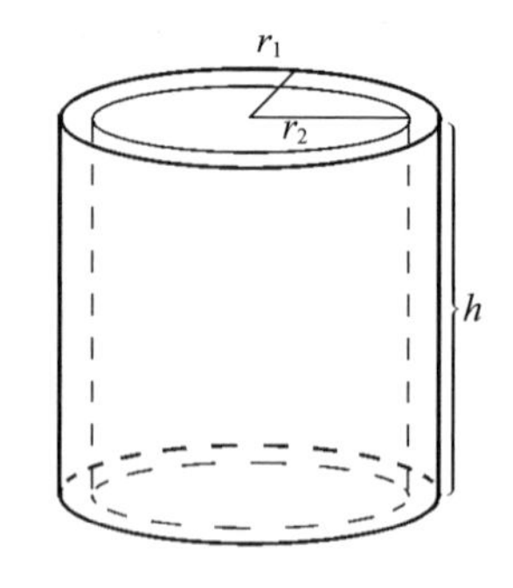

考慮兩個同心圓柱體，若它們的半徑分別為 r_1，r_2（$r_2 > r_1$），高為，則此二圓柱體所夾之體積 V 為：

$$V = \pi r_2^2 h - \pi r_1^2 h$$
$$= 2\pi h\left(\frac{r_2^2 - r_1^2}{2}\right) = 2\pi h\left(\frac{r_1 + r_2}{2}\right)(r_2 - r_1)$$

上式之 $\frac{r_1 + r_2}{2}$ 為半徑之平均值，$r_2 - r_1$ 為厚度。

第二步：

將 $[a, b]$ 分割成 n 個小區間 $[a, x_1], [x_1, x_2], \cdots\cdots [x_{n-1}, b]$，那麼第 i 個子區間 $[x_{i-1}, x_i]$ 之 $\Delta x_i = x_i - x_{i-1}$，$u_i = \frac{1}{2}(x_{i-1} + x_i)$

$$\therefore V_i = 2\pi u_i g(u_i)\Delta x_i$$

$$V = \lim_{\|P\| \to 0} \sum_{i=1}^{n} 2\pi u_i g(u_i)\Delta x_i$$

$$\| P \| = \int_a^b 2\pi x\, g(x)\, dx，g(x) = f_1(x) - f_2(x)，f_1(x) > f_2(x)$$

上述公式是 $y = f(x)$ 在 $a \le x \le b$ 間繞 y 軸旋轉之體積，若是繞 x 軸在 $c \le y \le d$ 間旋轉之體積則為 $\int_c^d 2\pi y\, g(y)\, dy$。

讀者應注意的是：不論是用剝殼法或圓盤法所得之旋轉固體之積應是相同的，同時請注意剝殼法之特性：

(1)對 y 軸旋轉時要對 x 積分，對 x 軸旋轉時要對 y 積分。

(2)用剝殼法時它的 $g(x)$，一定可用兩個函數之差（一個可能是 0，或區間之某個上、下限）表示。

例 5. $y=\sqrt{x}$，$0\le x\le 1$ 繞 x 軸旋轉所成之體積。

解

方法一（圓盤法）

$$V=\int_0^1 \pi(\sqrt{x})^2\,dx=\int_0^1 \pi x\,dx=\frac{\pi}{2}$$

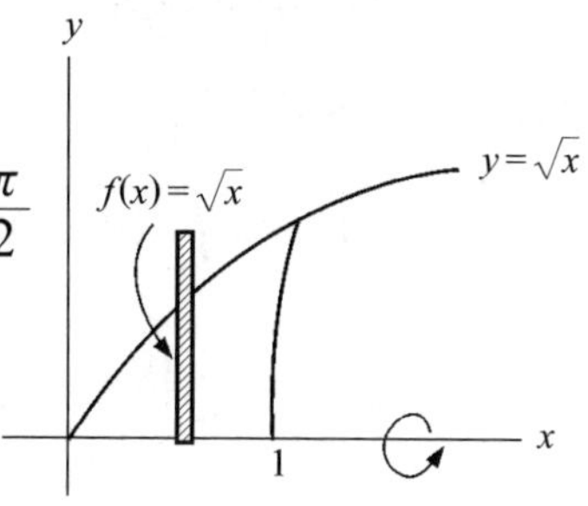

方法二（剝殼法）

$$V=\int_0^1 2\pi y(1-y^2)dy$$

$$=2\pi\left(\frac{y^2}{2}-\frac{y^4}{4}\right)\Big]_0^1=\frac{\pi}{2}$$

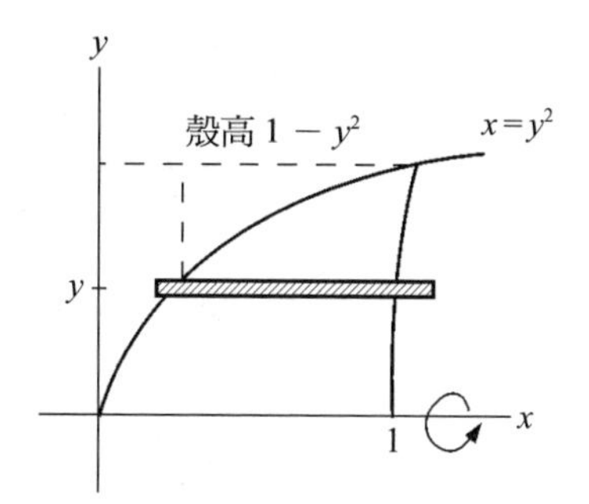

例 6. $y=x$ 及 $y=\sqrt{x}$ 圍成區域繞 x 軸旋轉所成之體積。

解

方法一

$$V=\int_0^1 \pi\left((\sqrt{x})^2-x^2\right)dx$$

$$=\int_0^1 \pi(x-x^2)dx=\frac{\pi}{6}$$

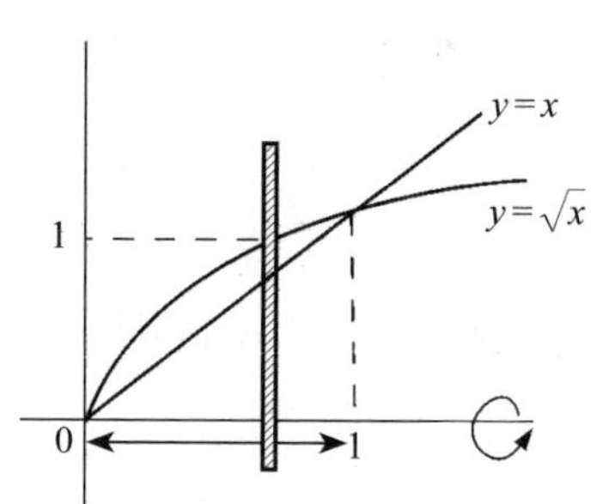

方法二

$$V=\int_0^1 2\pi y(y-y^2)dy=2\pi\left(\frac{y^3}{3}-\frac{y^4}{4}\right)\Big]_0^1=\frac{\pi}{6}$$

例 7. $x^2+y^2=9$，$y=1$，$y=3$，$x=0$ 圍成區域繞 y 軸旋轉所得旋轉體體積。

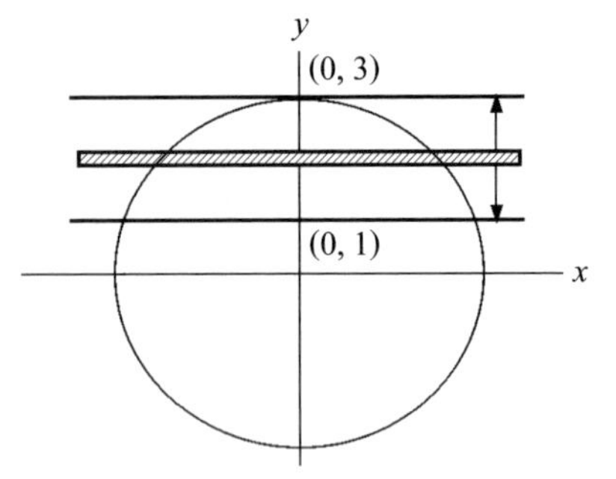

解 (一) 圓盤法：

$$V=\pi\int_1^3(9-y^2)\,dy$$

$$=\pi\cdot\left(9y-\frac{1}{3}y^3\right)\Big]_1^3=\frac{28}{3}\pi$$

(二) 剝殼法：

$$V=2\pi\int_0^{\sqrt{8}}x\left(\sqrt{9-x^2}-1\right)dx$$

$$=2\pi\left[-\frac{1}{3}(9-x^2)^{\frac{3}{2}}-\frac{1}{2}x^2\right]_0^{\sqrt{8}}$$

$$=\frac{28}{3}\pi$$

在上例，有許多讀者用剝殼法誤算為：

$V=2\pi\int_0^{\sqrt{8}}x\sqrt{9-x^2}\,dx$，你能指出錯在哪裡嗎？

例 8. $y=x^3$，y 軸與 $y=3$ 圍成區域繞軸旋轉所得之旋轉體體積。

解 (一) 圓盤法：

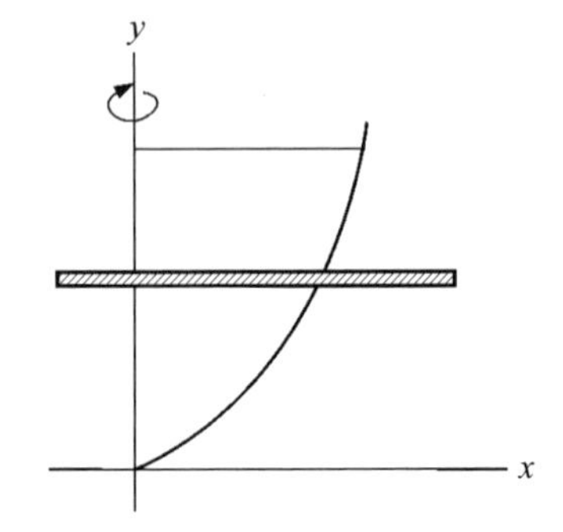

$$V=\pi\int_0^3x^2\,dy=\pi\int_0^3\left(y^{\frac{1}{3}}\right)^2dy$$

$$=\pi\cdot\frac{3}{5}y^{\frac{5}{3}}\Big]_0^3=\frac{3}{5}\pi(3)^{5/3}$$

㈡ 剝殼法：

$$V = 2\pi\int_0^{\sqrt[3]{3}} x(3 - x^3)\,dx = \frac{3}{5}\pi(3)$$

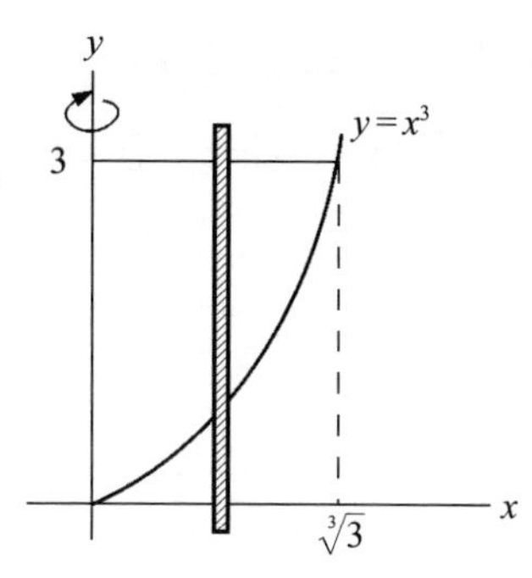

隨堂演練

4.10B

試分別用圓盤法與剝殼法計算：$y = \sqrt{x}$，$0 \le x \le 1$ 繞 x 軸旋轉所成之體積。

習題 4-10

1. 求下列各題之弧長：
   (1) $y^2 = 4x$ 在 $0 \le x \le 1$ 間之弧長
   (2) $y = \left(\frac{4}{9}x^2 + 1\right)^{\frac{3}{2}}$ 在 $0 \le x \le 2$ 間之弧長
   (3) $y = \frac{a}{2}(e^{\frac{x}{a}} + e^{-\frac{x}{a}})$ 在 $0 \le x \le b$
2. 計算下列各題之旋轉體積：
   (1) $x = 4$ 與 $y^2 = x$ 圍成區域繞 x 軸旋轉
   (2) $\frac{x^2}{a^2} + \frac{y^2}{b^2} = 1$ 圍成之區域繞 x 軸旋轉

(3) $y=x$ 與 $y=\sqrt{x}$ 圍成區域繞 x 軸旋轉

(4) $y=\sin x$，$0\leq x\leq\pi$ 與 x 軸所圍成區域繞 x 軸旋轉

第5章

無窮級數

5.1 無窮級數

5.1.1 Σ 之性質

在研究無窮級數前，我們先對求和符號 Σ 做一複習。

定理 A

$$\sum_{i=1}^{n}(a_i+b_i)=\sum_{i=1}^{n}a_i+\sum_{i=1}^{n}b_i$$

$$\sum_{i=1}^{n}ka_i=k\sum_{i=1}^{n}a_i$$

證明

$$\sum_{i=1}^{n}(a_i+b_i)=(a_1+b_1)+(a_2+b_2)+\cdots\cdots+(a_n+b_n)$$

$$=(a_1+a_2+\cdots\cdots+a_n)+(b_1+b_2+\cdots\cdots+b_n)$$

$$=\sum_{i=1}^{n}a_i+\sum_{i=1}^{n}b_i$$

$$\sum_{i=1}^{n}ka_i=ka_1+ka_2+\cdots\cdots+ka_n=k(a_1+a_2+\cdots\cdots+a_n)$$

$$=k\sum_{i=1}^{n}a_i$$

隨堂演練

5.1A

1. 若 $a=-3, a_2=0, a_3=4, a_4=-2, a_5=-1$

(1) 求 $\sum_{i=1}^{5} a_i$？

(2) 問 $\sum_{i=1}^{2} a_i+\sum_{i=3}^{5} a_i=\sum_{i=1}^{5} a_i$ 是否成立？

(3) 若 $b_i=|a_i|$，求 $\sum_{i=1}^{5} b_i, \sum_{i=1}^{5} a_i b_i$，問 $\sum_{i=1}^{5} a_i b_i=\sum_{i=1}^{5} a_i \sum_{i=1}^{5} b_i$ 是否成立？

2. 證明 $\sum_{i=1}^{n}(ka_i+lb_i)=k\sum_{i=1}^{n} a_i+l\sum_{i=1}^{n} b_i$。

〔提示〕

1. (1) -2 (2) 是 (3) 10, 2

5.1.2 三個有名之等式

定理 A 在 n 為任一正整數，則

$$1+2+3+\cdots\cdots+n=\frac{n}{2}(n+1)$$

$$1^2+2^2+3^2+\cdots\cdots+n^2=\frac{n}{6}(n+1)(2n+1)$$

$$1^3+2^3+3^3+\cdots\cdots+n^3=\left[\frac{n}{2}(n+1)\right]^2$$

證明 我們可用**數學歸納法**（Mathematical Induction）來證明上面三個等式，在此，只證$1+2+3+\cdots\cdots+n=\frac{n}{2}(n+1)$部分：

$n=1$時，左式$=1$，右式$=\frac{1}{2}(1+1)=1$

$\because$左式＝右式　$\therefore n=1$時原式成立。

令$n=k$時原式仍成立，即$1+2+3+\cdots\cdots+k=\frac{k}{2}(k+1)$

$$
\begin{aligned}
n=k+1\text{時：左式} &= 1+2+3+\cdots\cdots+k+k+1 \\
&=(1+2+\cdots\cdots+k)+(k+1) \\
&=\frac{k}{2}(k+1)+(k+1) \\
&=(k+1)\left[\frac{k}{2}+1\right] \\
&=\frac{1}{2}(k+1)(k+2) \\
&=\frac{1}{2}(k+1)[(k+1)+1]
\end{aligned}
$$

$\therefore n=k+1$時原關係式亦成立，由數學歸納法原理知，當n爲任一正整數時原式均成立。

5.1.3 無窮級數定義

若$\{a_k\}$爲一**無窮數列**（Infinite Sequence），$\{a_k\}=\{a_1, a_2, \cdots\cdots, a_k, \cdots\cdots\}$，$k\in N$，$a_n$爲其第$n$項則$\sum_{n=1}^{\infty}a_n=a_1+a_2+\cdots\cdots a_n+\cdots\cdots$稱爲一**無窮級數**（Infinite Series）。

例 1. 試寫出下列無窮級數之前 4 項。

(1) $\sum_{n=1}^{\infty}\frac{1}{2^n}$　(2) $\sum_{n=1}^{\infty}e^{-n}\sin\frac{1}{\sqrt{n}}$

解　(1) $\sum_{n=1}^{\infty}\frac{1}{2^n}$

$$=\frac{1}{2}+\frac{1}{2^2}+\frac{1}{2^3}+\frac{1}{2^4}+\frac{1}{2^5}+\cdots\cdots$$

(或 $\frac{1}{2}+\frac{1}{4}+\frac{1}{8}+\frac{1}{16}+\frac{1}{32}+\cdots$)

(2) $\sum_{n=1}^{\infty}e^{-n}\sin\frac{1}{\sqrt{n}}$

$$=e^{-1}\sin\frac{1}{\sqrt{1}}+e^{-2}\sin\frac{1}{\sqrt{2}}+e^{-3}\sin\frac{1}{\sqrt{3}}+e^{-4}\sin\frac{1}{\sqrt{4}}+\cdots$$

$$=e^{-1}\sin 1+e^{-2}\sin\frac{\sqrt{2}}{2}+e^{-3}\sin\frac{\sqrt{3}}{3}+e^{-4}\sin\frac{1}{2}+\cdots$$

例 2. 若 $a_i=1+2i,\ i=1, 2, 3, 4$，求 $\sum_{i=1}^{4}ia_i=$？

解

$$\sum_{i=1}^{4}ia_i=1\cdot a_1+2\cdot a_2+3\cdot a_3+4\cdot a_4$$
$$=1(3)+2(5)+3(7)+4(9)$$
$$=3+10+21+36=70$$

無窮級數之收斂與發散：$S_n=\sum_{k=1}^{n}a_k=a_1+a_2+\cdots\cdots+a_n,\ n=1, 2, 3, \cdots\cdots$，爲該無窮級數的**部分和**（Partial Sum）。若 $\lim_{n\to\infty}S_n=\lim_{n\to\infty}\sum_{k=1}^{n}a_k=A$（常數），則稱無窮級數 $\sum_{k=1}^{\infty}a_k$ **收斂**（Convergent），稱 A 爲該收斂級數的和，即 $\sum_{k=1}^{\infty}a_k=A$。

無窮級數若不收斂即為**發散**（Divergent）。

例 3. 若無窮級數 $\sum_{i=1}^{\infty} a_n$ 之部分和 $S_n = \frac{n+1}{n}$

求 $a_n =$？級數是否收斂？無窮級數之和為？

解

(1) $a_n = S_n - S_{n-1} = \frac{n+1}{n} - \frac{n}{n-1} = \frac{-1}{n(n-1)}$

(2) $\lim_{n \to \infty} S_n = \lim_{n \to \infty} \frac{n+1}{n} = 1$

(3) 無窮級數收斂

5.1.4 無窮等比級數求和

定理 $1 + r + r^2 + \cdots\cdots + r^n + \cdots\cdots = \frac{1}{1-r}$，$|r| < 1$。

證明

$$S_n = 1 + r + r^2 + \cdots\cdots + r^n \quad (1)$$

$$rS_n = r + r^2 + \cdots\cdots + r^n + r^{n+1} \quad (2)$$

(1)−(2) 得 $(1-r)S_n = 1 - r^{n+1}$

$$\therefore S_n = \frac{1 - r^{n+1}}{1-r}$$

$$1 + r + r^2 + \cdots\cdots + r^n + \cdots\cdots$$

$$= \lim_{n \to \infty} S_n = \lim_{n \to \infty} \frac{1 - r^{n+1}}{1-r} = \frac{1}{1-r}, \quad |r| < 1$$

當 $r \geqq 1$ 時，上述等比級數為發散

例 4. 求 (1) $1+\frac{1}{10}+\frac{1}{100}+\cdots\cdots+\frac{1}{10^n}+\cdots\cdots=?$

(2) $1+\frac{1}{100}+\frac{1}{10000}+\cdots\cdots+\frac{1}{100^n}+\cdots\cdots=?$

解 (1) 這是 $a=1, r=\frac{1}{10}$ 之無窮等比級數

$$\therefore S=\frac{a}{1-r}=\frac{1}{1-\frac{1}{10}}=\frac{1}{\frac{9}{10}}=\frac{10}{9}$$

(2) 這是 $a=1, r=\frac{1}{100}$ 之無窮等比級數

$$\therefore S=\frac{a}{1-r}=\frac{1}{1-\frac{1}{100}}=\frac{1}{\frac{99}{100}}=\frac{100}{99}$$

例 5. 求 $0.\overline{23}$ 之分數表示＝？

解 循環小數 $0.\overline{23}=0.232323\cdots\cdots$，它可表爲

$0.23+0.0023+0.000023+\cdots\cdots$

$=\frac{23}{100}+\frac{23}{100^2}+\frac{23}{100^3}+\cdots\cdots$

$=\frac{23}{100}[1+\frac{1}{100}+\frac{1}{10000}+\cdots\cdots]$

$=\frac{23}{100}\cdot\frac{1}{1-\frac{1}{100}}=\frac{23}{100}\cdot\frac{1}{\frac{99}{100}}=\frac{23}{100}\cdot\frac{100}{99}=\frac{23}{99}$

例 6. 求 (1) $0.\overline{023}$ (2) $0.0\overline{23}$ 之分數表示＝？

解 (1) 循環小數 $0.\overline{023}=0.023023023\cdots\cdots$

$0.\overline{023}=\frac{23}{1000}+\frac{23}{1000^2}+\frac{23}{1000^3}+\cdots\cdots$

$=\frac{23}{1000}[1+\frac{1}{1000}+\frac{1}{1000^2}+\cdots\cdots]$

$$=\frac{23}{1000}\cdot\frac{1}{1-\frac{1}{1000}}$$

$$=\frac{23}{1000}\cdot\frac{1}{\frac{999}{1000}}=\frac{23}{999}$$

(2) $0.0\overline{23}=0.0232323\cdots\cdots$

令 $X=0.0\overline{23}$ 則 $10X=0.\overline{23}=\frac{23}{99}$（由例 4.）

$\therefore X=\frac{23}{990}$

隨堂演練

5.1B

驗證 $0.\overline{34}=\frac{34}{99}$ 及 $0.2\overline{34}=\frac{232}{990}$。

5.1.5 一些較複雜之求和技術

例 7. 求 $\sum_{n=1}^{\infty}n(\frac{1}{2})^n=$？

解 令 $S=\sum_{n=1}^{\infty}n(\frac{1}{2})^n$ 則

$$S=(\frac{1}{2})+2(\frac{1}{2})^2+3(\frac{1}{2})^3+4(\frac{1}{2})^4+\cdots\cdots \quad (1)$$

$$\therefore \frac{1}{2}S=(\frac{1}{2})^2+2(\frac{1}{2})^3+3(\frac{1}{2})^4+\cdots\cdots \quad (2)$$

(1)−(2) 得

$$S-\frac{S}{2}=(\frac{1}{2})+(\frac{1}{2})^2+(\frac{1}{2})^3+(\frac{1}{2})^4+\cdots\cdots=\frac{\frac{1}{2}}{1-\frac{1}{2}}=1$$

即 $\frac{S}{2}=1 \quad \therefore S=2$

例 8. 求 $\sum_{k=1}^{\infty}\frac{1}{k(k+1)}=?$

解

$$\because S_n=\sum_{k=1}^{n}\frac{1}{k(k+1)}$$

$$=\sum_{k=1}^{n}\frac{1}{k}-\frac{1}{k+1}$$

$$=(1-\frac{1}{2})+(\frac{1}{2}-\frac{1}{3})+\cdots\cdots$$

$$+(\frac{1}{n}-\frac{1}{n+1})$$

$$=1-\frac{1}{n+1}=\frac{n}{n+1}$$

$$\begin{array}{rccl} & \frac{1}{k} & \frac{1}{k+1} & \\ k=1\rightarrow & 1 & & \\ & \frac{1}{2} & \frac{1}{2} & \leftarrow k=1 \\ & \frac{1}{3} & \frac{1}{3} & \\ & \vdots & \vdots & \\ & \vdots & \vdots & \\ & \frac{1}{n-1} & \vdots & \\ k=n\rightarrow & \frac{1}{n} & \frac{1}{n} & \\ & & \frac{1}{n+1} & \leftarrow k=n \end{array}$$

（對消）

又 $\lim_{n\to\infty}S_n=\lim_{n\to\infty}\frac{n}{n+1}=1$

$$\therefore \sum_{k=1}^{\infty}\frac{1}{k(k+1)}=1$$

例 9. 求 $\sum_{k=1}^{\infty}\frac{1}{k(k+2)}$

解

$$\because \frac{1}{k(k+2)}=\frac{1}{2}(\frac{1}{k}-\frac{1}{k+2})$$

$$S_n=\sum_{k=1}^{n}\frac{1}{k(k+2)}=\sum_{k=1}^{n}\frac{1}{2}(\frac{1}{k}-\frac{1}{k+2})$$

$$=\frac{1}{2}[(1-\frac{1}{3})+(\frac{1}{2}-\frac{1}{4})]$$

$$\begin{array}{rccl} & \frac{1}{k} & \frac{1}{k+2} & \\ k=1\rightarrow & 1 & & \\ & \frac{1}{2} & & \\ & \frac{1}{3} & \frac{1}{3} & \leftarrow k=1 \\ & \frac{1}{4} & \frac{1}{4} & \\ & \vdots & \vdots & \\ & \vdots & \vdots & \\ k=n\rightarrow & \frac{1}{n} & \frac{1}{n} & \\ & & \frac{1}{n+1} & \\ & & \frac{1}{n+2} & \leftarrow k=n \end{array}$$

（對消）

$$+(\frac{1}{3}-\frac{1}{5})+\cdots\cdots+(\frac{1}{n-1}-\frac{1}{n+1})+(\frac{1}{n}-\frac{1}{n+2})]$$

$$=\frac{1}{2}[1+\frac{1}{2}-\frac{1}{n+1}-\frac{1}{n+2}]$$

$$\therefore \lim_{n\to\infty} S_n=\frac{1}{2}(1+\frac{1}{2})=\frac{3}{4}$$

習題 5-1

1. 寫出下列無窮級數之前 4 項？

(1) $\sum_{n=2}^{\infty}\sqrt[n]{n+1}$ (2) $\sum_{n=1}^{\infty} n\sin(\frac{\theta}{2n})$ (3) $\sum_{n=1}^{\infty}\tan^{-1}\frac{1}{1+n^2}$

2. 求下列無窮等比級數和？

(1) $a=2, r=\frac{1}{3}$ (2) $a=\frac{1}{2}, r=\frac{1}{4}$ (3) $a=1, r=-\frac{1}{2}$

3. 求下列循環小數之分數表示？

(1) $0.\overline{7}$ (2) $0.\overline{72}$ (3) $0.4\overline{02}$ (4) $0.40\overline{2}$

4. 計算 $\sum_{n=2}^{\infty}\frac{1}{n^2-1}$

5. 計算 (1) $\sum_{n=2}^{\infty} ln(1-\frac{1}{n^2})$

5.2 正項級數

定義 設 $\sum_{k=1}^{\infty} a_k$ 為一無窮級數，若對所有的 k, $a_k > 0$，則稱 $\sum_{k=1}^{\infty} a_k$ 為一正項級數（Positive Series）。

定理 A 設 $\sum_{k=1}^{\infty} a_k$ 為一正項級數，且部分和 S_n 所構成的數列 $\{S_n\}$ 有界（Bounded），則 $\sum_{k=1}^{\infty} a_k$ 收斂。

定理 A 之重要性在於本節定理在證明中需要應用它。

定理 B 若級數 $\sum_{k=1}^{\infty} a_k$ 收斂，則 $\lim_{k\to\infty} a_k = 0$。

證明 令 $S_n = a_1 + a_2 + \cdots\cdots + a_n$，則 $a_n = S_n - S_{n-1}$，且令 $\lim_{n\to\infty} S_n = l$，則

$$\lim_{n\to\infty} a_n = \lim_{n\to\infty}(S_n - S_{n-1}) = \lim_{n\to\infty} S_n - \lim_{n\to\infty} S_{n-1} = l - l = 0 \quad \blacksquare$$

這個定理看似簡單，事實上如果把它用另一種等值敘述：若 $\lim_{n\to\infty} a_k \neq 0$，則級數 $\sum_{k=1}^{\infty} a_k$ 發散，那它的功能便很突出。只要判斷正項級數斂散性時，第一關便是要經過這個定理之檢驗。

例 1. 試判斷下列正項級數是否收斂。

(1) $\sum_{n=1}^{\infty} (1+n)/(1+2n)$　(2) $\sum_{n=1}^{\infty} (1-\frac{1}{n})^n$

(3) $\sum_{n=1}^{\infty} \frac{2+n}{1+n+n^2}$

解　若我們能證明 $\lim_{n\to\infty} a_n \neq 0$ 則 $\sum_{n=1}^{\infty} a_n$ 必為發散，但 $\lim_{n\to\infty} a_n = 0$，則還需要靠以後之定理才能判斷給予之正項級數是否為收斂。

(1) $\lim_{n\to\infty} a_n = \lim_{n\to\infty} \frac{1+n}{1+2n} = \frac{1}{2} \neq 0$　$\therefore \sum_{n=1}^{\infty} \frac{1+n}{1+2n}$ 發散

(2) $\lim_{n\to\infty} (1-\frac{1}{n})^n = e^{-1} \neq 0$　$\therefore \sum_{n=1}^{\infty} (1-\frac{1}{n})^n$ 發散

(3) $\lim_{n\to\infty} \frac{2+n}{1+n+n^2} = 0$　$\therefore \sum_{n=1}^{\infty} \frac{2+n}{1+n+n^2}$ 目前我們尚無法根據所學之定理判斷斂散性。

例 2. 若 $\sum_{n=1}^{\infty} a_n$ 為收斂，試證 $\sum_{n=1}^{\infty} \frac{1}{a_n}$ 為發散。

解　$\because \sum_{n=1}^{\infty} a_n$ 為收斂，$\therefore \lim_{n\to\infty} a_n = 0$。

從而 $\lim_{n\to\infty} \frac{1}{a_n} \to \infty$，$\therefore \sum_{n=1}^{\infty} \frac{1}{a_n}$ 發散。

★ **例 3.** $\sum_{n=1}^{\infty}\frac{1}{n}=1+\frac{1}{2}+\frac{1}{3}+\frac{1}{4}+\cdots\cdots+\frac{1}{n}+\cdots\cdots$ 稱爲**調和級數**（Harmonic Series）。$\sum_{n=1}^{\infty}\frac{1}{n}$ 發散

解

$$\underbrace{1}_{2^0\text{項}}+\underbrace{\frac{1}{2}+\frac{1}{3}}_{2^1\text{項}}+\underbrace{\frac{1}{4}+\frac{1}{5}+\frac{1}{6}+\frac{1}{7}}_{2^2\text{項}}+\underbrace{\frac{1}{8}+\cdots\cdots+\frac{1}{16}}_{2^3\text{項}}+\frac{1}{17}\cdots\cdots *$$

$1\geq\frac{1}{2}$

$\frac{1}{2}+\frac{1}{3}\geq\frac{1}{4}+\frac{1}{4}=\frac{1}{2}$

$\frac{1}{4}+\frac{1}{5}+\frac{1}{6}+\frac{1}{7}\geq\frac{1}{8}+\frac{1}{8}+\frac{1}{8}+\frac{1}{8}+\frac{1}{8}=\frac{1}{2}$

$$\underbrace{\frac{1}{8}+\frac{1}{9}+\cdots\cdots+\frac{1}{15}}_{8\text{項}}\geq\underbrace{\frac{1}{16}+\frac{1}{16}+\cdots\cdots+\frac{1}{16}}_{8\text{項}}=\frac{1}{2}$$

$\therefore * \geq 1+\frac{1}{2}+\frac{1}{2}+\frac{1}{2}+\cdots\cdots\to\infty$，即 $\sum_{n=1}^{\infty}\frac{1}{n}$ 爲發散。 ■

例 3 是下列定理 C 之特例。

定理 C

（p—級數審斂法）

$\sum_{k=1}^{\infty}\frac{1}{k^p}=1+\frac{1}{2^p}+\frac{1}{3^p}+\cdots\cdots$

若 (1) $p>1$ 則 $\sum_{k=1}^{\infty}\frac{1}{k^p}$ 收斂；

(2) $p\leqq 1$ 則 $\sum_{k=1}^{\infty}\frac{1}{k^p}$ 發散。

關於 p—級數審斂法之證明，須用到積分審斂法之結果。

定理 D（比較審斂法）

$\sum_{n=1}^{\infty} a_n$，$\sum_{n=1}^{\infty} b_n$ 爲正項級數，且 $b_n \geqq a_n > 0, \forall n \geqq N$，則

(1) $\sum_{n=1}^{\infty} b_n$ 收斂則 $\sum_{n=1}^{\infty} a_n$ 收斂；

(2) $\sum_{n=1}^{\infty} a_n$ 發散則 $\sum_{n=1}^{\infty} b_n$ 發散。

證明 (1) 令 $S_n = \sum_{i=1}^{n} a_i$，$T_n = \sum_{i=1}^{n} b_i$，因 $b_i \geq a_i > 0$，$i = 1$，$2\cdots\cdots$

$\therefore S_n = \sum_{i=1}^{n} a_i \leq \sum_{i=1}^{n} b_i \leq \sum_{i=1}^{\infty} b_i$

又 $\sum_{i=1}^{\infty} b_i$ 爲收斂　$\therefore \sum_{i=1}^{\infty} b_i = s$（定值），從而

$S_n \leq s$，$n = 1$，$2\cdots\cdots$，由定理 A 知 $\sum_{n=1}^{\infty} a_n$ 爲收斂。

(2) 利用反證法，設 $\sum_{n=1}^{\infty} b_n$ 爲收斂，則由 (1) $\sum_{n=1}^{\infty} a_n$ 爲收斂，

但此與 $\sum_{n=1}^{\infty} a_n$ 爲發散之假設不合　$\therefore \sum_{n=1}^{\infty} b_n$ 爲發散。■

例 3. 試判斷下列無窮級數之斂散性。

(1) $\sum_{n=1}^{\infty} \frac{2n}{3n^3+1}$　(2) $\sum_{n=1}^{\infty} \frac{2n^2}{3n^3-1}$

解 (1) $\because \frac{2n}{3n^3+1} < \frac{2n}{3n^3} = \frac{2}{3} \cdot \frac{1}{n^2}$ 且 $\sum_{n=1}^{\infty} \frac{2}{3}\ \frac{1}{n^2}$ 爲收斂

（根據 P 級數審斂法）

$\therefore \sum_{n=1}^{\infty}\frac{2n}{3n^3+1}$ 爲收斂

(2) $\because \frac{2n^2}{3n^3-1}>\frac{2}{3}\cdot\frac{n^2}{n^3}=\frac{2}{3}\cdot\frac{1}{n}$ 且 $\sum_{n=1}^{\infty}\frac{2}{3}\frac{1}{n}$ 爲發散

（根據 P 級數審歛法）

$\therefore \sum_{n=1}^{\infty}\frac{2n^2}{3n^3-1}$ 爲發散

例 4. 判斷下列無窮級數之歛散性。

(1) $\sum_{n=1}^{\infty}\frac{n}{3^n(n+1)}$　(2) $\sum_{n=1}^{\infty}\frac{\sin(\frac{1}{n})}{n^2}$　(3) $\sum_{n=1}^{\infty}\frac{e^{-n}}{n^2}$

解

(1) $\frac{n}{3^n(n+1)}=\frac{1}{3^n}(\frac{n}{n+1})<\frac{1}{3^n}$　$(\frac{n}{n+1}<1)$

$\because \sum_{n=1}^{\infty}\frac{1}{3^n}$ 收斂（$r=\frac{1}{3}$ 之無窮等比級數）

$\therefore \sum_{n=1}^{\infty}\frac{n}{3^n(n+1)}$ 收斂

(2) $\frac{1}{n^2}\sin\frac{1}{n}<\frac{1}{n^2}$　$(\sin\frac{1}{n}<1)$

$\because \sum_{n=1}^{\infty}\frac{1}{n^2}$ 收斂　$\therefore \sum_{n=1}^{\infty}\frac{1}{n^2}\sin\frac{1}{n}$ 收斂

(3) $\frac{1}{n^2}e^{-n}<\frac{1}{n^2}$　$(e^{-n}<1)$

$\because \sum_{n=1}^{\infty}\frac{1}{n^2}$ 收斂　$\therefore \sum_{n=1}^{\infty}\frac{1}{n^2}e^{-n}$ 收斂

定理 E （極限比較法）$a_n>0, b_n>0$ 且 $\lim_{n\to\infty}\frac{a_n}{b_n}=l$，若 $0<l<\infty$，則 Σa_n 與 Σb_n 同爲收斂或發散，若 $l=0$ 且 Σb_n 爲收斂，則 Σa_n 爲收斂。若 $l=\infty$ 且 Σb_n 發散，則 Σa_n 發散。

p－級數法與極限比較法合併使用便產生一個極爲有用的定理。

定理 F 若 Σa_n 爲正項級數，若 $\lim_{n\to\infty}\frac{a_n}{\frac{1}{n^p}}=\lim_{n\to\infty}n^p a_n=l\neq 0$

(1) $1\geqq p>0$，則 Σa_n 爲發散；(2) $p>1$且 l 爲有限則 Σa_n 爲收斂。

例 5. 試判斷下列無窮正項級數之斂散性？

(1) $\sum_{n=1}^{\infty}\frac{n+1}{n^3+n+1}$ (2) $\sum_{n=1}^{\infty}\frac{n^{1.8}+1}{n^3+n+1}$ (3) $\sum_{n=1}^{\infty}\frac{n^2+1}{n^3+n+1}$

解 (1) $\because \lim_{n\to\infty}n^2\cdot\frac{n+1}{n^3+n+1}=1$，$p=2>1$

$\therefore \sum_{n=1}^{\infty}\frac{n+1}{n^3+n+1}$ 收斂

(2) $\lim_{n\to\infty}n^{1.2}\cdot\frac{n^{1.8}+1}{n^3+n+1}=1$，$p=1.2>1$

$\therefore \sum_{n=1}^{\infty}\frac{n^{1.8}+1}{n^3+n+1}$ 收斂

(3) $\lim_{n\to\infty}n\cdot\frac{n^2+1}{n^3+n+1}=1$，$p=1$

$\therefore \sum_{n=1}^{\infty}\frac{n^2+1}{n^3+n+1}$ 發散

例 6. 試判斷下列無窮正項級數之斂散性？

(1) $\sum_{n=1}^{\infty}\frac{\sqrt{n}}{n^2+1}$ (2) $\sum_{n=1}^{\infty}\frac{1}{\sqrt[3]{n^2}+1}$

解

(1) $\because \lim_{n\to\infty} n^{\frac{3}{2}}\cdot\frac{\sqrt{n}}{n^2+1}=1$，$p=\frac{3}{2}>1 \therefore \sum_{n=1}^{\infty}\frac{\sqrt{n}}{n^2+1}$ 收斂

(2) $\because \lim_{n\to\infty} n^{\frac{2}{3}}\cdot\frac{1}{\sqrt[3]{n^2}+1}=1$，$p=\frac{2}{3}<1 \therefore \sum_{n=1}^{\infty}\frac{1}{\sqrt[3]{n^2}+1}$ 發散

例 7. 例 3. 亦可用下列方法判斷斂散性。

解

(1) $\because \lim_{n\to\infty} n^2\cdot\frac{2n}{3n^3+1}=\frac{2}{3}$，$p=2>1 \therefore \sum_{n=1}^{\infty}\frac{2n}{3n^3+1}$ 收斂

(2) $\because \lim_{n\to\infty} n\cdot\frac{2n^2}{3n^3-1}=\frac{2}{3}$，$p=1 \therefore \sum_{n=1}^{\infty}\frac{2n^2}{3n^3-1}$ 發散

隨堂演練

5.2A

判斷 $\sum_{n=1}^{\infty}\frac{n}{n^2+n+1}$ 之斂散性。

〔提示〕

發散

定理 G

（積分審斂法）

設 $f(x)$ 在 $[1,\infty)$ 中為連續的正項非遞增函數，$a_k=f(k)$，k 為正整數，則 $\sum_{K=1}^{\infty}a_k$ 收斂之充要條件為 $\int_1^{\infty}f(x)\,dx$ 收斂（即 $\int_1^{\infty}f(x)\,dx<\infty$）。

例 8. 試判斷下列無窮級數之斂散性。

(1) $\sum_{n=2}^{\infty}\frac{1}{nlnn}$　(2) $\sum_{n=1}^{\infty}\frac{1}{1+n^2}$

解　(1) $\frac{1}{nlnn}$ 在 $[2,\infty)$ 中爲非遞增之正項級數

$$\int_2^{\infty}\frac{dx}{xlnx}=lnlnx]_2^{\infty}=\lim_{M\to\infty}lnlnx]_2^M=\lim_{M\to\infty}lnlnM-lnln2=\infty$$

$\therefore \sum_{n=2}^{\infty}\frac{1}{nlnn}$ 爲發散

(2) **方法一**：

$\frac{1}{1+n^2}<\frac{1}{n^2}$, $\sum_{n=1}^{\infty}\frac{1}{n^2}$ 爲收斂　$\therefore \sum_{n=1}^{\infty}\frac{1}{1+n^2}$ 收斂

方法二：

取 $f(x)=\frac{1}{1+x^2}$, $f(x)$ 在 $[1,\infty)$ 中爲非遞增之正項級數

又 $\int_1^{\infty}\frac{dx}{1+x^2}=\lim_{M\to\infty}\int_1^M\frac{dx}{1+x^2}$

$$=\lim_{M\to\infty}tan^{-1}x]_1^M=\lim_{M\to\infty}(tan^{-1}M-tan^{-1}1)=\frac{\pi}{2}-\frac{\pi}{4}=\frac{\pi}{4}<\infty$$

$\therefore \sum_{n=1}^{\infty}\frac{1}{1+n^2}$ 收斂

定理 H　（比值檢定法）

設 Σa_k 爲一正項級數，且 $\lim_{n\to\infty}\frac{a_{n+1}}{a_n}=l<1$，則 $\sum_{k=1}^{\infty}a_k$ 收斂（若 $l>1$ 則發散）；若 $l=1$，無法用比值檢定性檢定。

例 9. 判斷下列無窮級數之斂散性？

(1) $\sum_{n=1}^{\infty}\frac{2^n}{n!}$　(2) $\sum_{n=1}^{\infty}\frac{n}{3^n(n+1)}$（見例 4.(1)）

(3) $\sum_{n=1}^{\infty}\frac{e^{-n}}{n^2}$（見例 4.(3)）

解

(1) $\because \lim_{n\to\infty}\frac{a_{n+1}}{a_n}=\lim_{n\to\infty}\frac{\frac{2^{n+1}}{(n+1)!}}{\frac{2!}{n!}}=\lim_{n\to\infty}\frac{2^{n+1}}{(n+1)!}\cdot\frac{n!}{2^n}=\lim_{n\to\infty}\frac{2}{n+1}$

$=0<1$

$\therefore \sum_{n=1}^{\infty}\frac{2^n}{n!}$ 收斂

(2) $\because \lim_{n\to\infty}\frac{a_{n+1}}{a_n}=\lim_{n\to\infty}[\frac{n+1}{3^{n+1}(n+2)}/\frac{n}{3^n(n+1)}]$

$=\lim_{n\to\infty}\frac{n+1}{3^{n+1}(n+2)}\cdot\frac{3^n(n+1)}{n}=\lim_{n\to\infty}\frac{(n+1)^2}{3n(n+2)}=\frac{1}{3}<1$

$\therefore \sum_{n=1}^{\infty}\frac{n}{3^n(n+1)}$ 收斂

(3) $a_n=\frac{e^{-n}}{n^2},\quad a_{n+1}=\frac{e^{-(n+1)}}{(n+1)^2}$

$\lim_{n\to\infty}\frac{a_{n+1}}{a_n}=\lim_{n\to\infty}\frac{\frac{e^{-(n+1)}}{(n+1)^2}}{\frac{e^{-n}}{n^2}}=\lim_{n\to\infty}\frac{e^{-(n+1)}}{(n+1)^2}\cdot\frac{n^2}{e^{-n}}$

$=\lim_{n\to\infty}\frac{e^{-1}\cdot n^2}{(n+1)^2}=e^{-1}<1$

$\therefore \sum_{n=1}^{\infty}\frac{e^{-n}}{n^2}$ 收斂

例 10. 試判斷 $\sum_{n=1}^{\infty}\frac{1}{n(n+1)}$ 之斂散性？

解 $\lim_{n\to\infty}\frac{a_{n+1}}{a_n}=\lim_{n\to\infty}\frac{\frac{1}{(n+1)(n+2)}}{\frac{1}{n(n+1)}}=\lim_{n\to\infty}\frac{n(n+1)}{(n+1)(n+2)}=1$

$\because$無法用比值檢定法判斷 $\sum_{n=1}^{\infty}\frac{1}{n(n+1)}$ 之斂散性，但我們可用下列兩種方法判定之：

方法一：由上節例 8. 知 $\sum_{n=1}^{\infty}\frac{1}{n(n+1)}=1$ $\therefore\sum_{n=1}^{\infty}\frac{1}{n(n+1)}$收斂

方法二：$\frac{1}{n(n+1)}<\frac{1}{n}\cdot\frac{1}{n}=\frac{1}{n^2}$

$\because\sum_{n=1}^{\infty}\frac{1}{n^2}$ 收斂 $\therefore\sum_{n=1}^{\infty}\frac{1}{n(n+1)}$ 收斂

,

方法三：$\because\lim_{n\to\infty}n^2\cdot\frac{1}{n(n+1)}=1$，$p=2$

$\therefore\sum_{n=1}^{\infty}\frac{1}{n(n+1)}$ 收斂

隨堂演練

5.2B

驗證：$\sum_{n=1}^{\infty}\frac{e^{-2n}}{n!}$ 爲收斂。

定理 I（根值檢定法）

設 Σa_n 爲一正項級數，且 $\lim_{n\to\infty}\sqrt[n]{a_n}=l$，若 $l<1$，則 $\sum_{n=1}^{\infty}a_n$ 收斂，若 $1<l<\infty$ 則 $\sum_{n=1}^{\infty}a_n$ 發散；若 $l=1$，根值檢定法檢定失效。

例 11. 試判斷下列無窮級數之斂散性？

(1) $\sum_{n=2}^{\infty}(\frac{1}{lnn})^n$　(2) $\sum_{n=2}^{\infty}(\frac{5n}{4n-3})^n$　(3) $\sum_{n=1}^{\infty}(1-\frac{1}{n})^n$

解

(1) $\lim_{n\to\infty}\sqrt[n]{a_n}=\lim_{n\to\infty}\sqrt[n]{(\frac{1}{lnn})^n}=\lim_{n\to\infty}\frac{1}{lnn}=0<1$

$\therefore \sum_{n=2}^{\infty}(\frac{1}{lnn})^n$ 收斂

(2) **方法一**：$\lim_{n\to\infty}\sqrt[n]{(\frac{5n}{4n-3})^n}=\lim_{n\to\infty}\frac{5n}{4n-3}=\frac{5}{4}>1$

$\therefore \sum_{n=2}^{\infty}(\frac{5n}{4n-3})^n$ 發散

方法二：

$\because \lim_{n\to\infty}(\frac{5n}{4n-3})^n=\infty\neq 0$　$\therefore \sum_{n=2}^{\infty}(\frac{5n}{4n-3})^n$ 為發散

(3) $\lim_{n\to\infty}\sqrt[n]{a_n}=\lim_{n\to\infty}\sqrt[n]{(1-\frac{1}{n})^n}=\lim_{n\to\infty}(1-\frac{1}{n})=1$

無法用根式檢定法判斷 $\sum_{n=1}^{\infty}(1-\frac{1}{n})^n$ 之斂散性

但因 $\lim_{n\to\infty}a_n=\lim_{n\to\infty}(1-\frac{1}{n})^n=e^{-1}\neq 0$

$\therefore \Sigma a_n$ 為發散。

隨堂演練

5.2C

$a_n=(\frac{3n}{4n-3})^n$ 之斂散性。

〔提示〕

收斂

習題 5-2

1. 判斷下列正項級數之斂散性。

(1) $\sum_{n=1}^{\infty}\frac{n}{n^2+1}$　(2) $\sum_{n=1}^{\infty}\frac{1}{3n^2+n+5}$　(3) $\sum_{n=1}^{\infty}(1+\frac{1}{n})^{2n}$

(4) $\sum_{n=1}^{\infty}e^{-n}$　(5) $\sum_{n=1}^{\infty}\frac{3^n}{n!}$　(6) $\sum_{n=1}^{\infty}\frac{1}{n^3}sin\frac{1}{n^2}$

(7) $\sum_{n=1}^{\infty}ln\frac{1}{1+n^2}$（提示：$lnx<x$，$x>0$）

(8) $\sum_{n=1}^{\infty}\frac{2^n-1}{3^n}$（提示：$\frac{2^n-1}{3^n}=(\frac{2}{3})^n-(\frac{1}{3^n})$，這是兩個無窮等比級數之差）

(9) $\sum_{n=1}^{\infty}\frac{2^n(n!)^2}{(2n)!}$　(10) $\sum_{n=1}^{\infty}\frac{1}{n^2}\sin(\frac{\pi}{n})$　(11) $\sum_{n=1}^{\infty}\frac{n^2}{3^{n+1}}$　(12) $\sum_{n=1}^{\infty}ne^{-n^2}$

2. 若正項級數 $\sum_{n=1}^{\infty}a_n$ 為收斂，試證 $\sum_{n=1}^{\infty}\frac{a_n}{1+a_n}$ 為收斂。

（提示：比較 $\frac{a_n}{1+a_n}$ 與 a_n 之大小）

5.3 交錯級數

定義　若無窮級數之連續項爲正負交錯，$a_1-a_2+a_3-a_4+\cdots+(-1)^{n-1}a_n+\cdots$ 或 $-a_1+a_2-a_3+\cdots+(-1)^na_n+\cdots$，$a_n>0$，$n=1,2\cdots$ 便稱爲交錯級數（Alternating Series）。

例如 $\sum_{n=1}^{\infty} a_n = (-\frac{1}{2}) + \frac{1}{4} + (-\frac{1}{8}) + (\frac{1}{16}) + \cdots\cdots$ 爲一交錯級數。

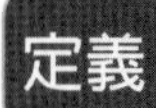

定義 設 Σu_n 爲任意級數，若 $\Sigma|u_n|$ 收斂，則稱 Σu_n 爲**絕對收斂**（Absolutely Convergent）；若 Σu_n 收斂而 $\Sigma|u_n|$ 發散，則稱 Σu_n 爲**條件收斂**（Conditionally Convergent）。

既然 Σu_n 爲任意級數，Σu_n 亦可爲交錯級數。

定理 A 任意級數若爲絕對收斂則級數爲收斂，但其逆不恆成立。

例 1. 判斷 $\sum_{n=1}^{\infty} \frac{(-1)^2}{n^2}$ 是否收斂？

解 $\sum_{n=1}^{\infty} \left|\frac{(-1)^n}{n^2}\right| = \sum_{n=1}^{\infty} \frac{1}{n^2}$ 收斂

$\therefore \sum_{n=1}^{\infty} \frac{(-1)^n}{n^2}$ 爲絕對收斂 $\Rightarrow \sum_{n=1}^{\infty} \frac{(-1)^2}{n^2}$ 爲收斂。

定理 B 若交錯級數 $\sum_{n=1}^{\infty} (-1)^{n-1} a_n$，$a_n > 0$ 滿足 (1) $a_{n+1} \le a_n$（即 a_n 遞減），$\forall n$（註），且 (2) $\lim_{n\to\infty} a_n = 0$ 則交錯級數 $\Sigma(-1)^{n-1} a_n$ 收斂。

註：$\forall$：表示「所有」如 $a_n \ge a_{n+1}$，$\forall n$ 表示對所有之正整數 n，$a_n \ge a_{n+1}$ 均成立。

證明 $S_{2n}=(a_1-a_2)+(a_3-a_4)+\cdots\cdots+(a_{2n-1}-a_{2n})$ *

$= a_1-(a_2-a_3)-(a_4-a_5)-\cdots\cdots-(a_{2n-1}-a_{2n-1})-a_{2n}$

$\because a_{n+1}<a_n$，$\therefore$弧號內均爲正數

$\therefore 0\le S_{2n}<a_1$，$\lim\limits_{n\to\infty}S_{2n}$存在且$\lim\limits_{n\to\infty}S_{2n}=s$（$s$爲某常值）

從而$0\le\lim\limits_{n\to\infty}S_{2n}=s<a_1$

$\lim\limits_{n\to\infty}S_{2n+1}=\lim\limits_{n\to\infty}(S_{2n}+a_{2n+1})=\lim\limits_{n\to\infty}S_{2n}+\lim\limits_{n\to\infty}a_{2n+1}$

$=\lim\limits_{n\to\infty}S_{2n}$（因給定條件$\lim\limits_{n\to\infty}a_n=0$）$=s$

得$\lim\limits_{n\to\infty}S_n=\lim\limits_{n\to\infty}S_{2n}=\lim\limits_{n\to\infty}S_{2n+1}=s$

$\therefore\sum\limits_{n=1}^{\infty}(-1)^{n-1}a_n$收斂。 ■

定理 B 也稱爲來布尼茲判別法。

例 2. 試判斷級數$\sum\limits_{n=1}^{\infty}(-1)^n\dfrac{1}{n}$之斂散性？

解 (1) $a_n=\dfrac{1}{n},\ a_{n+1}=\dfrac{1}{n+1},\ \dfrac{1}{n}\ge\dfrac{1}{n+1}\quad\therefore a_n\geqq a_{n+1}$

(2) $\lim\limits_{n\to\infty}a_n=\lim\limits_{n\to\infty}\dfrac{1}{n}=0\quad\therefore\sum\limits_{n=1}^{\infty}(-1)^n\dfrac{1}{n}$爲收斂

但$\sum\limits_{n=1}^{\infty}\left|(-1)^n\dfrac{1}{n}\right|=\sum\limits_{n=1}^{\infty}\dfrac{1}{n}$爲發散，由條件收斂定義，

$\sum\limits_{n=1}^{\infty}(-1)^n\dfrac{1}{n}$爲條件收斂。

例 3. 試判斷級數$\sum\limits_{n=1}^{\infty}(-1)^{n+1}\dfrac{n}{n^2+1}$之斂散性？

解 考慮函數$f(x)=\dfrac{x}{x^2+1}$

$\because f'(x)=\dfrac{(x^2+1)\cdot 1-x\cdot 2x}{(x^2+1)^2}=\dfrac{1-x^2}{(x^2+1)^2}\le 0$，$x\ge 1$

$\therefore f(x)$ 在 $x\ge 1$ 時爲遞減函數，因而 $a_{n+1}\le a_n$

又 $\lim\limits_{n\to\infty}\dfrac{n}{n^2+1}=0$

$\therefore \sum\limits_{n=1}^{\infty}(-1)^{n+1}\dfrac{n}{n^2+1}$ 收斂

由正項級數之積分審斂法知 $\sum\limits_{n=1}^{\infty}\dfrac{n}{n^2+1}$ 爲發散

$\therefore \sum\limits_{n=1}^{\infty}(-1)^{n+1}\dfrac{n}{n^2+1}$ 爲條件收斂。

隨堂演練

5.3A

驗證級數 $\sum\limits_{n=1}^{\infty}(-1)^{n+1}\dfrac{1}{n^2}$ 爲絕對收斂。

級數 $\sum\limits_{n=1}^{\infty}$，$a_n>0$ 之審斂方法，與正項級數審斂有關聯，如下列定理：

定理 C

（比值審斂法）若 $\Sigma\, u_n$ 爲一非零項之任意級數

$\lim\limits_{n\to\infty}\dfrac{|u_{n+1}|}{|u_n|}=l$

1. 若 $l>1$ 則級數發散，
2. 若 $l<1$ 則級數絕對收斂，
3. 若 $l=1$ 無法判定斂散性。

定理 D（根值審斂法）

若 $\lim_{n\to\infty}\sqrt[n]{|u_n|}=l$

1. $l>1$ 則級數發散，
2. $l<1$ 則級數絕對收斂，
3. $l=1$ 無法判定斂散性。

例 4. 試判斷級數 $\sum_{n=1}^{\infty}(-1)^{n+1}\frac{3^n}{n^2}$ 之斂散性。

解 $\lim_{n\to\infty}\frac{|u_{n+1}|}{|u_n|}=\lim_{n\to\infty}\frac{\frac{3^{n+1}}{(n+1)^2}}{\frac{3^n}{n^2}}=\lim_{n\to\infty}3\cdot\frac{n^2}{(n+1)^2}=3>1$

（根據比值審斂法）

$\therefore\sum_{n=1}^{\infty}(-1)^{n+1}\frac{3^n}{n^2}$ 發散

例 5. 試判斷級數 $\sum_{n=1}^{\infty}(-1)^n\frac{n}{(n+1)3^n}$ 之斂散性？

解 $\lim_{n\to\infty}\frac{|u_{n+1}|}{|u_n|}=\lim_{n\to\infty}\frac{\frac{n+1}{(n+2)3^{n+1}}}{\frac{n}{(n+1)3^n}}$

$=\lim_{n\to\infty}\frac{1}{3}\cdot\frac{(n+1)^2}{n(n+2)}=\frac{1}{3}\lim_{n\to\infty}\frac{(n+1)^2}{n(n+2)}=\frac{1}{3}<1$

$\therefore\sum_{n=1}^{\infty}(-1)^n\frac{n}{(n+1)3^n}$ 為絕對收斂。

隨堂演練

5.3B

驗證交錯級數 $\sum_{n=1}^{\infty}(-1)^n\frac{n}{(n+1)2^n}$ 爲絕對收斂。

習題 5-3

1. 判斷下列各題之斂散性。

(1) $\sum_{n=1}^{\infty}(-1)^{n+1}\frac{1}{\sqrt{n}}$

(2) $\sum_{n=1}^{\infty}(-1)^{n+1}\frac{3}{n}$

(3) $\sum_{n=1}^{\infty}(-1)^{n-1}\frac{n}{e^n}$

(4) $\sum_{n=1}^{\infty}(-1)^{n+1}(\frac{2}{3})^{n+1}$

(5) $\sum_{n=1}^{\infty}(-1)^{n+1}$

(6) $\sum_{n=1}^{\infty}(-1)^n\frac{n}{3n-2}$

(7) $\sum_{n=1}^{\infty}\frac{(-1)^n n!}{e^n}$

(8) $\sum_{n=1}^{\infty}(-1)^n\frac{\ln n}{n}$

2. 若 $\sum_{n=1}^{\infty}a_n$ 與 $\sum_{n=1}^{\infty}b_n$ 為收斂，試證

(1) $\sum_{n=1}^{\infty}a_n^2$ 與 $\sum_{n=1}^{\infty}b_n^2$ 收斂

(2) $\sum_{n=1}^{\infty}|a_nb_n|$ 絕對收斂

5.4 冪級數

5.4.1 冪級數之收斂區間與收斂半徑

定義 設 $\{a_k : k \geqq 0\}$ 為一實數數列，則無窮級數

$$\sum_{k=1}^{\infty} a_k x^k = a_0 + a_1 x + a_2 x^2 + a_3 x^3 + \cdots\cdots$$

稱為 x 的**冪級數**（Power Series in x）；

$\sum_{k=1}^{\infty} a_k (x-c)^k = a_0 + a_1(x-c) + a_2(x-c)^2 + \cdots\cdots$ 的無窮級數，稱為 $(x-c)$ 的冪級數（Power Series in $x-c$）。

定理 A $\sum_{n=0}^{\infty} C_n x^n$ 為一冪級數，$\lim_{n\to\infty} \left| \frac{C_n}{C_{n+1}} \right| = R$，則

(1) $|x| < R$ 時，$\sum_{n=0}^{\infty} C_n x^n$ 收斂。

(2) $|x| > R$ 時，$\sum_{n=0}^{\infty} C_n x^n$ 發散。

(3) $|x| = R$ 時，$\sum_{n=0}^{\infty} C_n x^n$ 斂散性未定。

證明 考慮正項級數 $\sum_{n=0}^{\infty}|C_nx^n|=|C_0|+|C_1x|+|C_2x^2|+\cdots\cdots+|C_nx^n|+\cdots\cdots$，由正項級數之比較審歛法知，上述正項級數收歛之條件為：

$$\lim_{n\to\infty}\left|\frac{C_{n+1}x^{n+1}}{C_nx^n}\right|=\lim_{n\to\infty}\left|\frac{C_{n+1}}{C_n}\right||x|<1\text{時，}$$

$\sum_{n=0}^{\infty}|C_nx^n|$收歛

$$\therefore|x|<\frac{1}{\lim_{n\to\infty}\left|\frac{C_{n+1}}{C_n}\right|}=\lim_{n\to\infty}\left|\frac{C_n}{C_{n+1}}\right|=R$$

即$|x|<R$時，$\sum_{n=0}^{\infty}C_nx^n$收歛。

同理可得$|x|>R$時，$\sum_{n=0}^{\infty}C_nx^n$發散。 ■

當$|x|=R$即$x=R$或$x=-R$時，我們無法判斷冪級數之歛散性，但我們可分別令$x=R$，$-R$，然後決定之冪級數是收歛還是發散。

一般而言，冪級數在$|x-c|<R$時為收歛，$|x-c|>R$時為發散，我們稱此常數R為收歛半徑，$|x-c|=R$時冪級數未必收歛，因此還必須對$x-c=R$，$-R$逐一考查其歛散性。**規定$a\le x\le b$，$a\le x<b$，$a<x<b$與$a<x\le b$之收歛半徑相同。**

例 1. 求級數$\sum_{n=1}^{\infty}\frac{(x-3)^n}{n}$之收歛半徑與收歛區間。

解 我們令 $R=\lim_{n\to\infty}\left|\frac{\frac{(x-3)^{n+1}}{n+1}}{\frac{(x-3)^n}{n}}\right|=\lim_{n\to\infty}\frac{n}{n+1}\cdot|x-3|<1$ ①

∴收斂半徑為 1

由① $|x-3|<1$ 時級數收斂，即 $2<x<4$ 時原級數收斂，收斂半徑為 1

其次考慮端點之斂散性：

(1) $x=2$ 時 $\sum_{n=1}^{\infty}\frac{(2-3)^n}{n}=\sum_{n=1}^{\infty}\frac{(-1)^n}{n}$ 為收斂

(2) $x=4$ 時 $\sum_{n=1}^{\infty}\frac{(4-3)^n}{n}=\sum_{n=1}^{\infty}\frac{(1)^n}{n}$ 為發散

∴收斂區間為 $2\leq x<4$

例 2. 求冪級數 $\sum_{k=0}^{\infty}\frac{(4x)^k}{3^k}$ 之收斂區間與收斂半徑？

解 令 $R=\lim_{k\to\infty}\left|\frac{\frac{(4x)^{k+1}}{3^{k+1}}}{\frac{(4x)^k}{3^k}}\right|=\lim_{k\to\infty}\left|\frac{(4x)}{3}\right|=\lim_{k\to\infty}\frac{4}{3}|x|<1$

∴ $|x|<\frac{3}{4}$ 即 $-\frac{3}{4}<x<\frac{3}{4}$ 為收斂，收斂半徑為 $\frac{3}{4}$

現考慮端點之斂散性：

(1) $x=\frac{3}{4}$ 時級數 $\sum_{k=0}^{\infty}\frac{(4x)^k}{3^k}=\sum_{k=0}^{\infty}\frac{(4\cdot\frac{3}{4})^k}{3^k}=\sum_{k=0}^{\infty}1=\infty$（發散）

(2) $x=-\frac{3}{4}$ 時級數 $\sum_{k=0}^{\infty}\frac{(4x)^k}{3^k}=\sum_{k=0}^{\infty}\frac{(4\cdot(-\frac{3}{4}))^k}{3^k}=\sum_{k=0}^{\infty}(-1)^k$

（發散）

∴收斂區間為 $-\frac{3}{4}<x<\frac{3}{4}$

隨堂演練

5.4A

驗證冪級數 $\sum_{n=0}^{\infty}(-1)^n(n+1)x^n$ 之收斂區間為 $-1<x<1$。

5.4.2 馬克勞林級數

給定函數 $f(x)$，若我們想找一個冪級數 $\sum_{n=0}^{\infty}a_nx^n=a_0+a_1x+a_2x^2+\cdots\cdots+a_nx^n+\cdots\cdots$ 使得 $\sum_{n=0}^{\infty}a_nx^n$ 收斂到 $f(x)$，在此 x 屬於某個區間 I。也就是說在這個區間 I 中 $f(x)=a_0+a_1x+a_2x^2+\cdots\cdots+a_nx^n+\cdots\cdots$，現在我們要問的是：如何找出這些係數 $a_0, a_1, a_2\cdots\cdots$。

(1) 令 $x=0$ 得 $f(0)=a_0$

(2) $\because f'(x)=a_1+2a_2x+\cdots\cdots+na_nx^{n-1}+\cdots\cdots$

$\therefore$ 令 $x=0$ 得 $f'(0)=a_1$

(3) $\because f''(x)=2\cdot 1a_2+3\cdot 2a_3x+\cdots\cdots+n(n-1)a_nx^{n-2}+\cdots\cdots$

$\therefore$ 令 $x=0$ 得 $f''(0)=2\cdot 1a_2$，即 $a_2=\dfrac{f''(0)}{2\cdot 1}=\dfrac{f''(0)}{2!}$

(4) $\because f'''(x)=3\cdot 2\cdot 1a_3+4\cdot 3\cdot 2a_4x^2+\cdots\cdots$
$+n(n-1)(n-2)a_nx^{n-3}+\cdots\cdots$

$\therefore x=0$ 時 $f'''(0)=3\cdot 2\cdot 1a_3$，即 $a_3=\dfrac{f'''(0)}{3\cdot 2\cdot 1}=\dfrac{f'''(0)}{3!}$

…………

以此類推可得 $a_n=\dfrac{f^{(n)}(0)}{n!}$

因此，我們可定義 $f(x)$ 之**馬克勞林級數**（Maclaurin Series）為

$$f(x)=f(0)+f'(0)x+\frac{f''(0)}{2!}x^2+\frac{f'''(0)}{3!}x^3+\cdots\cdots+\frac{f^{(n)}(0)}{n!}x^n+\cdots\cdots$$

類似的方法我們可定義：

$$f(x)=f(c)+f'(c)(x-c)+\frac{f''(c)}{2!}(x-c)^2+\cdots\cdots+\frac{f^{(n)}(c)}{n!}(x-c)^n+\cdots\cdots$$

上述級數稱為 $x=c$ 之**泰勒級數**（Taylor's Series）。

5.4.3 常用之馬克勞林級數

茲列舉幾個常用之馬克勞林級數如下：

1. $e^x=1+x+\frac{x^2}{2!}+\frac{x^3}{3!}+\cdots\cdots+\frac{x^{n-1}}{(n-1)!}+\cdots\cdots \qquad x\in R$

2. $sinx=x-\frac{x^3}{3!}+\frac{x^5}{5!}-\frac{x^7}{7!}+\cdots\cdots+(-1)^{n-1}\frac{x^{2n-1}}{(2n-1)!}+\cdots\cdots$

   $x\in R$

3. $cosx=1-\frac{x^2}{2!}+\frac{x^4}{4!}-\frac{x^6}{6!}+\cdots\cdots+(-1)^{n-1}\frac{x^{2n-2}}{(2n-2)!}+\cdots\cdots$

   $x\in R$

4. $(1+x)^n=1+nx+\frac{n(n-1)}{2!}x^2+\cdots\cdots+\frac{n(n-1)\cdots\cdots(n-k+1)}{k!}x^k+\cdots\cdots$

5. $ln(1+x)=x-\frac{x^2}{2}+\frac{x^3}{3}-\frac{x^4}{4}+\cdots\cdots \qquad 1>x>-1$

6. $\frac{1}{1+x}=1-x+x^2-x^3+x^4\cdots\cdots \qquad |x|<1$

證明

1. $f(x) = e^x \quad \therefore f(0) = 1$

$f'(x) = e^x \quad f'(0) = 1$

$f''(x) = e^x \quad f''(0) = 1$

$\vdots \qquad \vdots$

$$\therefore f(x) = f(0) + f'(0)x + \frac{f''(0)}{2!}x^2 + \frac{f'''(0)}{3!}x^3 + \cdots\cdots$$

$$= 1 + 1 \cdot x + \frac{1}{2!}x^2 + \frac{x^3}{3!} + \cdots\cdots$$ ■

2. $f(x) = sinx \quad \therefore f(0) = 0$

$f'(x) = cosx \quad f'(0) = 1$

$f''(x) = - sinx \quad f''(0) = 0$

$f'''(x) = - cosx \quad f'''(0) = - 1$

$\vdots \qquad \vdots$

$$\therefore f(x) = f(0) + f'(0)x + \frac{f''(0)}{2!}x^2 + \frac{f'''(0)}{3!}x^3 + \cdots\cdots$$

$$= 0 + x + 0 - \frac{1}{3!}x^3 + \cdots\cdots$$

$$= x - \frac{x^3}{3!} + \frac{x^5}{5!} + \cdots\cdots \qquad x \in R$$ ■

3. $f(x) = cosx$ 可用類似 2.$f(x) = sinx$ 之方法導出馬克勞林級數，但我們也可用 2. 之結果以微分法導出：

$$sinx = x - \frac{x^3}{3!} + \frac{x^5}{5!} - \frac{x^7}{7!} + \cdots\cdots$$

兩邊同時對 x 微分：

$$cosx = 1 - \frac{x^2}{2!} + \frac{x^4}{4!} - \frac{x^6}{6!} + \cdots\cdots$$ ■

（這是求 $f(x)$ 之馬克勞林級數的一個常用手法）

4. 見下節

5. $f(x)=ln(1+x)$

$f(0)=ln(1+0)=ln1=0$

$f'(0)=\frac{1}{1+x}]_{x=0}=1$

$f''(0)=-(1+x)^{-2}]_{x=0}=-1$

$f'''(0)=(-1)(-2)(1+x)^{-3}]_{x=0}=2$

$$\therefore ln(1+x)=f(0)+f'(0)x+\frac{f''(0)}{2!}x^2+\frac{f'''(0)}{3!}x^3+\cdots\cdots$$

$$=x+\frac{(-1)x^2}{2}+\frac{2}{3!}x^3+\cdots\cdots$$

$$=x-\frac{x^2}{2}+\frac{1}{3}x^3-\frac{1}{4}x^4+\cdots\cdots \quad -1<x<1 \blacksquare$$

或是下列較技巧性之導出法：

$$ln(1+x)=\int_0^x\frac{dt}{1+t}$$

$$=\int_0^x(1-t+t^2-t^3+\cdots\cdots)dt$$

$$=t-\frac{t^2}{2}+\frac{t^3}{3}-\frac{t^4}{4}+\cdots\cdots]_0^x$$

$$=x-\frac{x^2}{2}+\frac{x^3}{3}-\frac{x^4}{4}+\cdots\cdots$$

6. 由 5. 之證明不難推導出

$$\frac{1}{1+x}=1-x+x^2-x^3+\cdots\cdots \qquad |x|<1 \quad \blacksquare$$

事實上，上述結果亦可用長除法得到

定理 A 若 $f(x)=\sum_{n=0}^{\infty} a_n x^n$, $|\ x\ |<R$ 則

$$f(g(x))=\sum_{n=0}^{\infty} a_n (g(x))^n,\ |\ g(x)\ |<R$$

上面這個定理在計算上很有用。

例 4. 求 $f(x)=e^{2x}$ 之馬克勞林展開式。

解

$$\because e^x=1+x+\frac{x^2}{2!}+\frac{x^3}{3!}+\cdots\cdots+\frac{x^n}{n!}+\cdots\cdots$$

$$\therefore e^{2x}=1+(2x)+\frac{(2x)^2}{2!}+\frac{(2x)^3}{3!}+\cdots\cdots+\frac{(2x)^n}{n!}+\cdots\cdots,\ x\in R$$

例 5. 求 $sin\frac{x}{2}$ 之馬克勞林級數？

解

$$\because sinx=x-\frac{x^3}{3!}+\frac{x^5}{5!}-\frac{x^7}{7!}+\cdots\cdots$$

$$\therefore sin\frac{x}{2}=\frac{x}{2}-\frac{(\frac{x}{2})^3}{3!}+\frac{(\frac{x}{2})^5}{5!}-\frac{(\frac{x}{2})^7}{7!}+\cdots\cdots$$

$$=\frac{x}{2}-\frac{x^3}{2^3\cdot 3!}+\frac{x^5}{2^5\cdot 5!}-\frac{x^7}{2^7\cdot 7!}+\cdots\cdots$$

例 6. 求 $ln(1-x)$ 之馬克勞林級數？

解

$$\because ln(1+x)=x-\frac{x^2}{2}+\frac{x^3}{3}-\frac{x^4}{4}+\frac{x^5}{5}-\cdots\cdots$$

$$\therefore ln(1-x)=(-x)-\frac{(-x)^2}{2}+\frac{(-x)^3}{3}-\frac{(-x)^4}{4}+\frac{(-x)^5}{5}+\cdots\cdots$$

$$=-x-\frac{x^2}{2}-\frac{x^3}{3}-\frac{x^4}{4}-\frac{x^5}{5}-\cdots\cdots$$

例 7. 利用 $\frac{1}{1+x^2}$ 之馬克勞林級數以及 $\frac{d}{dx}tan^{-1}x=\frac{1}{1+x^2}$ 之結果求 $tan^{-1}x$ 之馬克勞林級數。

解

$$\because \frac{1}{1+x}=1-x+x^2-x^3+x^4-\cdots\cdots$$

$$\therefore \frac{1}{1+x^2}=1-(x^2)+(x^2)^2-(x^2)^3+(x^2)^4\cdots\cdots$$

$$=1-x^2+x^4-x^6+x^8\cdots\cdots$$

又 $\frac{d}{dx}tan^{-1}x=\frac{1}{1+x^2}$

$$\therefore tan^{-1}x=\int_0^x\frac{dt}{1+t^2}$$

$$=\int_0^x(1-t^2+t^4-t^6+t^8\cdots\cdots)dt$$

$$=x-\frac{x^3}{3}+\frac{x^5}{5}-\frac{x^7}{7}+\frac{x^9}{9}-\cdots\cdots$$

隨堂演練

5.4B

1. 求 $ln(1+x^2)$ 之馬克勞林級數。
2. 求 $cos3x$ 之馬克勞林級數。

〔提示〕

1. $x^2-\frac{x^4}{2}+\frac{x^6}{3}-\frac{x^8}{4}+\cdots\cdots$
2. $1-\frac{(3x)^2}{2!}+\frac{(3x)^4}{4!}-\frac{(3x)^6}{6!}+\cdots\cdots$

例 8.、9.、10. 是三個較爲複雜之馬克勞林級數求法。

例 8. 求 $f(x)=e^x cosx$ 之馬克勞林級數之前四項？

解 $e^x cosx=(1+x+\frac{x^2}{2!}+\frac{x^3}{3!}+\cdots\cdots)(1-\frac{x^2}{2!}+\frac{x^4}{4!}-\cdots\cdots)$

$=1+x-\frac{x^3}{3}-\frac{x^4}{6}+\cdots\cdots$

$$1+x+\frac{x^2}{2}+\frac{x^3}{6}+\frac{1}{24}x^4\cdots\cdots$$

$$\times)\ 1-\frac{x^2}{2}+\frac{x^4}{24}-\cdots\cdots$$

$$1+x+\frac{1}{2}x^2+\frac{1}{6}x^3+\frac{1}{24}x^4$$

$$-\frac{1}{2}x^2-\frac{1}{2}x^3-\frac{1}{4}x^4$$

$$\frac{1}{24}x^4\cdots\cdots$$

$$1+x\qquad -\frac{1}{3}x^3-\frac{1}{6}x^4+\cdots\cdots$$

例 9. 定義 $coshx=\frac{e^x+e^{-x}}{2}$，求 $coshx$ 之馬克勞林級數之前四項。

解 $coshx=\frac{1}{2}(e^x+e^{-x})$

$=\frac{1}{2}[(1+x+\frac{x^2}{2!}+\frac{x^3}{3!}+\cdots\cdots)$

$+(1+(-x)+\frac{(-x)^2}{2!}+\frac{(-x)^3}{3!}+\cdots\cdots)]$

$=\frac{1}{2}[(1+x+\frac{x^2}{2!}+\frac{x^3}{3!}+\cdots\cdots)$

$+(1-x+\frac{x^2}{2!}-\frac{x^3}{3!}+\cdots\cdots)]$

$=1+\frac{x^2}{2!}+\frac{x^4}{4!}+\frac{x^6}{6!}+\cdots\cdots$

例 10. 求 $ln\frac{1+x}{1-x}$ 之馬克勞林級數。

解
$$ln(1+x)=x-\frac{x^2}{2}+\frac{x^3}{3}-\frac{x^4}{4}+\frac{x^5}{5}-\frac{x^6}{6}+\cdots\cdots \quad (1)$$

在 (1) 中以 $-x$ 取代 x 得，$ln(1-x)$ 之馬克勞林級數爲：

$$ln(1-x)=(-x)-\frac{(-x)^2}{2}+\frac{(-x)^3}{3}-\frac{(-x)^4}{4}+\frac{(-x)^5}{5}-\frac{(-x)^6}{6}+\cdots\cdots$$

$$=-x-\frac{x^2}{2}-\frac{x^3}{3}-\frac{x^4}{4}-\frac{x^5}{5}+\cdots\cdots \quad (2)$$

$$ln\frac{1+x}{1-x}=(1)-(2)=2x+\frac{2}{3}x^3+\frac{2}{5}x^5+\frac{2}{7}x^7+\cdots\cdots$$

從馬克勞林級數到泰勒級數

函數 $f(x)$ 之泰勒級數可由泰勒級數定義，或從 $f(x)$ 之馬克勞林級數得到。

例 11. 求 $f(x)=lnx$ 展爲 $x-1$ 的泰勒級數。

解
$$f(x)=lnx$$

$$f(1)=0$$

$$f'(1)=\frac{1}{x}\Big|_{x=1}=1$$

$$f''(1)=-\frac{1}{x^2}\Big|_{x=1}=-1$$

$$f'''(1)=\frac{2}{x^3}\Big|_{x=1}=2$$

$$\therefore lnx=0+1(x-1)+\frac{(-1)}{2!}(x-1)^2+\frac{2}{3!}(x-1)^3+\cdots\cdots$$

$$=(x-1)-\frac{1}{2}(x-1)^2+\frac{1}{3}(x-1)^3-\cdots\cdots$$

但一種更為簡便的方法是透過馬克勞林級數：

$$lnx = ln[1+(x-1)] = ln(1+y) \qquad （取 y = x-1）$$

$$= y - \frac{y^2}{2} + \frac{y^3}{3} - \frac{y^4}{4} + \cdots\cdots$$

$$= (x-1) - \frac{(x-1)^2}{2} + \frac{(x-1)^3}{3} - \frac{(x-1)^4}{4} + \cdots\cdots$$

例 12. 將 $f(x) = e^{-x}$ 展為 $(x-3)$ 之泰勒級數。

解

$$e^{-(x-3)-3} = e^{-3-(x-3)}$$

但 $e^y = 1 + y + \frac{y^2}{2!} + \frac{y^3}{3!} + \cdots\cdots$

$$\overset{y=-(x-3)}{=\!=\!=} 1 + [-(x-3)] + \frac{[-(x-3)]^2}{2!} + \frac{[-(x-3)]^3}{3!} + \cdots\cdots$$

$$= 1 - (x-3) + \frac{(x-3)^2}{2!} - \frac{(x-3)^3}{3!} + \cdots\cdots$$

$$\therefore e^{-x} = e^{-3}\left[1 - (x-3) + \frac{(x-3)^2}{2!} - \frac{(x-3)^3}{3!} + \cdots\cdots\right]$$

隨堂演練

5.4C

將 $f(x) = lnx$ 展為 $(x-2)$ 之泰勒級數。

〔提示〕

$$ln2 + \frac{1}{2}(x-2) - \frac{1}{8}(x-2)^2 + \frac{1}{24}(x-2)^3 + \cdots\cdots$$

5.4.4 二項級數

在初等代數中我們學到了二項式定理：$(a+b)^m=a^m+\binom{m}{1}a^{m-1}b+\binom{m}{2}a^{m-2}b^2+\cdots\cdots+\binom{m}{k}a^{m-k}b^k+\cdots\cdots+b^m$, $m\in N$

在此 $\binom{m}{k}=\dfrac{m!}{k!(m-k)!}=\dfrac{m(m-1)\cdots\cdots(m-k+1)}{k!}$

例 13. 求 $(x+2y)^3$ 之二項展開式？

解

$$(x+2y)^3=x^3+\binom{3}{1}x^2(2y)+\binom{3}{2}x(2y)^2+(2y)^3$$
$$=x^3+6x^2y+12xy^2+8y^3$$

在微積分裡，我們對 $(1+x)^m$，即 $a=1$, $b=x$ 之特例特別感興趣，在此我們用微積分手法導出 $(1+x)^m$ 之馬克勞林級數。

定理 C

$$(1+x)^m=1+mx+\frac{m(m-1)}{2!}x^2+\frac{m(m-1)(m-2)}{3!}x^3+\cdots$$

$m\in R$

證明 取 $f(x)=(1+x)^m$，則其馬克勞林級數為：

$f(x)=(1+x)^m$ $\qquad f(0)=1$

$f'(x)=m(1+x)^{m-1}$ $\qquad f'(0)=m$

$f''(x)=m(m-1)(1+x)^{m-2}$ $\qquad f''(0)=m(m-1)$

$\cdots\cdots$ $\qquad \cdots\cdots$

$\therefore (1+x)^m$

$$= 1 + mx + \frac{m(m-1)}{2!}x^2 + \frac{m(m-1)(m-2)}{3!}x^3 + \cdots \quad ■$$

若 m 爲正整數，則有

$(1+x)^m = 1 + \binom{m}{1}x + \binom{m}{2}x^2 + \cdots\cdots + \binom{m}{m}x^m$

例 14. 求 $f(x)=\sqrt{1+x}$ 之馬克勞林級數。

解 $f(x)=\sqrt{1+x}=(1+x)^{\frac{1}{2}}$

$$= 1 + \frac{1}{2}x + \frac{\frac{1}{2}(\frac{1}{2}-1)}{2!}x^2 + \frac{\frac{1}{2}(\frac{1}{2}-1)(\frac{1}{2}-2)}{3!}x^3 + \frac{\frac{1}{2}(\frac{1}{2}-1)(\frac{1}{2}-2)(\frac{1}{2}-3)}{4!}x^4 + \cdots\cdots$$

$$= 1 + \frac{x}{2} - \frac{x^2}{8} + \frac{x^3}{16} - \frac{5}{128}x^4 + \cdots\cdots$$

例 15. 求 $f(x)=\dfrac{1}{\sqrt{1-x^2}}$ 之馬克勞林級數的前四項。

解 $f(x)=\dfrac{1}{\sqrt{1-x^2}}=(1-x^2)^{-\frac{1}{2}}$

$$= 1 + (-\frac{1}{2})(-x^2) + \frac{(-\frac{1}{2})(-\frac{1}{2}-1)}{2!}(-x^2)^2 + \frac{(-\frac{1}{2})(-\frac{1}{2}-1)(-\frac{1}{2}-2)}{3!}(-x^2)^3 + \cdots\cdots$$

$$= 1 + \frac{x^2}{2} + \frac{3}{8}x^4 + \frac{5}{16}x^6 + \cdots\cdots$$

5.4.5 誤差問題

定理 D 已知交錯級數 $a_1 - a_2 + a_3 - a_4 + \cdots$，若滿足(1) $0 \le a_{n+1} \le a_n$ 及(2) $\lim_{n\to\infty} a_n = 0$ 則此級數爲收斂，且任何項終止所造成之誤差不大於次一項之絕對值。

例 16. 估計 $\int_0^1 e^{-x^2}dx$，準確度到小數點後第 2 位

解

$$\int_0^1 e^{-x^2}dx = \int_0^1 \left(1 - x^2 + \frac{x^4}{2!} - \frac{x^6}{3!} + \frac{x^8}{4!} - \frac{x^{10}}{5!} + \cdots\right)dx$$

$$= x - \frac{x^3}{3} + \frac{x^5}{10} - \frac{x^7}{42} + \frac{x^8}{216} - \frac{x^{11}}{1200} + \cdots \Big]_0^1$$

$$= 1 - \frac{1}{3} + \frac{1}{10} - \frac{1}{42} - \frac{1}{216} - \frac{1}{1200} + \cdots$$

< 0.01 故此項及其以下捨之

$\fallingdotseq 0.74$

習題 5-4

1. 求下列冪級數之收斂區間？

(1) $\sum_{n=1}^{\infty}\frac{(x-1)^n}{n}$ (2) $\sum_{n=1}^{\infty}\frac{(x-3)^n}{n^2}$ (3) $\sum_{n=1}^{\infty}\frac{(2x-5)^n}{n}$

(4) $\sum_{n=1}^{\infty}\frac{(x-2)^{2n}}{n4^n}$ (5) $\sum_{n=0}^{\infty}(-1)^n\frac{1}{n+1}(x-3)^n$

2. 求下列函數之馬克勞林級數的前三項？

(1) $f(x) = x(e^x - 1)$ (2) $f(x) = \sqrt[3]{1+x}$ (3) $f(x) = e^{-x^2}\cos x$

3. 求證 $\int_0^{\frac{1}{2}} e^{-x^2} dx$ 之馬克勞林級數的前三項為 $\frac{1}{2}-\frac{1}{2^3 \cdot 3}+\frac{1}{2^5 \cdot 5 \cdot 2!}-\cdots$。

(提示：用 e^{-x^2} 之馬克勞林級數展開)

4. 求 $\int_0^1 \frac{1-e^{-x^2}}{x^2} dx$，誤差小於 0.001

第6章

多變數函數之微分與積分

6.1 二變數函數

6.1.1 二變數函數

本書第 1 至 5 章討論的是單一變數函數之微分與積分問題，而本章則以二變數函數爲主。設 D 爲 xy 平面上之一集合，對 D 中之所有**有序配對**（Ordered Pair），(x, y) 而言，都能在集合 R 中找到元素與之對應，這種對應元素所成之集合爲**像**（Image）。

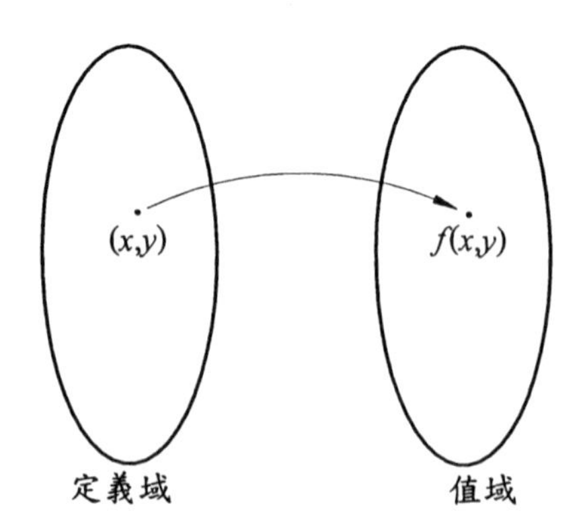

例 1. 若 $f(x, y)=\dfrac{2x^2+3y^2}{x-y}$，求 (1) f 之定義域＝？
(2) $f(1, -1)=$？

解 (1) 當 $y=x$ 時 $f(x, y)$ 之分母爲 0，故除了 $y=x$ 外之所有實數對 (x, y) 對 f 均有意義　∴ f 之定義域爲
$\{(x, y) \mid x\neq y, x\in R, y\in R\}$

(2) $f(1,-1)=\frac{2(1)^2+3(-1)^2}{1-(-1)}=\frac{2+3}{2}=\frac{5}{2}$

例 2. 若 $f(x, y)=x^2-xy-2y^2$，求 (1) f 之定義域？

(2) $f(0,1)=$ ？

解 (1) $f(x, y)$ 在 x, y 為任意實數時均有意義　∴ $f(x, y)$ 之定義域為 $\{(x, y) \mid x\in R, y\in R\}$

(2) $f(0,1)=0^2-(0)\cdot 1-2(1)^2=0-0-2=-2$

例 3. 討論 $f(x, y)=\sqrt{xy}$ 與 $g(x, y)=\sqrt{x}\sqrt{y}$ 之定義域？

解 $f(x, y)=\sqrt{xy}$ 之定義域為 $\{(x, y) \mid xy\geqq 0\}$

$g(x, y)=\sqrt{x}\cdot\sqrt{y}$ 之定義域為 $\{(x, y) \mid x\geqq 0, y\geqq 0\}$

隨堂演練

6.1A

1. 討論 $f(x, y)=\sqrt{\frac{x}{y}}$ 之定義域。
2. $f(x, y)=\frac{2x}{x^2+y}$，求 $f(1, 0)$ 及 $f(0, 1)$。

〔提示〕

1. $xy\geq 0$，但 $y\neq 0$　2. 2，0

6.1.2 k階齊次函數

定義 若 $f(\lambda x, \lambda y) = \lambda^k f(x, y)$, λ 爲異於 0 之實數，則稱 $f(x, y)$ 爲 k 階齊次函數。

例 4. (1) $f(x, y) = x^2 + y^2$：

$\because f(\lambda x, \lambda y) = \lambda^2 x^2 + \lambda^2 y^2 = \lambda^2 (x^2 + y^2) = \lambda^2 f(x, y)$

$\therefore$ 爲 2 階齊次函數

(2) $f(x, y) = tan^{-1}\dfrac{x^2 + y^2}{x + y}$：

$$\because f(\lambda x, \lambda y) = tan^{-1}\frac{\lambda^2 x^2 + \lambda^2 y^2}{\lambda x + \lambda y} = tan^{-1}\frac{\lambda (x^2 + y^2)}{x + y}$$

$$\neq \lambda\, tan^{-1}\frac{x^2 + y^2}{x + y}$$

$\therefore f(x, y)$ 不爲齊次函數

(3) $f(x, y, z) = (x^2 + y^2 + z^2)^{\frac{3}{2}}$：

$\because f(\lambda x, \lambda y, \lambda z) = (\lambda^2 x^2 + \lambda^2 y^2 + \lambda^2 z^2)^{\frac{3}{2}} = \lambda^3 [(x^2 + y^2 + z^2)^{\frac{3}{2}}]$

$\therefore f(x, y, z)$ 爲 3 階齊次函數

(4) $f(x, y) = \sqrt{x + y^2}$：

$\because f(\lambda x, \lambda y) = \sqrt{\lambda x + (\lambda y)^2}$，不存在一個常數 k 使得 $f(\lambda x, \lambda y) = \lambda^k \sqrt{x + y^2}$

$\therefore f(x, y)$ 不爲齊次函數

(5) $f(x, y) = sin(x^2 + y^2)$：

$\because f(\lambda x, \lambda y) = sin(\lambda^2 x^2 + \lambda^2 y^2)$，不存在一個實數 k 使得 $f(\lambda x, \lambda y) = \lambda^k sin(x^2 + y^2)$

$\therefore f(x, y)$ 不爲齊次函數

隨堂演練

6.1B

下列何者爲齊次函數，並求其階次？

1. $f(x, y) = sin\dfrac{x+2y+1}{x+y}$
2. $f(x, y, z) = \sqrt{x^2+3y^2+z^2}$
3. $f(x, y) = xe^{\frac{x}{y}}$

〔提示〕

1. 不是齊次函數　2. 1 階　3. 1 階

6.1.3 多變數函數之極限

（$\lim\limits_{(x, y)\to(a, b)} f(x, y) = l$ 定義）對每一個 $\varepsilon > 0$，當 $0 < \sqrt{(x-a)^2+(y-b)^2} < \delta$ 時均有 $|f(x,y) - l| < \varepsilon$，則稱 $\lim\limits_{(x, y)\to(a, b)} f(x, y) = l$。

在第 2 章之 $\lim\limits_{x\to a} f(x) = l$ 存在之條件是 $\lim\limits_{x\to a} f(x) = l_1$, $\lim\limits_{x\to a} f(x) = l_2$, l_1, l_2 存在且相等，但在二變數函數時 $(x, y)\to(x_0, y_0)$ 之途徑有無限多條，因此 $\lim\limits_{(x, y)\to(x_0, y_0)} f(x, y) = l$ 成立之條件是 (x, y) 循

各種途徑 (x_0, y_0) 之極限均需為 l，有一條途徑之極限不為 l 時 $\lim_{(x,y)\to(x_0,y_0)} f(x,y)=l$ 便不成立。

例 5. 求 $\lim_{(x,y)\to(0,-2)} (x^2+xy-2y^2)=?$

解 $\lim_{(x,y)\to(0,-2)} x^2+xy-2y^2=0^2+0(-2)-2(-2)^2=-8$

例 6. 若 $f(x,y)=x^2+y^3$，求 $\lim_{h\to 0}\frac{f(x+h,y)-f(x,y)}{h}=?$

解 $\lim_{h\to 0}\frac{f(x+h,y)-f(x,y)}{h}=\lim_{h\to 0}\frac{[(x+h)^2+y^3]-[x^2+y^3]}{h}$

$=\lim_{h\to 0}\frac{(x+h)^2-x^2}{h}=\lim_{h\to 0}\frac{x^2+2xh+h^2-x^2}{h}=\lim_{h\to 0}\frac{2xh+h^2}{h}$

$=\lim_{h\to 0}(2x+h)=2x$

例 7. 若 $f(x,y)=e^{xy}$，求 $\lim_{h\to 0}\frac{f(x,y+h)-f(x,y)}{h}=?$

解 $\lim_{h\to 0}\frac{f(x,y+h)-f(x,y)}{h}=\lim_{h\to 0}\frac{e^{x(y+h)}-e^{xy}}{h}=\lim_{h\to 0}\frac{e^{xy+hx}-e^{xy}}{h}$

$=\lim_{h\to 0}\frac{e^{xy}(e^{hx}-1)}{h}=e^{xy}\lim_{h\to 0}\frac{e^{hx}-1}{h}\overset{\text{L'Hospital}}{=\!=}e^{xy}\lim_{h\to 0}\frac{xe^{hx}}{1}$

$=e^{xy}\cdot x$

隨堂演練

6.1C

1. 求 $\lim_{(x,y)\to(1,-1)} x^2+3xy+2y^2=?$

2. 若 $f(x,y)=xy$，求 $\lim_{h\to 0}\frac{f(x+h,y)-f(x,y)}{h}=?$

及 $\lim\limits_{h \to 0} \frac{f(x, y+h) - f(x, y)}{h} = ?$

〔提示〕

1. 0　2. y，x

例 8. 問 $\lim\limits_{\substack{x \to 0 \\ y \to 0}} \frac{x^2 - y^2}{x^2 + y^2}$ 是否存在？

解　令 $y = mx$　$\because \lim\limits_{x \to 0} \frac{x^2 - (mx)^2}{x^2 + (mx)^2} = \lim\limits_{x \to 0} \frac{(1 - m^2)x^2}{(1 + m^2)x^2} = \frac{1 - m^2}{1 + m^2}$

原式之極限隨 m 不同而改變，故極限不存在。

上例中我們亦可用下列方法證明極限不存在：

$$\lim_{x \to 0} (\lim_{y \to 0} \frac{x^2 - y^2}{x^2 + y^2}) = \lim_{x \to 0} \frac{x^2}{x^2} = 1$$

$$\lim_{y \to 0} (\lim_{x \to 0} \frac{x^2 - y^2}{x^2 + y^2}) = \lim_{y \to 0} \frac{-y^2}{y^2} = -1$$

$$\because \lim_{y \to 0}(\lim_{x \to 0} \frac{x^2 - y^2}{x^2 + y^2}) \neq \lim_{x \to 0}(\lim_{y \to 0} \frac{x^2 - y^2}{x^2 + y^2})$$

$\therefore \lim\limits_{(x, y) \to (0, 0)} \frac{x^2 - y^2}{x^2 + y^2}$ 不存在。

例 8. 之取 $y = mx$ 是證明二變數函數極限不存在之一常用方法。

例 9. $f(x, y) = \frac{x^2 y}{x^4 + y^2}$

(1) 若沿 $y = 3x$ 求 $(x, y) \to (0, 0)$ 時，$f(x, y) \to ?$

(2) 若沿 $y = 3x^2$ 求 $(x, y) \to (0, 0)$ 時，$f(x, y) \to ?$

(3) 請結論出 $(x, y) \to (0, 0)$ 時，$f(x, y) \to ?$

解 (1) $y=3x$

$\because f(x,y)=f(x,3x)=\dfrac{3x^3}{x^4+9x^2}=g(x)$

$\therefore \lim\limits_{(x,y)\to(0,0)} f(x,y)=\lim\limits_{x\to0} g(x)=\lim\limits_{x\to0}\dfrac{3x^3}{x^4+9x^2}=\lim\limits_{x\to0}\dfrac{3x}{x^2+9}=0$

(2) $y=3x^2$

$\because f(x,y)=f(x,3x^2)=\dfrac{x^2(3x^2)}{x^4+(3x^2)^2}=\dfrac{3x^4}{10x^4}=\dfrac{3}{10}=h(x)$

$\therefore \lim\limits_{(x,y)\to(0,0)} f(x,y)=\lim\limits_{x\to0}\dfrac{3}{10}=\dfrac{3}{10}$

(3) 由 (1)，(2) 知 $\lim\limits_{(x,y)\to(0,0)} f(x,y)$ 不存在。

例 10. $f(x,y)=\dfrac{x-y}{x+y}$

(1) 若沿 $y=x$ 求 $(x,y)\to(0,0)$ 時，$f(x,y)\to$？

(2) 若沿 $y=-x$ 求 $(x,y)\to(0,0)$ 時，$f(x,y)\to$？

解 (1) $y=x$

$f(x,y)=f(x,x)=\dfrac{x-x}{x+x}=0=g(x)$

$\therefore \lim\limits_{(x,y)\to(0,0)} f(x,y)=\lim\limits_{x\to0} g(x)=\lim\limits_{x\to0} 0=0$

(2) $y=-x$

$f(x,y)=f(x,-x)=\dfrac{x-(-x)}{x-x}$ 不存在

$\therefore$沿 $y=-x$ 時；$\lim\limits_{(x,y)\to(0,0)} f(x,y)$ 不存在

例 11. 求 $\lim\limits_{(x,y)\to(0,0)}\dfrac{xy}{x^2+y^2}=$？

解 取 $y=mx$，則 $f(x,y)=f(x,mx)=\dfrac{x(mx)}{x^2+m^2x^2}=\dfrac{mx^2}{(1+m^2)x^2}$

$\therefore \lim\limits_{(x,y)\to(0,0)} f(x,y)=\lim\limits_{x\to0} g(x)=\lim\limits_{x\to0}\dfrac{mx^2}{(1+m^2)x^2}=\dfrac{m}{1+m^2}$

顯然 $(x, y) \to (0, 0)$ 時 $f(x, y)$ 之極限會隨 m 值而變，因而 $\lim_{(x, y)\to(0, 0)} \frac{xy}{x^2+y^2}$ 不存在。

隨堂演練

6.1D

驗證 $\lim_{(x, y)\to(0, 0)} \frac{x^2y}{x^3+y^3}$ 不存在。

〔提示〕

取 $y = mx$

6.1.4 連續

若 $f(x, y)$ 滿足(1) $f(a, b)$ 存在，(2) $\lim_{(x, y)\to(a, b)} f(x, y)$ 存在且(3) $\lim_{(x, y)\to(a, b)} f(x, y) = f(a, b)$，則稱 $f(x, y)$ 在 (a, b) 爲連續。

1. 二變數多項函數必爲連續。
   例如：$f(x, y) = x^4 + x^2y + y^3$ 在 R 中爲連續函數。
2. 二變數多項式函數之加減乘法之結果仍爲連續。
3. 有理式形態之二變數多項函數只要分母不爲「0」時爲連續。

註：因二變數函數之連續，超過本書假定之難度，故略之。

習題 6-1

1. 求下列各題之定義域。

(1) $f(x, y, z) = \sqrt{xyz}$　(2) $f(x, y, z) = \sqrt{x}\sqrt{y}\sqrt{z}$

(3) $f(x, y, z) = \sqrt{\dfrac{xz}{y}}$

2. 求下列各題之定義域。

(1) $f(x, y, z) = \sqrt[3]{xy} \cdot \sqrt{z}$　(2) $f(x, y, z) = \sqrt[3]{x}\sqrt[3]{y}\sqrt[3]{z}$

(3) $f(x, y, z) = \sqrt[3]{xz}\sqrt{y}$

3. 若 $f(x, y) = x^2 + 3xy + y^2$，求

(1) $f(x, y)$之定義域？　(2) $f(1, -1) =$？

(3) $\lim\limits_{h \to 0} \dfrac{f(x+h, y) - f(x, y)}{h} =$？

(4) $\lim\limits_{h \to 0} \dfrac{f(x, y+h) - f(x, y)}{h} =$？

4. 試判斷下列何者為齊次函數，並求其階數。

(1) $f(x, y) = tan^{-1}\dfrac{y}{x}$　(2) $f(x, y) = xtan^{-1}\dfrac{y}{x}$

(3) $f(x, y) = \dfrac{x + y + z}{\sqrt[3]{x + y + z^2}}$　(4) $f(x, y) = e^{\frac{x - y}{x + y}}$

(5) $f(x, y) = \dfrac{siny}{x}$

5. 說明何以下列極限值不存在。

(1) $\lim\limits_{(x, y) \to (0, 0)} \dfrac{3x - y}{2x + 3y}$　(2) $\lim\limits_{(x, y) \to (0, 0)} \dfrac{2x^2 - y^2}{x^2 + y^2}$　(3) $\lim\limits_{(x, y) \to (0, 0)} \dfrac{x}{x + y}$

6.2 二變數函數之基本偏微分法

6.2.1 一階偏導函數

函數 $f(x, y)$ 對 x 之偏微分記做 $\frac{\partial f}{\partial x}$，或 f_x, $f_x(x, y)$, $\frac{\partial f}{\partial x}\Big|_y$，在此 y 視爲常數。同樣地 $f(x, y)$ 對 y 之偏微分記做 $\frac{\partial f}{\partial y}$，或 f_y, $f_y(x, y)$, $\frac{\partial f}{\partial y}\Big|_x$，在此 視爲常數。

定義 $f_x(x, y) = \lim\limits_{\Delta x \to 0} \dfrac{f(x + \Delta x, y) - f(x, y)}{\Delta x}$

$$f_y(x, y) = \lim_{\Delta y \to 0} \frac{f(x, y + \Delta y) - f(x, y)}{\Delta y}$$

若我們欲求特定點 (x_0, y_0) 上之導函數，通常可分別用 $\frac{\partial f}{\partial x}\Big|_{(x_0, y_0)} = f_x(x_0, y_0)$ 和 $\frac{\partial f}{\partial y}\Big|_{(x_0, y_0)} = f_y(x_0, y_0)$ 表示。

因此多變量函數之**偏導函數**（Partial Derivative）可看爲某一變數在其他所有變數均爲常數之假設下對該變數行一般之微分。

例 1. 若 $f(x, y) = x^2 + y^3$ 求 $f_x = ?$ 及 $f_y = ?$

解 在計算 f_x 時把 y 視爲常數，

$\therefore f(x) = 2x$；

同法，在計算 f_y 時把 x 視為常數，

$\therefore f_y = 3y^2$

例 2. 若 $f(x, y) = x^2y^3$，求 $f_x = ?$ 及 $f_y = ?$

解 $f_x = 2xy^3$,

$f_y = x^2(3y^2) = 3x^2y^2$

例 3. 若 $f(x, y) = (2x + y^3)^{10}$，求 $f_x = ?$ 及 $f_y = ?$

解 將 y 視為常數，利用鏈鎖法則對 x 微分，可得

$f_x = 10(2x + y^3)^9 \cdot 2 = 20(2x + y^3)^9$；

同法將 x 視為常數，利用鏈鎖法則對 y 微分，可得

$f_y = 10(2x + y^3)^9 \cdot 3y^2 = 30y^2(2x + y^3)^9$

例 4. 若 $f(x, y) = x^2 + xy + 3y^2$，求 $f_x(1, 2) = ?$ 及 $f_y(1, -1) = ?$

解 $f_x(x, y) = 2x + y \quad \therefore f_x(1, 2) = 4$

$f_y(x, y) = x + 6y \quad \therefore f_y(1, -1) = -5$

隨堂演練

6.2A

1. 求下列各二變數函數之 $f_x = ?$ 及 $f_y = ?$

(1) $f(x, y) = x^2 + xy + y^2$

(2) $f(x, y) = \sqrt[3]{x^2 + y^2}$

2. 分別計算上題之(1)(2)小題之 $f_x(-1, 1) = ?$ 及 $f_y(0, 1) = ?$

〔提示〕

1. (1) $f_x = 2x + y$，$f_y = x + 2y$

(2) $f_x = \frac{2x}{3}(x^2 + y^2)^{-\frac{2}{3}}$，$f_y = \frac{2y}{3}(x^2 + y^2)^{-\frac{2}{3}}$

2. (1) $f_x(-1,1) = -1$，$f_y(0,1) = 2$

(2) $f_x(-1,1) = -\frac{2}{3}(2)^{-\frac{2}{3}}$，$f_y(0,1) = \frac{2}{3}$

6.2.2 高階偏導函數

$z = f(x, y)$ 之一階導函數 $f_x(x, y)$ 及 $f_y(x, y)$ 求出後，我們可能透過 $f_x(x, y)$ 對 x 或 y 再實施偏微分，如此做下去可有 4 個可能結果：

$$f_{xx} = \frac{\partial}{\partial x}\left(\frac{\partial f}{\partial x}\right) = \frac{\partial^2 f}{\partial x^2} \qquad f_{xy} = \frac{\partial}{\partial y}\left(\frac{\partial f}{\partial x}\right) = \frac{\partial^2 f}{\partial y \partial x}$$

$$f_{yx} = \frac{\partial}{\partial x}\left(\frac{\partial f}{\partial y}\right) = \frac{\partial^2 f}{\partial x \partial y} \qquad f_{yy} = \frac{\partial}{\partial y}\left(\frac{\partial f}{\partial y}\right) = \frac{\partial^2 f}{\partial y^2}$$

由上面之符號，我們知道二階偏導函數 f_{xy} 有兩種表達方式：(1) f_{xy} 及 (2) $\frac{\partial^2 f}{\partial y \partial x}$，其微分順序為：$f_{\underset{(1)}{x}\underset{(2)}{y}}$；$\frac{\partial^2 f}{\underset{(2)}{\partial x}\ \underset{(1)}{\partial y}}$，其規則可推廣之。

例 5. 若 $f(x, y) = x^4 + xy + y^4$，求 f_{xx}，f_{xy}，f_{yy}，f_{xxx}，f_{yxy}？

解

$f_x = 4x^3 + y$

$f_{xx} = 12x^2$,

$f_{xy} = 1$, $f_{xxx} = 24x$,

$f_y = x + 4y^3$, $f_{yy} = 12y^2$, $f_{yx} = 1$, $f_{yxy} = 0$

例 6. 若 $f(x, y) = cos(x^2 + y^2)$ 求 (1) f_{xx} (2) f_{xy} (3) f_{xxx} (4) f_{yy}。

解 $f(x, y) = cos(x^2 + y^2)$

$f_x = -2xsin(x^2 + y^2)$，$f_y = -2y\,sin(x^2 + y^2)$

$\therefore$ (1) $f_{xx} = -2sin(x^2 + y^2) + (-2x)(2x)cos(x^2 + y^2)$

$= -2sin(x^2 + y^2) - 4x^2cos(x^2 + y^2)$

(2) $f_{xy} = -2x(2y)cos(x^2 + y^2) = -4xycos(x^2 + y^2)$

(3) $f_{xxx} = -2(2x)cos(x^2 + y^2) - 8xcos(x^2 + y^2)$

$- 4x^2(2x)(-sin(x^2 + y^2))$

$= -12xcos(x^2 + y^2) + 8x^3sin(x^2 + y^2)$

(4) $f_{yy} = -2sin(x^2 + y^2) - 4y^2cos(x^2 + y^2)$

例 7. $f(x, y) = y^2 2^x$ 求 (1) f_x (2) f_{xy} (3) f_{xx} (4) f_{xyx}。

解 應用 $a > 0$ 時，$\frac{d}{dx}a^x = a^x\,lna$ 之結果，我們易得

(1) $f_x = y^2(2^x)\,ln2$

(2) $f_{xy} = 2y(2^x)\,ln2$

(3) $f_{xx} = y^2(2^x)\,ln2 \cdot ln2 = y^2(2^x)(ln2)^2$

(4) $f_{xyx} = 2y(2^x)\,ln2 \cdot ln2 = 2y(2^x)(ln2)^2$

隨堂演練

6.2B

$f(x, y) = x^3y^5$，求 (1) f_x (2) f_{xx} (3) f_y (4) f_{yy} (5) f_{yx}。

〔提示〕

(1) $3x^2y^5$ (2) $6xy^5$ (3) $5x^3y^4$ (4) $20x^3y^3$ (5) $15x^2y^4$

6.2.3 齊次函數之重要性質

關於多變數之 k 階齊次函數有以下重要定理：

定理A 若 $f(x, y)$ 爲 k 階齊次函數，即 $f(\lambda x, \lambda y)=\lambda^k f(x, y)$
$\lambda\neq 0, \lambda\in R$ 則 $xf_x+yf_y=kf(x, y)$

證明 $\because f(\lambda x, \lambda y)=\lambda^k f(x, y)$ 兩邊同時對 λ 微分
$xf_x+yf_y=k\lambda^{k-1}f$
因上式是對任何實數 λ 均成立，所以在上式中令 $\lambda=1$
則得 $xf_x+yf_y=kf$ ■

例 8. 若 $f(x, y)=\dfrac{y}{x}$ 求 $xf_x+yf_y=$？

解

方法一：$f(x, y)=\dfrac{y}{x}$ 則 $f_x=-\dfrac{y}{x^2}, f_y=\dfrac{1}{x}$

因此 $xf_x+yf_y=x(-\dfrac{y}{x^2})+y(\dfrac{1}{x})=0$

方法二：$\because f(\lambda x, \lambda y)=\dfrac{\lambda y}{\lambda x}=\dfrac{y}{x}=\lambda^0\dfrac{y}{x}$

可知 $f(x, y)=\dfrac{y}{x}$ 爲零階齊次函數，由定理A

$xf_x+yf_y=0f(x, y)=0$

例 9. 若 $z=x^n f(\frac{y}{x})$，試證 $x\frac{\partial z}{\partial x}+y\frac{\partial z}{\partial y}=nz$。

解

方法一：

$$\frac{\partial z}{\partial x}=nx^{n-1}f(\frac{y}{x})-x^{n-2}f'(\frac{y}{x})\cdot y$$

$$\frac{\partial z}{\partial y}=x^n\cdot\frac{1}{x}f'(\frac{y}{x})=x^{n-1}f'(\frac{y}{x})$$

$$\therefore x\frac{\partial z}{\partial x}+y\frac{\partial z}{\partial y}=nx^n f(\frac{y}{x})-x^{n-1}yf'(\frac{y}{x})+x^{n-1}yf'(\frac{y}{x})$$

$$=nx^n f(\frac{y}{x})=nz$$

方法二：

$z=f(x,y)=x^n f(\frac{y}{x})$ 則

$f(\lambda x,\lambda y)=(\lambda x)^n f(\frac{\lambda y}{\lambda x})=\lambda^n[x^n f(\frac{y}{x})]$

即 z 爲 n 階齊次函數

$\therefore x\frac{\partial f}{\partial x}+y\frac{\partial f}{\partial y}=nz$

定理 A 亦可推廣到 n 個變數情況：$f(x_1, x_2,\cdots\cdots x_n)$ 爲一 k 階齊次函數，即 $f(\lambda x_1,\lambda x_2,\cdots\cdots\lambda x_n)=\lambda^k f(x_1, x_2,\cdots\cdots x_n)$，則 $\sum_{i=1}^{n}x_i\frac{\partial f}{\partial x_i}=kf(x_1, x_2,\cdots\cdots x_n)$。

例 10. 若 $u=x^3F(\frac{y}{x},\frac{z}{x})$，求證 $x\frac{\partial u}{\partial x}+y\frac{\partial u}{\partial y}+z\frac{\partial u}{\partial z}=3u$

解　令 $u=x^3F(\frac{y}{x},\frac{z}{x})=G(x,y,z)$ 則

$G(\lambda x,\lambda y,\lambda z)=(\lambda x)^3F(\frac{\lambda y}{\lambda x},\frac{\lambda z}{\lambda x})=\lambda^3[x^3F(\frac{y}{x},\frac{z}{x})]$

$$\therefore G(x, y, z) \text{ 爲 3 階齊次函數，因此 } x\frac{\partial u}{\partial x} + y\frac{\partial u}{\partial y} + z\frac{\partial u}{\partial z} = 3u$$

隨堂演練

6.2C

若 $f(x, y, z) = \dfrac{1}{x^2 + y^2 + z^2}$，求 $xf_x + yf_y + zf_z = ?$

〔提示〕

$\dfrac{-2}{x^2 + y^2 + z^2}$

習題 6-2

1. 計算下列各題之值？

(1) 求 $z = f(x, y) = x^2 + y^2$ 之 $\dfrac{\partial z}{\partial x}$ 及 $\dfrac{\partial z}{\partial y}$

(2) 求 $z = f(x, y) = x^3y^2$ 之 $\dfrac{\partial z}{\partial x}$ 及 $\dfrac{\partial z}{\partial y}$

(3) 求 $z = f(x, y) = tan^{-1}xy$ 之 $\dfrac{\partial z}{\partial x}$ 及 $\dfrac{\partial z}{\partial y}$

(4) 求 $z = f(x, y) = x^y$ 之 $\dfrac{\partial z}{\partial x}$ 及 $\dfrac{\partial z}{\partial y}$

(5) 求 $z = f(x, y) = x^2e^{xy}$ 之 $\dfrac{\partial z}{\partial x}$ 及 $\dfrac{\partial z}{\partial y}$

2. 計算下列各題之值？

(1) 求 $\omega = f(x, y, z) = x^2y^3z^4$ 之 $\dfrac{\partial \omega}{\partial x}, \dfrac{\partial \omega}{\partial y}, \dfrac{\partial \omega}{\partial z}$

(2) 求 $\omega = f(x, y, z) = sin(xyz)$ 之 $\frac{\partial \omega}{\partial x}, \frac{\partial \omega}{\partial y}, \frac{\partial \omega}{\partial z}$

3. $f(x, y) = x^3 + x^2y + xy^2 + y^3$ 則 $xf_x + yf_y = ?$

4. 驗證下列各題之 $f_{xx} + f_{yy} = 0$

(1) $f(x, y) = tan^{-1}\frac{x}{y}$

(2) $f(x, y) = ln\sqrt{x^2 + y^2}$

5. 計算

$f(x,y) = \begin{cases} x + y, & xy = 0 \\ 2, & xy \neq 0 \end{cases}$，求 $f_y(2, 0)$。

6. $z = xf\left(\frac{x-y}{x+y}\right)$，求 $x\frac{\partial z}{\partial x} + y\frac{\partial z}{\partial y}$。

7. 試求下列齊次函數之 k 值？

(1) 若 $f(\lambda x, \lambda y) = \sqrt[3]{\lambda} f(x,y)$，$x(\frac{\partial f}{\partial x}) + y(\frac{\partial f}{\partial y}) = kf(x,y)$，

求 $k = ?$

(2) 若 $u = x^4 f(\frac{y}{x}, \frac{x}{z})$，$x(\frac{\partial f}{\partial x}) + y(\frac{\partial f}{\partial y}) + z(\frac{\partial f}{\partial z}) = kf$，

求 $k = ?$

(3) 若 $u = x^2y^3 + 3x^4y + y^5$，$x(\frac{\partial u}{\partial x}) + y(\frac{\partial u}{\partial y}) = ku$，求 $k = ?$

6.3 鏈鎖法則

定理 （鏈鎖法則）令 $z=f(u, v)$, $u=g(x, y)$, $v=h(x, y)$，則

$$\frac{\partial z}{\partial x}=\frac{\partial z}{\partial u}\cdot\frac{\partial u}{\partial x}+\frac{\partial z}{\partial v}\cdot\frac{\partial v}{\partial x}，\frac{\partial z}{\partial y}=\frac{\partial z}{\partial u}\cdot\frac{\partial u}{\partial y}+\frac{\partial z}{\partial v}\cdot\frac{\partial v}{\partial y}。$$

上面所述之鏈鎖法則在敘述上並不是很嚴謹的，因爲鏈鎖法則之 f 在含 (u, v) 的開區域中需爲可微分，且 g, h 之一階偏微分爲連續等，但這些觀念證明都超過本書之水準，故從略，本書之例子、習題均假定這些條件都已成立。

如果我們只取函數之自變數，因變數畫成樹形圖，對合成函數之偏微分公式推導大有幫助。以 $z=f(x, y)$, $x=g(r, s)$, $y=h(r, s)$ 爲例說明之：

$\because z=f(x, y)$

$\therefore$ z ─ x, z ─ y ①

又 $x=g(r, s)$, $y=h(r, s)$

$\therefore$ x ─ r, x ─ s　　y ─ r, y ─ s ②

將②併入①則得

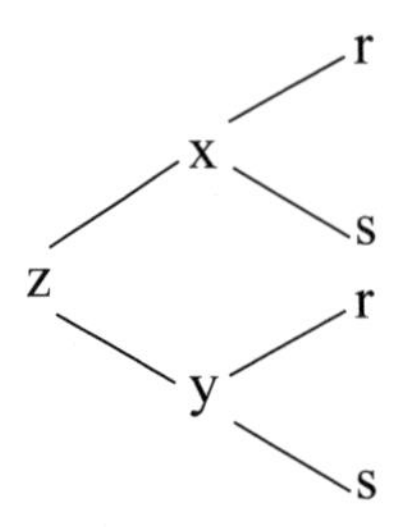

$\frac{\partial z}{\partial r}$ 相當於由 z 到 r 之所有途徑，在此有二條即

① $z \xrightarrow{\qquad} x \xrightarrow{\qquad} r$

$\qquad \frac{\partial z}{\partial x} \qquad \frac{\partial x}{\partial r}$

② $z \xrightarrow{\qquad} y \xrightarrow{\qquad} r$

$\qquad \frac{\partial z}{\partial y} \qquad \frac{\partial y}{\partial r}$

$\therefore \frac{\partial z}{\partial r} = \frac{\partial z}{\partial x} \cdot \frac{\partial x}{\partial r} + \frac{\partial z}{\partial y} \cdot \frac{\partial y}{\partial r}$

假定 $z = f(x, y)$, $x = g(r, s)$, $y = h(r, t)$ 則由下圖可知 $\frac{\partial z}{\partial t}$ 之途徑為 $z \to y \to t$

$\therefore \frac{\partial z}{\partial t} = \frac{\partial z}{\partial y} \cdot \frac{\partial y}{\partial t}$ ，

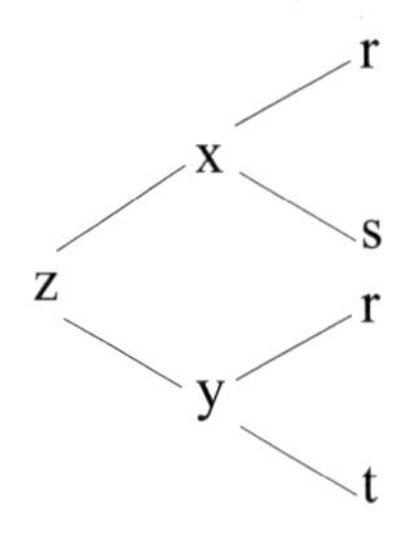

我們將舉一些例子說明。

例 1. $z=f(x,y), x=h(s,t), y=k(t)$，試繪樹形圖以求 $\frac{\partial z}{\partial s}$ 及 $\frac{\partial z}{\partial t}$

解 先繪樹形圖

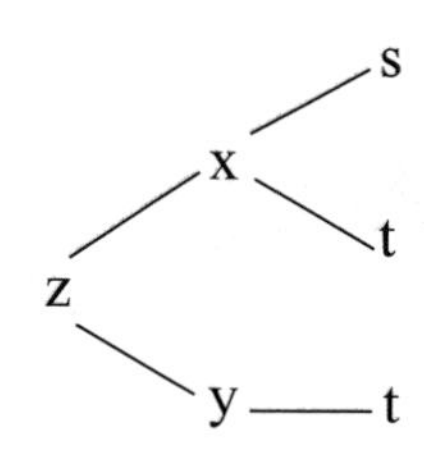

(1) $\frac{\partial z}{\partial s}=\frac{\partial z}{\partial x}\cdot\frac{\partial x}{\partial s}$

(2) $\frac{\partial z}{\partial t}=\frac{\partial z}{\partial x}\cdot\frac{\partial x}{\partial t}+\frac{\partial z}{\partial y}\cdot\frac{dy}{dt}$

（∵ y 為 t 之單變數函數，故 $\frac{dy}{dt}$）

例 2. $z=t(x,y,w), x=\phi(s,t,u), y=q(t,v), w=r(u,v)$，試繪樹形圖以求 $\frac{\partial z}{\partial s}, \frac{\partial z}{\partial t}, \frac{\partial z}{\partial v}$。

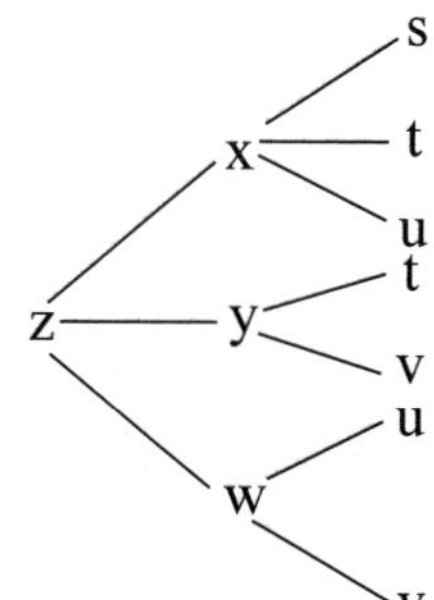

解 (1) $\frac{\partial z}{\partial s}=\frac{\partial z}{\partial x}\cdot\frac{\partial x}{\partial s}$

(2) $\frac{\partial z}{\partial t}=\frac{\partial z}{\partial x}\cdot\frac{\partial x}{\partial t}+\frac{\partial z}{\partial y}\cdot\frac{\partial y}{\partial t}$

(3) $\frac{\partial z}{\partial v}=\frac{\partial z}{\partial y}\cdot\frac{\partial y}{\partial v}+\frac{\partial z}{\partial w}\cdot\frac{\partial w}{\partial v}$

隨堂演練

6.3A

根據右圖，寫出 $\frac{\partial z}{\partial r}$ 之公式：

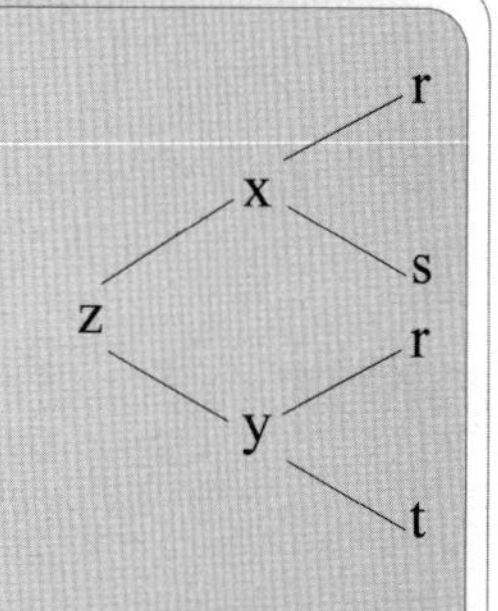

〔提示〕

$\frac{\partial z}{\partial r}=\frac{\partial z}{\partial x}\cdot\frac{\partial x}{\partial r}+\frac{\partial z}{\partial y}\cdot\frac{\partial y}{\partial r}$

例 3. 若 $z=f(x,y)=xy, x=s^3t^2, y=se^t$，求 $\frac{\partial z}{\partial s}=?$ 及 $\frac{\partial z}{\partial t}=?$

解

方法一：$\frac{\partial z}{\partial s}=\frac{\partial z}{\partial x}\cdot\frac{\partial x}{\partial s}+\frac{\partial z}{\partial y}\cdot\frac{\partial y}{\partial s}$

$=y\cdot 3s^2t^2+x\cdot e^t$

$=(se^t)(3s^2t^2)+(s^3t^2)e^t$

$=3s^3t^2e^t+s^3t^2e^t=4s^3t^2e^t$

$\frac{\partial z}{\partial t}=\frac{\partial z}{\partial x}\cdot\frac{\partial x}{\partial t}+\frac{\partial z}{\partial y}\cdot\frac{\partial y}{\partial t}$

$=y\cdot(2s^3t)+x\cdot(se^t)=(se^t)\cdot(2s^3t)+s^3t^2\cdot se^t$

$=2s^4te^t+s^4t^2e^t$

方法二：假如我們把 $x=s^3t^2, y=se^t$ 代入 $z=f(x,y)=xy$ 中，可得

$z=f(x,y)=(s^3t^2)se^t=s^4t^2e^t=g(s,t)$

$\therefore \frac{\partial z}{\partial s}=4s^3t^2e^t$

$\frac{\partial z}{\partial t}=s^4\cdot 2te^t+s^4t^2e^t=2s^4te^t+s^4t^2e^t$

例 4. $z=f(x,y)=x^2+y^2, x=e^t\sin s, y=e^t\cos s$ 求 $\frac{\partial z}{\partial s}$ 及 $\frac{\partial z}{\partial t}$

解

方法一：$\frac{\partial z}{\partial s}=\frac{\partial z}{\partial x}\cdot\frac{\partial x}{\partial s}+\frac{\partial z}{\partial y}\cdot\frac{\partial y}{\partial s}$

$=2x\cdot(e^t\cos s)+2y\cdot(-e^t\sin s)$

$=2e^t\sin s\cdot e^t\cos s-2e^t\cos s\cdot e^t\sin s$

$=0$

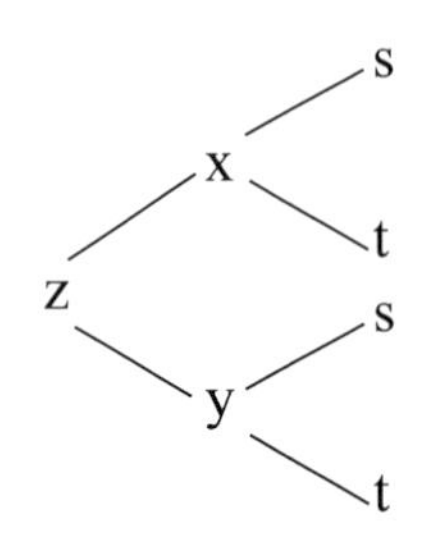

$$\frac{\partial z}{\partial t}=\frac{\partial z}{\partial x}\cdot\frac{\partial x}{\partial t}+\frac{\partial z}{\partial y}\cdot\frac{\partial y}{\partial t}$$
$$=2x\cdot(e^t sins)+2y\cdot(e^t coss)$$
$$=2e^t sins\cdot e^t sins+2e^t coss\cdot e^t coss$$
$$=2e^{2t}sin^2 s+2e^{2t}cos^2 s=2e^{2t}(sin^2 s+cos^2 s)=2e^{2t}$$

方法二：當 $x=e^t sins,\ y=e^t coss$

則 $z=f(x,y)=x^2+y^2=(e^t sins)^2+(e^t coss)^2$

$$=e^{2t}sin^2 s+e^{2t}cos^2 s=e^{2t}(sin^2 s+cos^2 s)=e^{2t}$$

$$\therefore\ \frac{\partial z}{\partial s}=\frac{\partial}{\partial s}e^{2t}=0$$

$$\frac{\partial z}{\partial t}=\frac{\partial}{\partial t}e^{2t}=2e^{2t}$$

例 5. 若 $T=x^2+y^2,\ x=\rho\theta,\ y=\rho/\theta$，求 $\frac{\partial T}{\partial\rho}=?$ 及 $\frac{\partial T}{\partial\theta}=?$

解

方法一：$\frac{\partial T}{\partial\rho}=\frac{\partial T}{\partial x}\cdot\frac{\partial x}{\partial\rho}+\frac{\partial T}{\partial y}\cdot\frac{\partial y}{\partial\rho}$

$$=(2x)\cdot\theta+(2y)\frac{1}{\theta}$$
$$=(2\rho\theta)\cdot\theta+(2\frac{\rho}{\theta})\frac{1}{\theta}=2\rho\theta^2+\frac{2\rho}{\theta^2}$$

$$\frac{\partial T}{\partial\theta}=\frac{\partial T}{\partial x}\cdot\frac{\partial x}{\partial\theta}+\frac{\partial T}{\partial y}\cdot\frac{\partial y}{\partial\theta}=(2x)\cdot\rho+(2y)(-\frac{\rho}{\theta^2})$$
$$=(2\rho\theta)\cdot\rho+(2\frac{\rho}{\theta})(-\frac{\rho}{\theta^2})=2\rho^2\theta-\frac{2\rho^2}{\theta^3}$$

方法二：$T=x^2+y^2=\rho^2\theta^2+\frac{\rho^2}{\theta^2}\quad\therefore\ \frac{\partial T}{\partial\rho}=2\rho\theta^2+\frac{2\rho}{\theta^2}$，

$$\frac{\partial T}{\partial\theta}=2\rho^2\theta-\frac{2\rho^2}{\theta^3}$$

隨堂演練

6.3B

設 $z = x^2 + y^2, x = \rho cos\theta, y = \rho sin\theta$，用兩種方法求 $\frac{\partial z}{\partial \rho}$ 及 $\frac{\partial z}{\partial \theta} = ?$

〔提示〕

$2\rho, 0$

以下例題爲媒介變數之應用。

例 6. 若 $u = f(x - y, y - x)$，求證 $\frac{\partial u}{\partial x} + \frac{\partial u}{\partial y} = 0$

解 在本例中我們引入二個媒介變數 s, t

$$\begin{cases} s = x - y, \frac{\partial s}{\partial x} = 1, \frac{\partial s}{\partial y} = -1 \\ t = y - x, \frac{\partial t}{\partial y} = 1, \frac{\partial t}{\partial x} = -1 \end{cases}$$

$$\frac{\partial u}{\partial x} = \frac{\partial u}{\partial s} \cdot \frac{\partial s}{\partial x} + \frac{\partial u}{\partial t} \cdot \frac{\partial t}{\partial x} = \frac{\partial u}{\partial s} \cdot 1 + \frac{\partial u}{\partial t}(-1)$$

$$= \frac{\partial u}{\partial s} - \frac{\partial u}{\partial t}$$

$$\frac{\partial u}{\partial y} = \frac{\partial u}{\partial s} \cdot \frac{\partial s}{\partial y} + \frac{\partial u}{\partial t} \cdot \frac{\partial u}{\partial y} = \frac{\partial u}{\partial s}(-1) + \frac{\partial u}{\partial t} \cdot 1$$

$$= -\frac{\partial u}{\partial s} + \frac{\partial u}{\partial t}$$

$$\therefore \frac{\partial u}{\partial x} + \frac{\partial u}{\partial y} = (\frac{\partial u}{\partial s} - \frac{\partial u}{\partial t}) + (-\frac{\partial u}{\partial s} + \frac{\partial u}{\partial t}) = 0$$

例 7. 若 $u = f(x^2 - y^2, y^2 - x^2)$，$f$ 爲可微分函數，試證

$$y\frac{\partial u}{\partial x} + x\frac{\partial u}{\partial y} = 0$$

解 令 $s = x^2 - y^2$，$t = y^2 - x^2$

u → s → x, y；u → t → x, y

則

$$\frac{\partial u}{\partial x} = \frac{\partial u}{\partial s}\frac{\partial s}{\partial x} + \frac{\partial u}{\partial t} \cdot \frac{\partial t}{\partial x} = \frac{\partial u}{\partial s}(2x) + \frac{\partial u}{\partial t}(-2x)$$

$$\frac{\partial u}{\partial y} = \frac{\partial u}{\partial s} \cdot \frac{\partial s}{\partial y} + \frac{\partial u}{\partial t} \cdot \frac{\partial t}{\partial y} = \frac{\partial u}{\partial s}(-2y) + \frac{\partial u}{\partial t}(2y)$$

$$\therefore y\frac{\partial u}{\partial x} + x\frac{\partial u}{\partial y} = y[\frac{\partial u}{\partial s}(2x) + \frac{\partial u}{\partial t}(-2x)] + x[\frac{\partial u}{\partial s}(-2y) + \frac{\partial u}{\partial t}(2y)]$$

$$= 0$$

習題 6-3

1. 寫出下列各小題之偏微分公式？

(1) $z = f(x, y)$，$x = h(r, s)$，$y = g(s)$，求 $\frac{\partial z}{\partial s} = ?$ $\frac{\partial z}{\partial r} = ?$

(2) $z = f(x, y, u)$，$x = h(r, s)$，$y = g(r, s)$，$u = k(r, t)$，求 $\frac{\partial z}{\partial s} = ?$ $\frac{\partial z}{\partial r} = ?$ $\frac{\partial z}{\partial t} = ?$

2. 計算下列各小題之值？

(1) 若 $z = xy^2$，$x = t$，$y = t^3$，求 $\frac{\partial z}{\partial t} = ?$

(2) 若 $z = xy^2$，$x = t + s$，$y = t - s$，求 $\frac{\partial z}{\partial t} = ?$ $\frac{\partial z}{\partial s} = ?$

(3) 若 $z=\frac{y}{x}, x=\rho t, y=\rho\theta$，求 $\frac{\partial z}{\partial \rho}$、$\frac{\partial z}{\partial \theta}$ 及 $\frac{\partial z}{\partial t}$？

(4) 若 $z=x+f(u)$，$u=xy$，求 $x\frac{\partial z}{\partial x}-y\frac{\partial z}{\partial y}=$？

3. f 在區域中為可微分，$z=\frac{f(s/t)}{t}$，試證 $s(\frac{\partial z}{\partial s})+t(\frac{\partial z}{\partial t})=-z$

4. 若 $z=f(x-y, y-w, w-x)$，試證 $\frac{\partial z}{\partial x}+\frac{\partial z}{\partial y}+\frac{\partial z}{\partial w}=0$

5. $z=f(y+ax)$，試證 $\frac{\partial z}{\partial x}-a\frac{\partial z}{\partial y}=0$。

6. $f(x,y)=x^2\tan^{-1}\frac{y}{x}-y^2\tan^{-1}\frac{x}{y}$，驗證 $f_x=2x\tan^{-1}\frac{y}{x}-y$

6.4 隱函數與全微分

6.4.1 隱函數

我們在第 2 章已介紹過如何求隱函數 $f(x, y)=0$ 之 $\frac{dy}{dx}$，本節則是用偏導函數來解同樣的問題。

定理 A 若 $f(x, y)=0$，則 $\frac{dy}{dx}=-\frac{f_x}{f_y}$，$f_y\neq 0$。

證明 令 $z = f(u, y), u = x, y = h(x)$，則

$$\frac{dz}{dx} = \frac{\partial f}{\partial u} \cdot \frac{du}{dx} + \frac{\partial f}{\partial y} \cdot \frac{dy}{dx} = \frac{\partial f}{\partial u} + \frac{\partial f}{\partial y} \cdot \frac{dy}{dx} = 0$$

$$\therefore \frac{dy}{dx} = -\frac{\frac{\partial f}{\partial x}}{\frac{\partial f}{\partial y}} = -\frac{f_x}{f_y} \quad (\because u = x)$$ ■

若 $f(x, y, z) = 0$ 則 $\frac{dy}{dx} = -\frac{f_x}{f_y}$ 同理可推證其餘。

例 1. 求 $x^3 + y^3 = 3xy$ 之 $\frac{dy}{dx} = ?$

解

方法一：令 $f(x, y) = x^3 + y^3 - 3xy = 0$

$$\therefore \frac{dy}{dx} = -\frac{f_x}{f_y} = -\frac{3x^2 - 3y}{3y^2 - 3x} = \frac{y - x^2}{y^2 - x} \quad (y^2 - x \neq 0)$$

方法二：利用隱函數微分法：

$$f(x, y) = x^3 + y^3 - 3xy = 0$$

$$\therefore 3x^2 + 3y^2\left(\frac{dy}{dx}\right) - 3y - 3x\left(\frac{dy}{dx}\right) = 0$$

或 $x^2 + y^2\left(\frac{dy}{dx}\right) - y - x\left(\frac{dy}{dx}\right) = 0$

$$\therefore \frac{dy}{dx} = \frac{y - x^2}{y^2 - x} \quad (y^2 - x \neq 0)$$

例 2. $x^2 + xy - y^2 = 0$，求 $\frac{dy}{dx} = ?$ 及 $\frac{dx}{dy} = ?$

解 取 $F(x, y) = x^2 + xy - y^2 = 0$

$$\frac{dy}{dx} = -\frac{F_x}{F_y} = -\frac{2x + y}{x - 2y} \quad (x - 2y \neq 0)$$

$$\frac{dx}{dy}=-\frac{F_y}{F_x}=-\frac{x-2y}{2x+y} \quad (2x+y\neq 0)$$

例 3. $x^2+xy+y^2+ux+u^2=3$，求 $\frac{\partial u}{\partial x}$，$\frac{\partial u}{\partial y}$，$\frac{\partial x}{\partial u}$，$\frac{\partial x}{\partial y}$＝？

解 令 $F(x, y, u)=x^2+xy+y^2+ux+u^2-3=0$

$$\therefore \frac{\partial u}{\partial x}=-\frac{F_x}{F_u}=-\frac{2x+y+u}{x+2u} \quad (x+2u\neq 0)$$

$$\frac{\partial u}{\partial y}=-\frac{F_y}{F_u}=-\frac{x+2y}{x+2u} \quad (x+2u\neq 0)$$

隨堂演練

6.4A

$x^3-xy+y^2=0$，驗證 $\frac{\partial y}{\partial x}=\frac{3x^2-y}{x-2y}$，$x-2y\neq 0$。

6.4.2 全微分

若 $w=f(x,y)$ 在點 (x,y) 處為可微分，則定義 $dw=f_x dx+f_y dy$ 為 $f(x, y)$ 之**全微分**（Total Differential），本書之全微分問題均符合可微分之假設。全微分在數值方法與微分方程式很重要。

例 4. $z=x^2+y^2$，求其全微分？

解

$$dz=f_x dx+f_y dy$$
$$=2xdx+2ydy$$

例 5. 求 $z=f(x, y)=x^2 lny+y^2e^x$ 之全微分？

解 $dz = f_x\,dx + f_y\,dy$

$$= (2xlny + y^2e^x)\,dx + (\frac{x^2}{y} + 2ye^x)\,dy$$

在三個變數 $z = f(x, y, w)$ 在點 (x, y, w) 可微分，則其全微分 $dz = f_x\,dx + f_y\,dy + f_z\,dz$，可推廣到一般情況。

隨堂演練

6.4B

若 $f(x, y) = x^2y^3$，求全微分？

〔提示〕

$2xy^3dx + 3x^2y^2dy$

6.4.3 全微分在二變數函數值估計之應用

由全微分定義：$dz = f_x\,dx + f_y\,dy$，若 $dx \fallingdotseq \Delta x$, $dy \fallingdotseq \Delta y$，則 $\Delta z \fallingdotseq f_x\,\Delta x + f_y\,\Delta y$。

$\therefore\ f(x + \Delta x, y + \Delta y) - f(x, y) \fallingdotseq f_x\,\Delta x + f_y\,\Delta y$

即 $f(x + \Delta x, y + \Delta y) \fallingdotseq f(x, y) + f_x\,\Delta x + f_y\,\Delta y$

我們便可利用上述近似公式對二變數函數之估計。

例 6.：若 $f(x, y) = x^2 + y^2$，求 $f(4.01, 3.98)$ 之估計值？

解 $f(x, y) = x^2 + y^2$

$df = f_x \cdot \Delta x + f_y \cdot \Delta y$

$= 2x\Delta x + 2y\Delta y$

在本例 $x = 4, \Delta x = 0.01, y = 4, \Delta y = -0.02$

$\therefore df = 2 \cdot 4 \cdot 0.01 + 2 \cdot 4(-0.02) = -0.08$

$f(4.01, 3.98) \approx f(4, 4) + df = 4^2 + 4^2 + (-0.08) = 31.92$

例 7. 試估計 $\sqrt{301^2 + 399^2}$ 之近似值＝？

解 設 $f(x, y) = \sqrt{x^2 + y^2}, \Delta x = 1, \Delta y = -1, x = 300, y = 400$

$\therefore df \doteq f_x(x, y)\Delta x + f_y(x, y)\Delta y$

$= \dfrac{x}{\sqrt{x^2 + y^2}}\Delta x + \dfrac{y}{\sqrt{x^2 + y^2}}\Delta y$

$= \dfrac{300}{\sqrt{300^2 + 400^2}}(1) + \dfrac{400}{\sqrt{300^2 + 400^2}}(-1)$

$= \dfrac{3}{5} \cdot 1 + \dfrac{4}{5}(-1) = -\dfrac{1}{5} = -0.2$

$f(300, 400) = \sqrt{300^2 + 400^2} = 500$

$\therefore \sqrt{301^2 + 399^2} \approx f(x, y) + df = 500 - 0.2 = 499.8$

隨堂演練

6.4C

試估計 $\sqrt{101}$ 之近似值？

〔提示〕

10.05

習題 6-4

1. 計算下列各小題：

(1) $xy - y^2 - 2xyz = 0$，求 $\dfrac{dz}{dx} = ?\ \dfrac{dz}{dy} = ?$

(2) $3xy^2 + 4y + x = 0$，求 $\dfrac{dy}{dx} = ?$

(3) $x^2 - xy + y^3 = 1$，求 $\dfrac{dy}{dx}\Big|_{x=1, y=-1} = ?$

(4) $x^2 - 2x + 2xy = y^2$，求 $\dfrac{dy}{dx}\Big|_{x=2, y=0} = ?$

2. 計算下列各小題：

(1) $f(x,y) = 3x^{\frac{1}{3}}y^{\frac{2}{3}} + xy - e^x$，求 $df(x,y) = ?$

(2) $f(x,y,z) = xyz$，求 $df(x,y,z) = ?$

(3) $f(x,y) = \sin(xy)$，求 $df(x,y) = ?$

3. 求曲線 $x^2 - xy + y^2 = 3$ 之切線為水平線所有點。

(提示：切線為水平線則 $\dfrac{dy}{dx} = 0$)

4. 求下列各小題的估計值。

(1) $\sqrt{5.9^2 + 8.1^2}$　(2) $1.9^3 + 3.2^3$

6.5　二變數函數之極值問題

6.5.1　沒有限制條件下之極值問題

設$f(x, y)$之定義域為D, (x_0, y_0)為D中之一點，若(1) $f(x_0, y_0) \geqq f(x, y), \forall (x, y) \in D$，則稱$(x_0, y_0)$為$f(x, y)$在$D$上之絕對極大值，(2) $f(x_0, y_0) \leqq f(x, y), \forall (x, y) \in D$，則稱$f(x_0, y_0)$為$f(x, y)$在$D$上之絕對極小值。

二變數函數$f(x, y)$，若f在封閉的有界集合s內為連續，則f在s內必存有絕對極大值與絕對極小值，這是有名的極值存在定理。絕對極值之理論，計算超過本書範圍，故略之。

6.5.2　相對極值

給定$f(x, y)$，若存在一個開矩形區域R, $(x_0, y_0) \in R$，使得$f(x_0, y_0) \geqq f(x, y), \forall (x, y) \in R$，則稱$f$在$(x_0, y_0)$有一相對極大值。$f(x_0, y_0) \leqq f(x, y), \forall (x, y) \in R$，則稱$f$在$(x_0, y_0)$有一相對極小值。

如何求取二變數函數$f(x, y)$之相對極值，即成本節之重心，我們將有關之演算法則摘要如下，至於其理論背景，可參考高等微積分。

一階條件：令$\begin{cases} f_x = 0 \\ f_y = 0 \end{cases}$得到$f(x, y)$之臨界點

二階條件：計算 $\triangle = \begin{vmatrix} f_{xx} & f_{xy} \\ f_{yx} & f_{yy} \end{vmatrix}_{(x_0,\, y_0)}$

(1) 若 $\triangle > 0$ 且 $f_{xx}(x_0, y_0) > 0$ 則 $f(x, y)$ 在 (x_0, y_0) 有相對極小值。
(2) 若 $\triangle > 0$ 且 $f_{xx}(x_0, y_0) < 0$ 則 $f(x, y)$ 在 (x_0, y_0) 有相對極大值。
(3) 若 $\triangle < 0$ 則 $f(x, y)$ 在 (x_0, y_0) 處有一鞍點（Saddle Point）。
(4) 若 $\triangle = 0$ 則 $f(x, y)$ 在 (x_0, y_0) 處無任何資訊（即非以上三種）。

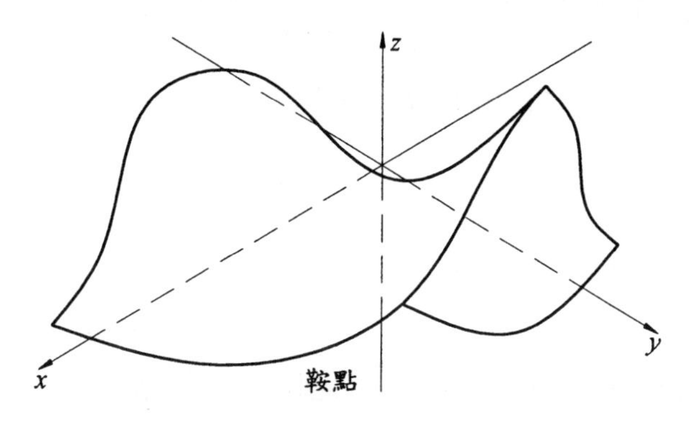

例 1. 求 $f(x, y) = x^3 + y^3 - 3x - 3y^2 + 4$ 之極值與鞍點？

解 先求一階條件：

$$\begin{cases} f_x = 3x^2 - 3 = 3(x-1)(x+1) = 0 & \therefore x = 1, -1 \\ f_y = 3y^2 - 6y = 3y(y-2) = 0 & y = 0, 2 \end{cases}$$

由此可得 4 個臨界點：$(1, 0), (1, 2), (-1, 0), (-1, 2)$

次求二階條件：

$f_{xx} = 6x,\ f_{xy} = 0,\ f_{yx} = 0,\ f_{yy} = 6y - 6$

$$\therefore \triangle = \begin{vmatrix} f_{xx} & f_{xy} \\ f_{yx} & f_{yy} \end{vmatrix} = \begin{vmatrix} 6x & 0 \\ 0 & 6y-6 \end{vmatrix}$$

茲檢驗四個臨界點之 $\triangle$ 值：

①$(1, 0)$：$\triangle = \begin{vmatrix} 6 & 0 \\ 0 & -6 \end{vmatrix} < 0$

$\therefore f(x, y)$ 在 $(1, 0)$ 處有一鞍點

②$(1, 2)$：$\triangle = \begin{vmatrix} 6 & 0 \\ 0 & 6 \end{vmatrix} > 0$，且 $f_{xx} = 6 > 0$

$\therefore f(x, y)$ 有一相對極小值 $f(1,2) = -2$

③$(-1, 0)$：$\triangle = \begin{vmatrix} -6 & 0 \\ 0 & -6 \end{vmatrix} > 0$，且 $f_{xx} = -6 < 0$

$\therefore f(x, y)$ 有一相對極大值 $f(-1, 0) = 6$

④$(-1, 2)$：$\triangle = \begin{vmatrix} -6 & 0 \\ 0 & 6 \end{vmatrix} < 0$

$\therefore f(x, y)$ 在 $(-1, 2)$ 處有一鞍點

例 2. 求 $f(x, y) = x^3 - 3xy + y^3$ 之極值與鞍點？

解 先求一階條件：

$\begin{cases} f_x = 3x^2 - 3y = 0 \\ f_y = -3x + 3y^2 = 0 \end{cases}$ 即 $\begin{cases} f_x = x^2 - y = 0 \cdots\cdots(1) \\ f_y = y^2 - x = 0 \cdots\cdots(2) \end{cases}$

由(2) $x = y^2$ 代入(1)得：

$(y^2)^2 - y = y^4 - y = y(y-1)(y^2 + y + 1) = 0$

$\therefore y = 0, y = 1$

$y = 0$ 時 $x = 0$；$y = 1$ 時 $x = 1$

可得二個臨界點 $(0, 0)$ 及 $(1, 1)$

次求二階條件：

$\begin{cases} f_{xx} = 6x, f_{xy} = -3 \\ f_{yy} = 6y, f_{yx} = -3 \end{cases}$

$$\therefore \triangle = \begin{vmatrix} f_{xx} & f_{xy} \\ f_{yx} & f_{yy} \end{vmatrix} = \begin{vmatrix} 6x & -3 \\ -3 & 6y \end{vmatrix}$$

茲檢驗二個臨界點之△值：

① (0, 0)：

$$\triangle = \begin{vmatrix} 0 & -3 \\ -3 & 0 \end{vmatrix} < 0 \quad \therefore f(x, y) \text{ 在 } (0, 0) \text{ 處有一鞍點}$$

② (1, 1)

$$\triangle = \begin{vmatrix} 6 & -3 \\ -3 & 6 \end{vmatrix} > 0 \text{，且 } f_{xx}(1,1) > 0$$

$\therefore f(x, y)$ 在 (1, 1) 處有一相對極小值 $f(1, 1) = -1$

例 3. 求 $f(x, y) = \dfrac{1}{x} + xy - \dfrac{8}{y}$ 之極值與鞍點？

解 先求一階條件：

$$\begin{cases} f_x = -\dfrac{1}{x^2} + y = 0 \cdots\cdots\cdots\cdots\cdots\cdots (1) \\ f_y = x + \dfrac{8}{y^2} = 0 \cdots\cdots\cdots\cdots\cdots\cdots (2) \end{cases}$$

$$\therefore \begin{cases} \dfrac{x^2y - 1}{x^2} = 0 \\ \dfrac{xy^2 + 8}{y^2} = 0 \end{cases} \quad \text{即} \begin{cases} x^2y = 1 \cdots\cdots (3) \\ xy^2 = -8 \cdots\cdots (4) \end{cases}$$

(3)・(4) 得 $(xy)^3 = -8, xy = -2 \cdots\cdots (5)$

$\dfrac{(3)}{(5)}$：$x = -\dfrac{1}{2}, y = 4$, 即 $(-\dfrac{1}{2}, 4)$ 爲臨界點

次求二階條件：

$$\begin{cases} f_{xx} = \dfrac{2}{x^3}, f_{xy} = 1 \\ f_{yx} = 1, f_{yy} = \dfrac{-16}{y^3} \end{cases}$$

茲檢驗 $(-\frac{1}{2}, 4)$ 之△值：

$$\triangle = \begin{vmatrix} \dfrac{2}{x^3} & 1 \\ 1 & \dfrac{-16}{y^3} \end{vmatrix}_{(-\frac{1}{2}, 4)} = \begin{vmatrix} -16 & 1 \\ 1 & -\dfrac{1}{4} \end{vmatrix} > 0$$

又 $f_{xx} < 0$

$\therefore f(x, y)$ 在 $(-\frac{1}{2}, 4)$ 有一相對極大值 $f(-\frac{1}{2}, 4) = -6$

隨堂演練

6.5A

驗證 $f(x, y) = 8x^3 + 2xy - 3x^2 + y^2 + 1$ 有相對極小值 $f(\frac{1}{3}, -\frac{1}{3}) = \frac{23}{27}$ 與鞍點 $(0, 0)$。

6.5.3 最小平方法

統計迴歸分析探討以下這麼一個問題：在一個散布圖上有 n 個點 $(x_1, y_1), (x_2, y_2) \cdots\cdots (x_n, y_n)$，如何找一條直線方程式 $y = a + bx$（a, b 值待估計），以使得 n 個點與 $y = a + bx$ 之距離平方和爲最小。

令 $D=\sum_{i=1}^{n}(y_i-a-bx_i)^2$

令 $\frac{\partial}{\partial a}D=\sum_{i=1}^{n}(y_i-a-bx_i)(-1)=0$ (1)

及 $\frac{\partial}{\partial b}D=\sum_{i=1}^{n}(y_i-a-bx_i)(-x_i)=0$ (2)

由 (1) $\sum_{i=1}^{n}(y_i-a-bx_i)(-1)=0$

$\sum_{i=1}^{n}y_i-na-b\sum_{i=1}^{n}x_i=0$

$\therefore \sum_{i=1}^{n}y_i=na+b\sum_{i=1}^{n}x_i$ (3)

由 (2) $\sum_{i=1}^{n}(-x_i)(y_i-a-bx_i)=0$

$\sum_{i=1}^{n}x_iy_i-a\sum_{i=1}^{n}x_i-b\sum_{i=1}^{n}x_i^2=0$

$\therefore \sum_{i=1}^{n}x_iy_i=a\sum_{i=1}^{n}x_i+b\sum_{i=1}^{n}x_i^2$ (4)

由 (3)，(4) 解之

$$a=\frac{\begin{vmatrix}\Sigma y & \Sigma x\\ \Sigma xy & \Sigma x^2\end{vmatrix}}{\begin{vmatrix}n & \Sigma x\\ \Sigma x & \Sigma x^2\end{vmatrix}}=\frac{\Sigma x^2\Sigma y-\Sigma x\Sigma xy}{n\Sigma x^2-(\Sigma x)^2}$$

$$b=\frac{\begin{vmatrix}n & \Sigma y\\ \Sigma x & \Sigma xy\end{vmatrix}}{\begin{vmatrix}n & \Sigma x\\ \Sigma x & \Sigma x^2\end{vmatrix}}=\frac{n\Sigma xy-\Sigma x\Sigma y}{n\Sigma x^2-(\Sigma x)^2}$$

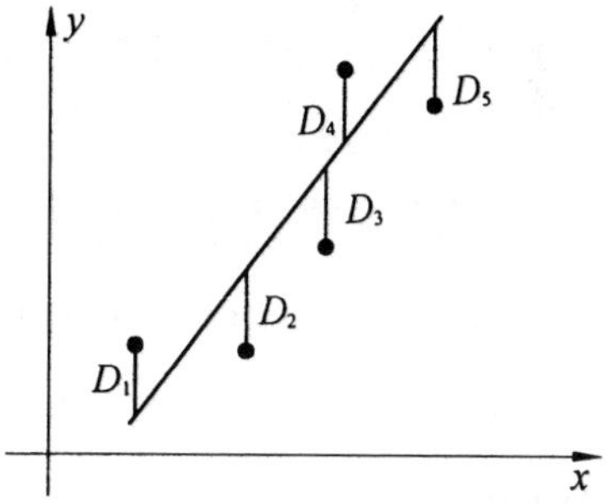

例 4. 給定下列三點 (1, 0), (0, 1), (2, 2)，求其對應之最小平方直線方程式。

解 $a=\dfrac{\Sigma x^2\Sigma y-\Sigma x\Sigma xy}{n\Sigma x^2-(\Sigma x)^2}$

$=\dfrac{5\times3-3\times4}{3\times5-(3)^2}=\dfrac{1}{2}$

$b=\dfrac{n\Sigma xy-\Sigma x\Sigma y}{n\Sigma x^2-(\Sigma x)^2}$

$=\dfrac{3\times4-3\times3}{3\times5-(3)^2}=\dfrac{1}{2}$

$\therefore y=\dfrac{1}{2}+\dfrac{x}{2}$ 是爲所求

	x	y	x^2	xy
	1	0	1	0
	0	1	0	0
	2	2	4	4
小計	3	3	5	4

6.5.4 帶有限制條件之極值問題——拉格蘭日法（Lagrange法）

在許多實際或應用之極值問題上，都是帶有限制條件的，例如消費者效用極大化問題即在探討消費者在預算一定之條件下，如何使其效用爲極大，在這個問題中預算即爲限制條件，拉格蘭日法是在限制條件下求算極值的一個方法（但不是唯一的方法）。它在最適化理論中占有核心的地位，它的理論超過本書程度，因此只將其求算方法列之如下：

$f(x, y)$ 在 $g(x, y)=0$ 條件下之極值求算，是先令 $L(x, y)=f(x, y)+\lambda g(x, y)$, λ 一般稱爲**拉格蘭日乘算子**（Lagrange Multiplier），$\lambda\neq0$（$\lambda\neq0$ 之條件極爲重要），由 $L_x=0$, $L_y=0$ 及 $L_\lambda=0$ 解之即可得出極大值或極小值。

例 5. 若 $x+2y=1$，求 $f(x, y)=x^2+y^2$ 之極值？

解　令 $L(x, y) = x^2 + y^2 + \lambda(x + 2y - 1)$

$\dfrac{\partial L}{\partial x} = 2x + \lambda = 0$ …………(1)

$\dfrac{\partial L}{\partial y} = 2y + 2\lambda = 0$…………(2)

$\dfrac{\partial L}{\partial \lambda} = x + 2y - 1 = 0$ ……(3)

由(1) $\lambda = -2x$

由(2) $\lambda = -y$

$\therefore -2x = -y$，即 $y = 2x$，代 $y = 2x$ 入(3)得

$x + 2y - 1 = x + 2(2x) - 1 = 0$，即 $x = \dfrac{1}{5}$，

$\therefore y = 2x = \dfrac{2}{5}$

因此 $f(x, y) = x^2 + y^2$ 之極值為 $f(\dfrac{1}{5}, \dfrac{2}{5}) = \dfrac{5}{25} = \dfrac{1}{5}$

我們已求出在 $x + 2y = 1$ 之條件下，$f(x, y) = x^2 + y^2$ 之極值是 $\dfrac{1}{5}$，但我們並未指出這 $\dfrac{1}{5}$ 是極大值還是極小值。在較高等的微積分教材中會有如何判斷它是極大值還是極小值的方法，在**本書中，我們假設結果便是我們所要之極值，亦即，我們不再進一步分析它是極大還是極小。**

讀者要注意的是拉格蘭日法只是許多求限制條件下函數之極值方法中的一種，它可能比別的方法容易些，但也可能比別的方法困難。

在上例中，我們至少還有兩種方法：

方法一：代 $x + 2y = 1$ 之條件入 $f(x, y) = x^2 + y^2$ 中，因 $x = 1 - 2y$ $\therefore$得 $g(y) = (1 - 2y)^2 + y^2 = 1 - 4y + 5y^2$

$$g'(y) = 10y - 4 = 0, y = \frac{2}{5}$$

$$g''(y) = 10 > 0 \text{ (} g''(\frac{2}{5}) = 10 > 0 \text{)}$$

$\therefore$當 $y = \frac{2}{5}$ 時 $x = 1 - 2y = 1 - 2(\frac{2}{5}) = \frac{1}{5}$ 則 $f(x, y)$ 有相對極小值，

$$f(\frac{1}{5}, \frac{2}{5}) = (\frac{1}{5})^2 + (\frac{2}{5})^2 = \frac{1}{5}$$

方法二：用 Cauchy 不等式，Cauchy 不等式是
$(a^2 + b^2)(x^2 + y^2) \geqq (ax + by)^2$，在本例，$a = 1, b = 2$
$\therefore (1^2 + 2^2)(x^2 + y^2) \geqq (1 \cdot x + 2 \cdot y)^2 = (1)^2$
即 $(x^2 + y^2) \geqq \frac{1}{5}$

例 6. 在 $x + y + z = 3$ 之條件下，求 $h(x, y, z) = xyz$ 之極值？

解 令 $L(x, y, z) = xyz + \lambda(x + y + z - 3)$

$$\begin{cases} \dfrac{\partial L}{\partial x} = yz + \lambda = 0 \cdots\cdots (1) \\ \dfrac{\partial L}{\partial y} = xz + \lambda = 0 \cdots\cdots (2) \\ \dfrac{\partial L}{\partial z} = xy + \lambda = 0 \cdots\cdots (3) \\ \dfrac{\partial L}{\partial \lambda} = x + y + z - 3 = 0 \cdots\cdots (4) \end{cases}$$

(1) 乘 x + (2) 乘 y + (3) 乘 z 然後加總得：

$$3xyz + \lambda(x + y + z) = 0$$

$$3xyz + \lambda \cdot 3 = 0$$

$$\therefore xyz = -\lambda \quad (5)$$

代 (5) 入 (1) 得

$yz+\lambda=yz-xyz=yz(1-x)=0$

$\therefore y=0, z=0$ 或 $x=1$

因 $\lambda\neq 0$，若 $y=0$ 或 $z=0$ 代入 (5) 均會使得 $\lambda=0$，$\therefore y=0$ 與 $z=0$ 不合，現考慮 $x=1$：

由 (1)：$-\lambda=yz$ (6)

由 (2)：$-\lambda=xz$ (7)

$\frac{(6)}{(7)}$：$\frac{y}{x}=1 \quad \therefore y=x=1$

$\because x=y=1 \quad \therefore z=1$ （由 (4)）

故 $h(x,y,z)$ 之極值為 1

Lagrange 法之解題架構是很機械化，取 $L=f(x,y)+\lambda(x,y)$，解 $\frac{\partial L}{\partial x}=\frac{\partial L}{\partial y}=\frac{\partial L}{\partial \lambda}=0$，有時解題過程甚為繁瑣，因此有必要找出一個較為簡單之技巧：

$$\because \begin{cases} L_x=f_x+\lambda g_x=0 \\ L_y=f_y+\lambda g_y=0 \end{cases}$$

$$\therefore \begin{bmatrix} f_x & \lambda g_x \\ f_y & \lambda g_y \end{bmatrix}\begin{bmatrix} x \\ y \end{bmatrix}=\begin{bmatrix} 0 \\ 0 \end{bmatrix}$$

要 $\begin{bmatrix} x \\ y \end{bmatrix}$ 有異於 $\begin{bmatrix} 0 \\ 0 \end{bmatrix}$ 之解，必須 $\begin{vmatrix} f_x & \lambda g_x \\ f_y & \lambda g_y \end{vmatrix}=0$，又 $\lambda\neq 0$

即 $\begin{vmatrix} f_x & g_x \\ f_y & g_y \end{vmatrix}=0$

利用 $\begin{vmatrix} f_x & f_y \\ g_x & g_y \end{vmatrix}=0$ 往往可簡化求解過程

以例 5 為例說明之：

$f(x,y)= x^2+ y^2$，$g(x,y)= x + 2y - 1$

$$\begin{vmatrix} f_x & f_y \\ g_x & g_y \end{vmatrix} = \begin{vmatrix} 2x & 2y \\ 1 & 2 \end{vmatrix} = 0$$

$\therefore 2x - y = 0$，$y = 2x$，又 $x + 2y = 1$，得 $x = \dfrac{1}{5}$，$y = \dfrac{2}{5}$，

我們再看兩個較為複雜的例子：

★ **例 8.** 給定 $3x^2+ xy + 3y^2 = 48$ 求 $x^2+ y^2$ 之極值。

解 $L = x^2+ y^2+\lambda(3x^2+ xy + y^2- 48)$

$$\begin{vmatrix} f_x & f_y \\ g_x & g_y \end{vmatrix} = \begin{vmatrix} 2x & 2y \\ 6x + y & x + 6y \end{vmatrix} = 0，(x + y)(x - y)= 0$$

$\therefore y = -x$，$y = x$

(1) $y = -x$ 時 $3x^2+ x(- x)+3(- x)^2= 48$

$\therefore x = \pm\sqrt{\dfrac{48}{5}}$，$y = \mp\sqrt{\dfrac{48}{5}}$，得 $x^2+ y^2=\dfrac{96}{5}$

(2) $y = x$ 時 $3x^2+ x(x)+3(x)^2= 48$

$\therefore x = \pm\sqrt{\dfrac{48}{7}}$，$y = \mp\sqrt{\dfrac{48}{7}}$，得 $x^2+ y^2=\dfrac{96}{7}$

綜上討論：極大值為 $\dfrac{96}{5}$，極小值為 $\dfrac{96}{7}$，

習題 6-5

1. 求下列各小題之相對極值與鞍點？

(1) $f(x,y)= x^3- 3x + y^3- 3y + 4$

(2) $f(x,y)= x^2+ x - 3xy + y^3- 2$

(3) $f(x,y)=4xy-x^4-y^4+3$

(4) $f(x,y)=3x^3+y^2-9x+4y+6$

2. 求 (1) $x^2+y^2=1$ 之條件下 $f(x,y)=2x^2+3y^2$ 之極值。

(2) $x^2+y^2=9$ 之條件下 $f(x,y)=x^2-4y$ 之極值。

6.6 重積分

6.6.1 二重積分

令 $F(x,y)$ 定義於 xy 平面之一封閉區域 R 內，將 R 細分成 n 個區域 ΔR_k 其面積爲 ΔA_k, $k=1,2,\cdots\cdots n$，取 ΔR_k 內某一點 (ε_k,η_k)。

若 $\lim\limits_{n\to\infty}\sum\limits_{k=1}^{n}F(\varepsilon_k,\eta_k)\,\Delta A_k$ 存在，則此極限值記作

$$\int_R\int F(x,y)\,dxdy \text{ 或 } \int_R\int F(x,y)\,dR \cdots\cdots(1)$$

依圖 (a)，則 (1) 式變成 $\int_R\int F(x,y)\,dR=\int_a^b\int_{\phi_1(x)}^{\phi_2(x)}F(x,y)\,dydx$。

依圖 (b)，則 (1) 式變成 $\int_R\int F(x,y)\,dR=\int_c^d\int_{h_1(y)}^{h_2(y)}F(x,y)\,dxdy$。

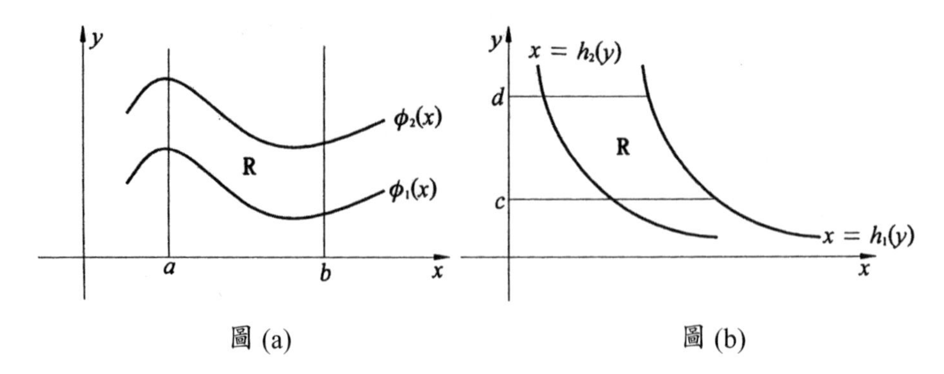

圖 (a)　　　　圖 (b)

重積分有以下之性質：

(1) $\int_R\int dxdy$ = 區域 R 之面積

(2) $\int_R\int cf(x, y)\,dxdy = c\int_R\int f(x, y)\,dxdy$

(3) $\int_R\int [f(x, y) + g(x, y)]dxdy$

$= \int_R\int f(x, y)\,dxdy + \int_R\int g(x, y)\,dxdy$

(4) $R = R_1 \cup R_2$，（且 $R_1 \cap R_2 = \phi$）

$\Rightarrow \int_R\int f(x, y)\,dxdy = \int_{R_1}\int f(x, y)\,dxdy + \int_{R_2}\int f(x, y)\,dxdy$

例 1. 求 $\int_0^1\int_{-1}^1 xydxdy = ?$

解 $\int_0^1\int_{-1}^1 xydxdy = \int_0^1[\int_{-1}^1 xydx]dy = \int_0^1 y\frac{x^2}{2}]_{-1}^1 dy$

$= \int_0^1 y \cdot 0dy = 0$

例 2. 計算 $\int_0^1\int_0^1 x^2y^3dxdy = ?$ 與 $\int_0^1\int_0^1 x^2y^3dydx = ?$

解 (1) $\int_0^1\int_0^1 x^2y^3dxdy=\int_0^1 \frac{x^3}{3}y^3]_0^1dy$

$=\int_0^1\frac{1}{3}y^3dy=\frac{1}{3}\frac{1}{4}y^4]_0^1=\frac{1}{12}$

(2) $\int_0^1\int_0^1 x^2y^3dydx=\int_0^1 x^2\frac{1}{4}y^4]_0^1dx$

$=\int_0^1\frac{1}{4}x^2dx=\frac{1}{4}\frac{x^3}{3}]_0^1=\frac{1}{12}$

例 3. 求 $\int_{-1}^1\int_0^1 ye^xdydx=?$

解 $\int_{-1}^1\int_0^1 ye^xdydx=\int_{-1}^1\frac{y^2e^x}{2}]_0^1dx$

$=\int_{-1}^1\frac{1}{2}e^xdx=\frac{1}{2}e^x]_{-1}^1=\frac{1}{2}(e-e^{-1})$

例 4. 求 $\int_0^1\int_0^1\frac{y}{1+x^2}dxdy=?$

解 $\int_0^1\int_0^1\frac{y}{1+x^2}dxdy=\int_0^1 y\cdot tan^{-1}x]_0^1dy$

$=\int_0^1 y\cdot\frac{\pi}{4}dy=\frac{\pi}{4}\frac{y^2}{2}]_0^1=\frac{\pi}{8}$

例 5. 求 $\int_0^1\int_0^1\frac{xy}{1+x^2}dxdy=?$

解 $\int_0^1\int_0^1\frac{xy}{1+x^2}dxdy=\int_0^1\int_0^1\frac{1}{2}\frac{2xy}{1+x^2}dxdy$

$=\frac{1}{2}\int_0^1 yln(1+x^2)]_0^1dy=\frac{1}{2}\int_0^1 y\cdot ln2dy$

$=(\frac{1}{2}ln2)\frac{y^2}{2}]_0^1=\frac{1}{4}ln2$

隨堂演練

6.6A

驗證 $\int_0^1 \int_0^2 \frac{y}{1+x^2}dydx = \frac{\pi}{2}$。

例 6. 求 $\int_2^3 \int_0^{lnx} e^{2y}dydx = ?$

解 $\int_2^3 \int_0^{lnx} e^{2y}dydx = \int_2^3 \frac{1}{2}e^{2y}]_0^{lnx}dx = \int_2^3 \frac{1}{2}(e^{2lnx} - e^0)\,dx$

$= \frac{1}{2}\int_2^3 (x^2 - 1)\,dx = \frac{1}{2}[\frac{x^3}{3} - x]\,|_2^3 = \frac{1}{2}(6 - \frac{2}{3}) = \frac{8}{3}$

例 7. 求 $\int_0^1 \int_0^{1-x} y^2dydx = ?$

解 $\int_0^1 \int_0^{1-x} y^2dydx = \int_0^1 \frac{1}{3}y^3]_0^{1-x}dx = \frac{1}{3}\int_0^1 (1-x)^3dx$

$= \frac{1}{3}(-\frac{1}{4})\,(1-x)^4]_0^1 = \frac{1}{12}$

隨堂演練

6.6B

驗證 $\int_0^1 \int_0^{1-y} x^2dxdy = \frac{1}{12}$。

6.6.2 三重積分

二重積分之方法，我們可擴充到三重積分上，當對 x 積分時，可將 z, y 視爲常數以此類推。

例 8. 求 $\int_0^1 \int_1^2 \int_{-1}^3 xy^2z^3dxdydz = ?$

解

$$\int_0^1 \int_1^2 \int_{-1}^3 xy^2z^3dxdydz = \int_0^1 \int_1^2 y^2z^3 \cdot \frac{x^2}{2}\Big]_{-1}^3 dydz$$

$$= 4\int_0^1 \int_1^2 y^2z^3dydz = 4\int_0^1 \frac{1}{3}y^3 \cdot z^3\Big]_1^2 dz = 4\int_0^1 \frac{7}{3}z^3dz$$

$$= \frac{28}{3} \cdot \frac{z^4}{4}\Big]_0^1 = \frac{7}{3}$$

例 9. 求 $\int_{-3}^7 \int_0^{2z} \int_y^{z-1} dxdydz = ?$

解

$$\int_{-3}^7 \int_0^{2z} \int_y^{z-1} dxdydz$$

$$= \int_{-3}^7 \int_0^{2z} x\Big]_y^{z-1} dydz$$

$$= \int_{-3}^7 \int_0^{2z} (z-1-y)dydz$$

$$= \int_{-3}^7 [(z-1)y - \frac{y^2}{2}]_0^{2z} dz$$

$$= \int_{-3}^7 [(z-1)2z - 2z^2]dz$$

$$= \int_{-3}^7 -2zdz = -z^2\Big]_{-3}^7 = -40$$

6.6C

驗證 $\int_0^1 \int_0^x \int_0^y dzdydx = \frac{1}{6}$

1. 計算下列各小題之值。

(1) $\int_1^2 \int_{-2}^1 (x+y)dxdy$　(2) $\int_0^1 \int_0^1 xye^{x^2+y^2}dxdy$

(3) $\int_1^2 \int_0^{x-1} ydydx$　(4) $\int_0^1 \int_0^{1-y} xdxdy$

(5) $\int_0^1 \int_0^y \frac{1}{1+y^2} dxdy$　(6) $\int_0^\pi \int_0^x x\sin ydydx$

(7) $\int_{-\pi}^\pi \int_{-x}^x \cos ydydx$　(8) $\int_0^1 \int_0^y y^2e^{xy}dxdy$

2. 計算下列各小題之值。

(1) $\int_0^1 \int_0^{1-x} \int_0^{1-x-y} dzdydx$　(2) $\int_0^1 \int_1^2 \int_1^2 xyz^2dzdydx$

6.7 重積分在平面面積上之應用

回想單變數積分 $\int_b^a f(x)\,dx$，它表示 $f(x)$ 在 $[b, a]$ 間與 x 軸所夾之面積，將此觀念推廣至重積分，我們常用 $\int_R\int f(x, y)\,dA$ 表示 $f(x, y)$ 在 xy 平面上某個區域 R 上之積分，在下圖 a 之重積分可寫爲 $\int_R\int f(x, y)\,dA = \int_a^b\int_{\phi_1(x)}^{\phi_2(x)} f(x, y)\,dydx$。

而下圖 b 之重積分可寫爲 $\int_c^d\int_{h_1(y)}^{h_2(y)} f(x, y)\,dxdy$。

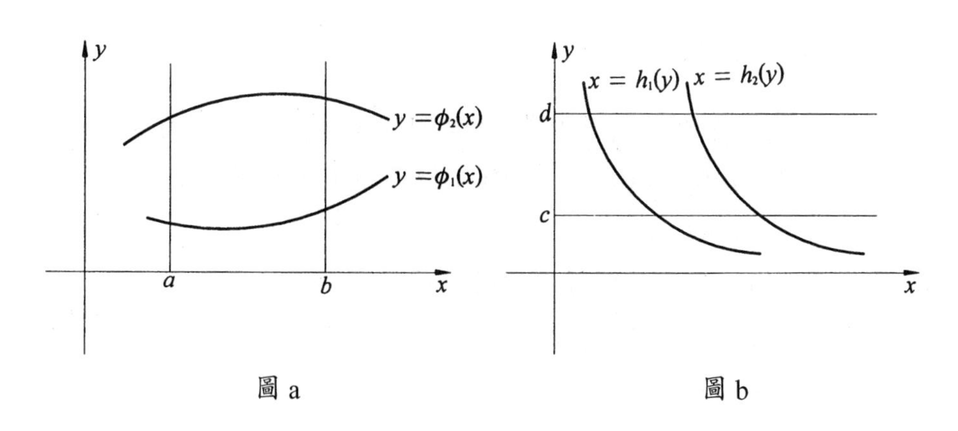

圖 a　　　　圖 b

我們首先舉例說明如何用重積分計算面積。

例 1. 計算右圖長方形之面積 A。

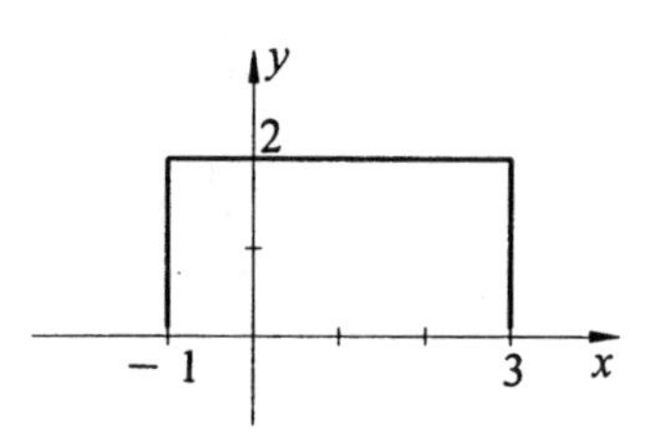

解　在算術，我們知

$A = 2\times(3-(-1)) = 8$

在單變數積分

$$A=\int_{-1}^{3}2dx=2x]_{-1}^{3}=8$$

現在我們用重積分解之：

$$A=\int_{-1}^{3}\int_{0}^{2}1dydx=\int_{-1}^{3}2dx=8$$

或者是

$$A=\int_{0}^{2}\int_{-1}^{3}1dxdy=\int_{0}^{2}4dy=4y]_{0}^{2}=8$$

前式是先積 y 而後 x，而上式是先積 x 而後 y，兩個積分區域不變，這是本節改變積分順序與變數變換技巧上最大不同所在。

例 2. 求由 (1, 0), (0, 1) 與 (−1, 0) 三點所圍成區域之面積。

解 若要用重積分法求出下列圖形之面積，首先要定出經 (0, 1), (−1, 0) 與 (0, 1), (1, 0) 兩條直線的方程式：

①過 (1, 0), (0, 1) 之直線方程式為 $x+y=1$ 或 $y=1-x$

②過 (−1, 0), (0, 1) 之直線方程式為

$-x+y=1$ 或 $y=1+x$

方法一：（先積 y 後積 x）

$$\begin{aligned}A&=\int_{R_1}\int dxdy+\int_{R_2}\int dxdy\\&=\int_{0}^{1}\int_{0}^{1-x}dydx+\int_{-1}^{0}\int_{0}^{1+x}dydx\\&=\int_{0}^{1}(1-x)\,dx+\int_{-1}^{0}(1+x)\,dx\\&=(x-\frac{x^2}{2})]_{0}^{1}+(x+\frac{x^2}{2})]_{-1}^{0}\\&=1\end{aligned}$$

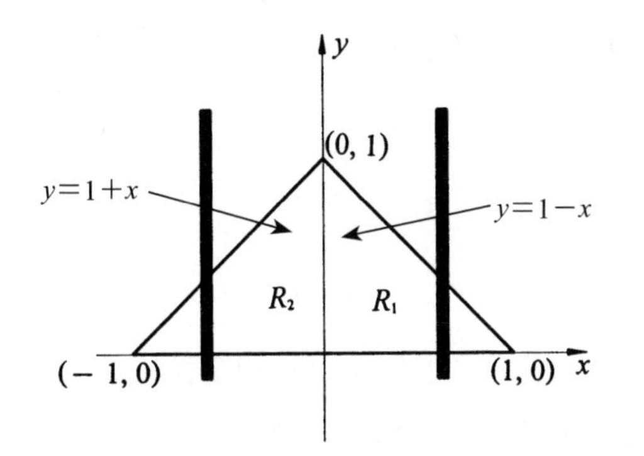

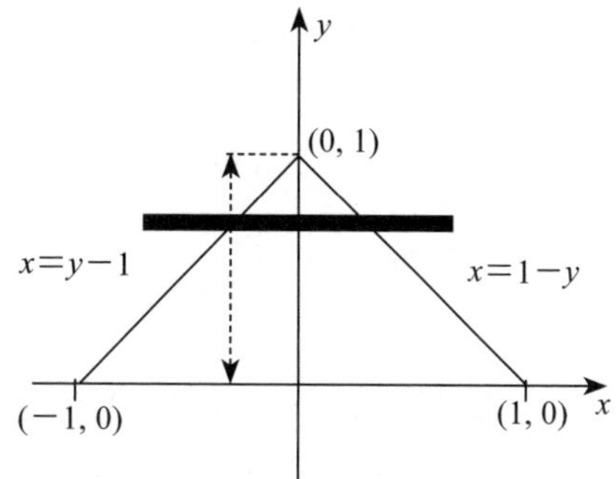

方法二：(先積 x 後積 y)

$$A=\int_0^1\int_{y-1}^{1-y}dxdy=\int_0^1 2(1-y)dy=1$$

方法三：由幾何知識易知，這是底長爲 2，
高爲 1 之三角形，故面積
爲 $\frac{1}{2}\times2\times1=1$

讀者應細心體會出例 2. 圖中粗線的功能；左圖之二根粗線是在積分域內移動，在 $-1\leq x\leq 0$ 積分上限爲 $y=1+x$，但在 $0\leqq x\leqq 1$ 積分上限爲 $y=1-x$，因此必須將圖形分兩個部分分別計算面積然後相加。這種方法是一個很簡單之重積分界限判斷法。

例 3. 求右圖所示之面積。

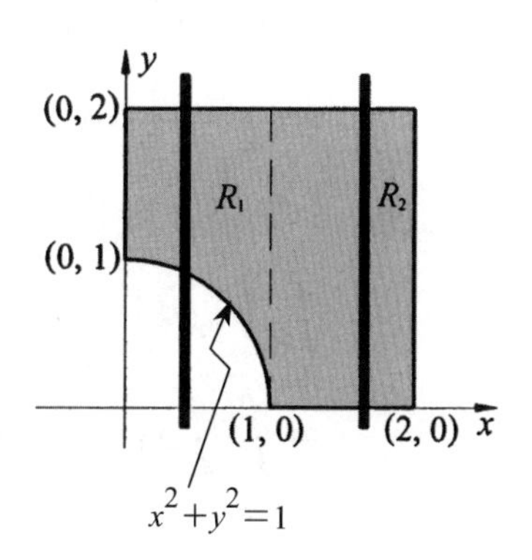

解

$$A=\int_{R_1}\int dxdy+\int_{R_2}\int dxdy$$

$$=\int_0^1\int_{\sqrt{1-x^2}}^2 dydx+\int_0^2\int_1^2 dxdy$$

$$=\int_0^1 2-\sqrt{1-x^2}\,dx+\int_0^2 dy$$

$$= 2x - (\frac{x}{2}\sqrt{1-x^2} + \frac{1}{2}sin^{-1}x)]_0^1 + 2$$
$$= 2 - \frac{1}{2}sin^{-1}1 + 2$$
$$= 4 - \frac{\pi}{4}$$

如果用算術，我們也很容易求出 R_1 與 R_2 之面積爲邊長 2 之正方形面積減去 $\frac{\pi}{4}$（半徑是 1 的圓面積），即 $4 - \frac{\pi}{4}$。

例 4. 求 $\int_R\int xydxdy = ?$ R 爲 $x = 2$, $xy = 1$ 及 $y = x$ 間所圍成之區域。

解 首先我們解積分區域

方法一：（先積 y 後積 x）

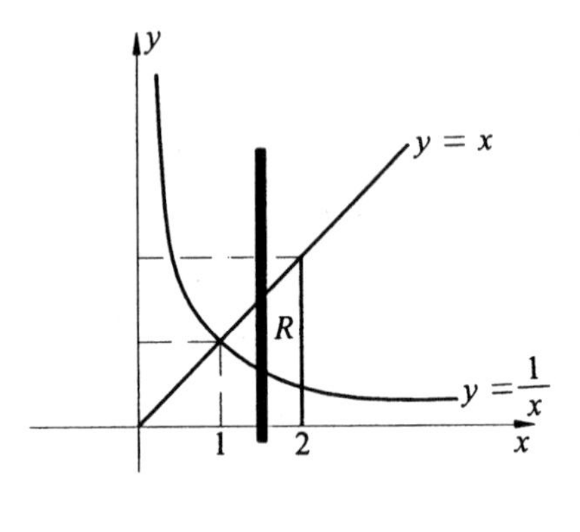

$$\int_R\int xydA$$
$$= \int_1^2\int_{\frac{1}{x}}^{x} xydydx$$
$$= \int_1^2 x\frac{y^2}{2}]_{\frac{1}{x}}^{x} dx$$
$$= \int_1^2 \frac{x^3}{2} - \frac{1}{2x}dx$$
$$= \frac{x^4}{8} - \frac{1}{2}lnx]_1^2 = (2 - \frac{1}{2}ln2) - (\frac{1}{8} - 0) = \frac{15}{8} - \frac{1}{2}ln2$$

方法二：（先積 x 後積 y）

$$\int_R\int xydA$$
$$= \int_{R_1}\int xydA + \int_{R_2}\int xydA$$

$$=\int_{\frac{1}{2}}^{1}\int_{\frac{1}{y}}^{2} xydxdy+\int_{1}^{2}\int_{y}^{2} xydxdy$$

$$=\int_{\frac{1}{2}}^{1} y\frac{x^2}{2}\Big]_{\frac{1}{y}}^{2}dy+\int_{1}^{2} y\frac{x^2}{2}\Big]_{y}^{2}dy$$

$$=\int_{\frac{1}{2}}^{1} y\left(2-\frac{1}{2y^2}\right)dy$$

$$+\int_{1}^{2} y\left(2-\frac{y^2}{2}\right)dy$$

$$=\int_{\frac{1}{2}}^{1} 2y-\frac{1}{2y}dy+\int_{1}^{2} 2y-\frac{y^3}{2}dy$$

$$=y^2-\frac{1}{2}lny\Big]_{\frac{1}{2}}^{1}+y^2-\frac{y^4}{8}\Big]_{1}^{2}$$

$$=\left[(1-0)-\left(\frac{1}{4}+\frac{1}{2}ln2\right)\right]+\left[(4-2)-\left(1-\frac{1}{8}\right)\right]$$

$$=\frac{15}{8}-\frac{1}{2}ln2$$

方法一、二之計算難易顯然有別。

隨堂演練

6.7A

（承例 3）求 $y=x^2$ 與 $y=x$ 在 [0, 2] 間與 x 軸所夾之面積

〔提示〕

$\frac{2}{3}$

習題 6-7

1. 計算下列各小題指定區域之積分？

(1) 求 $\int_R\int xdA=?$ R：由 $(0, 0)$，$(1, 0)$，$(0, 1)$ 為頂點之三角形區域。

(2) 求 $\int_R\int ydA=?$ R：為 $0\leqq x\leqq\pi$，$0\leqq y\leqq\sin x$ 所圍成區域。

(3) 求 $\int_R\int xydA=?$ R：由 $y=x$，$x=1$ 與 x 軸所夾之區域。

(4) 求 $\int_R\int xydA=?$ R：為 $0\leqq x\leqq 1$，$x^2\leqq y\leqq x$ 所圍成區域。

(5) 求 $\int_R\int xdA=?$ R：為 $x=1$，$y=x$ 及 $2x+y=3$ 所圍成區域。

(6) 求 $\int_R\int \frac{y}{1+x^2}dA=?$ R：為 $x=1$，$y=2$ 與兩軸所圍成區域。

(7) 求 $\int_R\int \sin(x+y)dA=?$ R：為 $0\leqq x\leqq\frac{\pi}{2}$，$0\leqq y\leqq\frac{\pi}{2}$ 所圍成區域。

2. 若 $f(x,y)=g(x)h(y)$，試證 $\int_a^b\int_c^d f(x,y)dxdy=\int_a^b h(y)dy\int_c^d g(x)dx$

6.8 重積分之一些技巧

6.6 節之重積分問題均可直接解出（其間可能涉及第 5 章之積分的技巧），但也有許多重積分問題無法直接解出，而必須藉助於某些特殊方法，本節將介紹兩個最基本之技巧：(1) 改變積分順序及 (2) 變數變換法。

6.8.1 改變積分順序

若我們計算 $\int_A\int xdxdy$ A 以 (0, 0), (0, 1), (1, 1) 為頂點之三角形區域有兩個同義之重積分表現法：(1) $\int_0^1\int_x^1 xdydx$ 及 (2) $\int_0^1\int_0^y xdxdy$。（請讀者自行繪圖、確定積分範圍之正確性）

在 (1) 我們是先對 y 積分，然後再對 x 積分，而在 (2) 我們是先對 x 積分然後對 y 積分，二者積分順序恰好相反，但兩者之積分範圍是一樣的：(1) 之積分區域為 $y = 1, y = x, x = 1, x = 0$ 所包圍，(2) 之積分區域為 $x = y, x = 0, y = 1, y = 0$ 所包圍。

因此**改變積分順序是除將原題之積分先後順序改變外，積分區域不變是最大特色。**

定理 A $\int_a^b\int_x^b f(x,y)dydx = \int_a^b\int_a^y f(x,y)dxdy$。

例 1. 驗證 $\int_0^2\int_x^2 xydydx = \int_0^2\int_0^y xydxdy$。

解

$$\int_0^2\int_x^2 xydydx = \int_0^2 x \cdot \frac{y^2}{2}\Big]_x^2 dx = \int_0^2 x(2 - \frac{x^2}{2})dx$$

$$= \int_0^2 2x - \frac{x^3}{2}dx = x^2 - \frac{x^4}{8}\Big]_0^2 = 4 - 2 = 2$$

$$\int_0^2\int_0^y xydxdy = \int_0^2 y\frac{x^2}{2}\Big]_0^y dy = \int_0^2 \frac{y^3}{2}dy = \frac{y^4}{8}\Big]_0^2 = 2$$

例 2. 計算 (1) $\int_0^2\int_x^2 e^y dydx$？

(2) $\int_0^2\int_x^2 e^{y^2} dydx$？

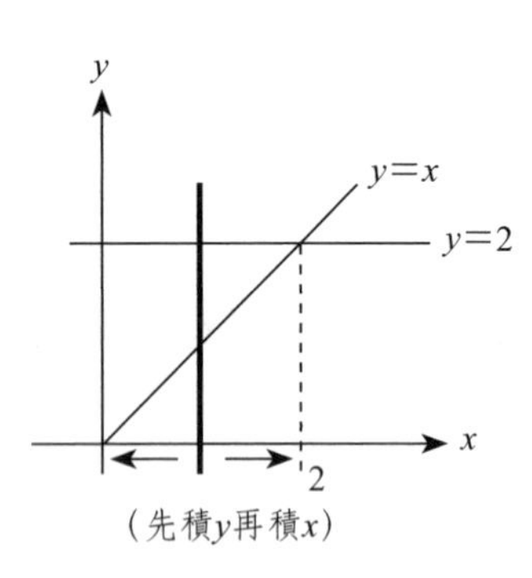

(先積y再積x)

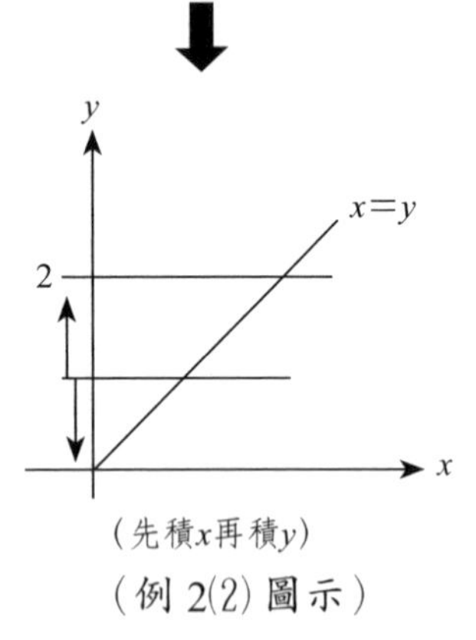

(先積x再積y)

(例 2(2) 圖示)

解 (1) $\int_0^2\int_x^2 e^y dydx = \int_0^2 e^y]_x^2 dx$

$= \int_0^2 (e^2 - e^x)\,dx = e^2x - e^x]_0^2$

$= 2e^2 - e^2 - (0 - 1) = e^2 + 1$

(2) $\int_0^2\int_x^2 e^{y^2} dydx$

$= \int_0^2\int_0^y e^{y^2} dxdy = \int_0^2 e^{y^2} \cdot x]_0^y dy$

$= \int_0^2 e^{y^2}(y - 0)\,dy = \int_0^2 ye^{y^2} dy$

$= \frac{1}{2}e^{y^2}]_0^2 = \frac{1}{2}(e^4 - 1)$

例 3. 求 $\int_0^2\int_{\frac{y}{2}}^1 ye^{x^3} dxdy =$？

解 $\int_0^2\int_{\frac{y}{2}}^1 ye^{x^3} dxdy = \int_0^1\int_0^{2x} ye^{x^3} dydx$

$= \int_0^1 \frac{y^2}{2}e^{x^3}]_0^{2x} dx = \int_0^1 2x^2e^{x^3} dx$

$= \frac{2}{3}e^{x^3}]_0^1 = \frac{2}{3}(e - 1)$

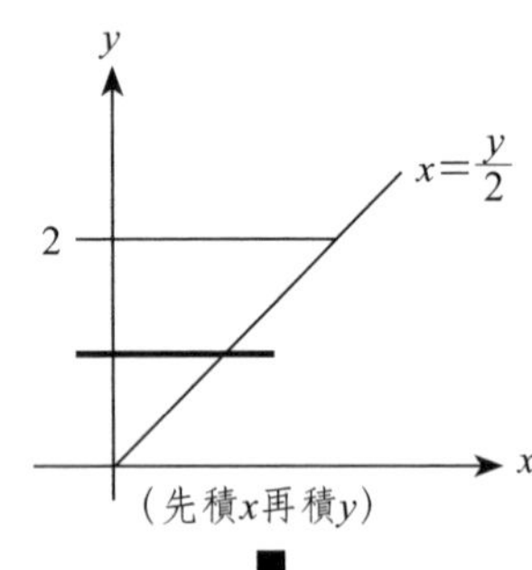

(先積x再積y)

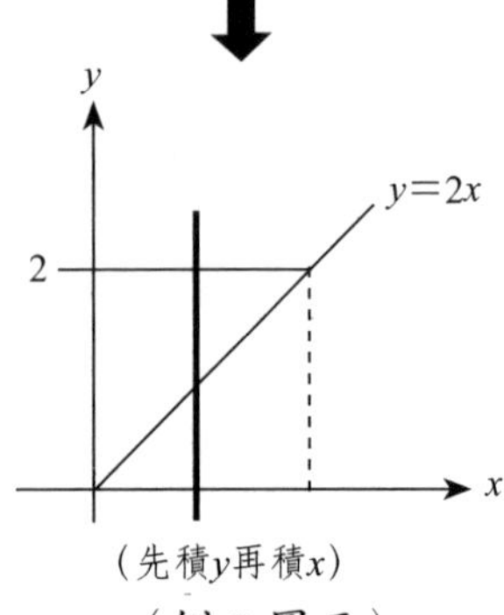

(先積y再積x)

(例 3 圖示)

隨堂演練

6.8A

驗證 $\int_0^1 \int_x^1 siny^2 dydx = \frac{1}{2}(1 - cos1)$。

6.8.2 極坐標之應用

在做 $\int_R \int f(x, y)\,dxdy$，而 $f(x, y)$ 是 $a^2x^2 + b^2y^2$ 之函數時，可考慮用極坐標 $x = rcos\theta, y = rsin\theta$ 來行變數變換，重積分之變數變換除用極坐標轉換外還有其他的轉換方式，讀者可參考高等微積分之類的書籍，在本節只將極坐標之應用做一簡介。

取 $x = rcos\theta, y = rsin\theta$，則

$$|J| = \begin{vmatrix} \frac{\partial x}{\partial r} & \frac{\partial x}{\partial \theta} \\ \frac{\partial y}{\partial r} & \frac{\partial y}{\partial \theta} \end{vmatrix}_+ = \begin{vmatrix} cos\theta & -rsin\theta \\ sin\theta & rcos\theta \end{vmatrix}_+ = |r| = r$$

$|J|$表示行列式之絕對值。

$|J|$稱爲 Jacobian

$$\therefore \int_R \int f(x, y)\,dxdy = \int_{R'} \int |r|\, f(rcos\theta, rsin\theta)\,drd\theta$$

在計算重積分時應特別注意到積分區域之對稱性。

例 4. 求 $\int_R \int \sqrt{x^2 + y^2}\,dxdy$？其中

$R = \{(x, y) \mid x^2 + y^2 \leqq 1, x \geqq 0, y \geqq 0\}$

解 本題之積分區域為位在第一象限的 $\frac{1}{4}$ 圓形區域，取

$x = r\cos\theta,\ y = r\sin\theta,\ 1 \geqq r \geqq 0,\ \frac{\pi}{2} \geqq \theta \geqq 0$

$$\therefore \int_R\int \sqrt{x^2+y^2}\,dxdy$$

$$= \int_0^{\frac{\pi}{2}}\int_0^1 r\sqrt{r^2\cos^2\theta + r^2\sin^2\theta}\,drd\theta$$

$$= \int_0^{\frac{\pi}{2}}\int_0^1 r \cdot r\,drd\theta = \int_0^{\frac{\pi}{2}} \frac{r^3}{3}\Big]_0^1 d\theta$$

$$= \int_0^{\frac{\pi}{2}} \frac{1}{3}d\theta = \frac{1}{3}\Big]_0^{\frac{\pi}{2}} = \frac{\pi}{6}$$

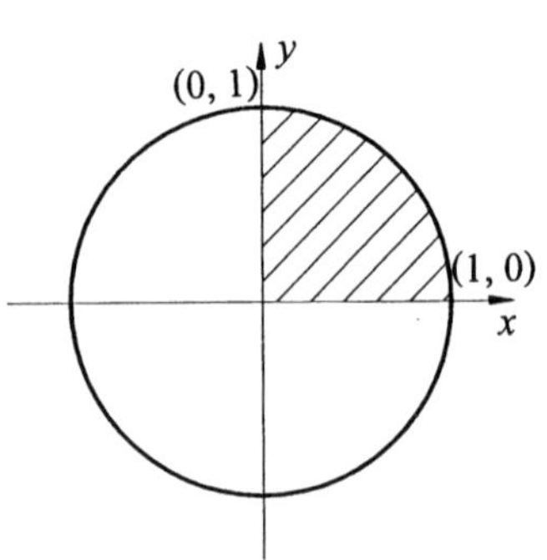

在例4.裡，如果將積分區域變為 $R = \{(x, y) \mid x^2 + y^2 \leqq 1\}$，積分區域為整個圓形區域，

則 $\int_R\int \sqrt{x^2+y^2}\,dxdy = 4\int_0^{\frac{\pi}{2}}\int_0^1 r\sqrt{r^2\cos^2\theta + r^2\sin^2\theta}\,drd\theta$

$$= 4\int_0^{\frac{\pi}{2}}\int_0^1 r^2\,drd\theta = 4 \cdot \left(\frac{\pi}{6}\right) = \frac{2\pi}{3}$$

在上面之題解過程中，我們利用積分區域的對稱性，即整個積分區域之重積分結果為第一象限積分結果的4倍，這種對稱性在重積分經常被應用到。

例 5. 求 $\int_R\int \frac{1}{\sqrt{x^2+y^2}}dxdy$？$R = \{(x, y) \mid x^2 + y^2 \leqq 4\}$。

解 其 $x = r\cos\theta,\ y = r\sin\theta,\ 2 \geqq r \geqq 0$

$$\int_R\int \frac{dxdy}{\sqrt{x^2+y^2}} = 4\int_0^2\int_0^{\frac{\pi}{2}} r \cdot \frac{d\theta dr}{\sqrt{r^2}} = 4\int_0^2\int_0^{\frac{\pi}{2}} \frac{r}{r}d\theta dr$$

$$= 4\int_0^2\int_0^{\frac{\pi}{2}} d\theta dr = 4\int_0^2 \frac{\pi}{2}dr = 4 \cdot 2 \cdot \frac{\pi}{2} = 4\pi$$

例 6. 求 $\int_R\int xydxdy=$？其中 $R=\{(x,y)\mid 1\geqq x^2+y^2\geqq 0,\ 1\geqq x\geqq 0,\ 1\geqq y\geqq 0\}$。

解 取 $x=r\cos\theta,\ y=r\sin\theta,\ 1\geqq r\geqq 0,\ \frac{\pi}{2}\geqq\theta\geqq 0,\ |J|=r$

$$\therefore \int_R\int xydxdy=\int_0^{\frac{\pi}{2}}\int_0^1 r(r\cos\theta\cdot r\sin\theta)\,drd\theta$$

$$=\int_0^{\frac{\pi}{2}}\int_0^1 r^3\cos\theta\sin\theta\,drd\theta=\int_0^{\frac{\pi}{2}}\frac{r^4}{4}\Big]_0^1\frac{1}{2}\sin 2\theta d\theta=\frac{1}{8}\int_0^{\frac{\pi}{2}}\sin 2\theta d\theta$$

$$=\frac{1}{8}[\frac{-1}{2}\cos 2\theta]_0^{\frac{\pi}{2}}=\frac{1}{8}$$

例 7. 求 $\int_R\int\frac{1}{\sqrt{x^2+y^2}}dxdy=$？$R=\{(x,y)\mid 4\geqq x^2+y^2\geqq 1\}$。

解 取 $x=r\cos\theta,\ y=r\sin\theta,\ x^2+y^2=r^2,$

$2\geqq r\geqq 1,\ 2\pi\geqq\theta\geqq 0;\ |J|=r$

$$\because\int_R\int\frac{1}{\sqrt{x^2+y^2}}dxdy$$

$$=4\int_1^2\int_0^{\frac{\pi}{2}} r\cdot\frac{d\theta dr}{\sqrt{r^2}}$$

$$=4\int_1^2\int_0^{\frac{\pi}{2}}d\theta dr$$

$$=4\int_1^2\frac{\pi}{2}dr=4\cdot\frac{\pi}{2}=2\pi$$

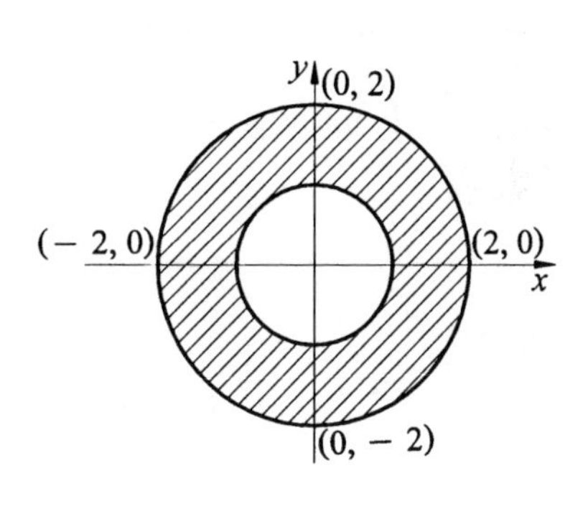

例 8. 求 $\int_0^2\int_0^{\sqrt{4-x^2}}\sin(x^2+y^2)\,dydx=$？

解 取 $x=r\cos\theta,\ y=r\sin\theta$，$\frac{\pi}{2}\geqq\theta\geqq 0,\ 2\geqq r\geqq 0$

$$|J| = \begin{vmatrix} \frac{dx}{dr} & \frac{dy}{dr} \\ \frac{dx}{d\theta} & \frac{dy}{d\theta} \end{vmatrix} = \begin{vmatrix} cos\theta & sin\theta \\ -rsin\theta & rcos\theta \end{vmatrix} = r$$

$$\therefore 原式 = \int_0^2 \int_0^{\frac{\pi}{2}} rsinr^2 d\theta dr = \int_0^2 \frac{\pi}{2} rsinr^2 dr = -\frac{1}{2}cosr^2]_0^2 \cdot \frac{\pi}{2}$$

$$= \frac{\pi}{2}(-\frac{1}{2}cos4 + \frac{1}{2}cos0) = -\frac{\pi}{4}cos4 + \frac{\pi}{4}$$

$$= \frac{\pi}{4}(1 - cos4)$$

隨堂演練

6.8B

驗證：$\int_0^1 \int_0^{\sqrt{1-y^2}} e^{x^2+y^2} dxdy = \frac{\pi}{4}(e-1)$。

定理B $\int_0^\infty e^{-\frac{x^2}{2}} dx = \sqrt{\frac{\pi}{2}}$

證明 令 $I = \int_0^\infty e^{-\frac{x^2}{2}} dx$

則 $I^2 = \int_0^\infty \int_0^\infty e^{-\frac{x^2}{2}} \cdot e^{-\frac{y^2}{2}} dxdy = \int_0^\infty \int_0^\infty e^{-\frac{x^2+y^2}{2}} dxdy$

取 $x = rcos\theta, y = rsin\theta, x^2 + y^2 = r^2$, 則 $\infty > r \geqq 0$,

$\frac{\pi}{2} \geqq \theta \geqq 0; |J| = r$

則 $\int_0^\infty \int_0^\infty e^{-\frac{x^2+y^2}{2}} dxdy = \int_0^\infty \int_0^{\frac{\pi}{2}} r \cdot e^{-\frac{r^2}{2}} d\theta dr$

$$=\frac{\pi}{2}\int_0^\infty re^{-\frac{r^2}{2}}dr=\frac{\pi}{2}[-e^{-\frac{r^2}{2}}]_0^\infty=\frac{\pi}{2}$$

$$\therefore I=\int_0^\infty e^{-\frac{x^2}{2}}dx=\sqrt{\frac{\pi}{2}}$$ ■

上面定理在機率統計學中之機率計算常被應用到。

習題 6-8

1. 計算下列各小題之值？

(1) $\int_0^1\int_y^1\frac{1}{1+x^4}dxdy$　　(2) $\int_0^1\int_x^1\frac{1}{1+y^2}dydx$

(3) $\int_0^\pi\int_x^\pi\frac{siny}{y}dydx$　　(4) $\int_0^2\int_y^2 e^{x^2}dxdy$

(5) $\int_0^1\int_{\sqrt{y}}^1\sqrt{x^3+1}dxdy$

2. 計算下列各小題之值？

(1) $\int_0^1\int_0^{\sqrt{1-x^2}} sin(x^2+y^2)\,dydx$

(2) $\int_0^1\int_0^{\sqrt{1-y^2}}\sqrt{1-x^2-y^2}dxdy$

(3) $\int_R\int ln(x^2+y^2)\,dxdy$ R：$\{(x, y)\mid 1\leqq x^2+y^2\leqq 4\}$

(4) $\int_{-\infty}^\infty\int_{-\infty}^\infty\frac{1}{1+x^2+y^2}dxdy$

(5) $\int_R\int\sqrt{x^2+y^2}dxdy$, R: $\{(x,y)|x^2+y^2\leqq 1\}$

(6) 求 $\int_0^2\int_0^{\sqrt{4-x^2}} sin(x^2+y^2)dydx$

附錄 習題解答

第 1 章　函數、圖形與極限

1.1

1.(1) 10　(2) 5　(3) −5　(4) 2　(5) −5

(6) $2+\frac{\pi}{2}$

2.(1) $3 \geq x \geq -3$

(2) $x \geq 3$ 或 $x \leq -3$

(3) $3 > x > -3$

(4) $x > 3$ 或 $x < -3$

3. f_1

4.(1) x^4　(2) $(3x-5)^2$　(3) $3x^2-5$

(4) $9x-20$　(5) x^8

5.(1) $\frac{1}{1-x}$，$x \neq 0, 1$　(2) x，$x \neq 0, 1$

(3) $1-x$，$x \neq 0, 1$

(4) $\frac{x-1}{x-2}$，$x \neq 1, 2$

6. 15

7. $f \neq g$

8. $f(3x)=\begin{cases} 1，0 \leq x \leq \frac{1}{3} \\ -1，\frac{1}{3} < x \leq \frac{2}{3} \end{cases}$

$f(x-1)=\begin{cases} 1，1 \leq x \leq 2 \\ -1，2 < x \leq 3 \end{cases}$

9. $f \neq g$　10.(2) 0

1.2

1. 3　2. 1　3. 1　4. $\sqrt[4]{2}$　5. $\sqrt[4]{4}$

6. 不存在　7. 1 及 −1

8. 0　9. 7　10. 1　11. 不存在

1.3

1.(1) 1　(2) 不存在　(3) $\frac{4}{27}$　(4) 1

(5) $-\frac{3}{64}$　(6) $-\frac{1}{2}$　(7) −1

(8) $\frac{1}{2\sqrt{x}}$　(9)（取 $y=\sqrt{x}$）$\frac{-1}{6}$

(10) 0

2. (1) $a=6, b=5$

(2) $a=-2, b=\frac{4}{27}$

1.4

1.(1) $x=0$　(2) $x=-1, -\frac{3}{2}$

(3) 無　(4) 無　(5) $x=4$　(6) $x=4$

(7) 無

2.(1) -1 (2) -4 (3) -1

1.5

1.(1) 0 (2) $\frac{1}{3}$ (3) 1 (4) $\frac{1}{3^5}$

(5) $k>3$ 時為 ∞，$k=3$ 時為 1，$k<3$ 時為 0

2.(1) $\frac{\sqrt{2}}{2}$ (2) -1 (3) $-\frac{1}{2}$

3.(1) $y=-x, x=\pm 1$

(2) y 軸 ,$y=1$

(3) $y=x$, $x=\pm 1$

4.(1) $\frac{1}{2}$ (2) $\frac{1}{2}$ (3) $\frac{3}{4}$ (4) -25

5.$a=1, b=2$

6.$a=-1, b=-1, c=5$

7.(1) $y=x+\frac{1}{2}$ (2) $y=2x+\frac{3}{4}$

(3) y 軸

第 2 章　微分學

2.1

1.(1) $T: y=2x-1,\ N: 2y+x=3$

(2) $T: y=-2x, N: 2y=x+5$

(3) $T: 27y-2x=9,$

$N: 18y+243x=-727$

2.x 軸；$y=32x-64$

3.(1) $6x^2$ (2) 4 (3) $\frac{1}{2\sqrt{x}}$

(4) $-\frac{3}{2}\frac{1}{\sqrt{x^3}}$

4.(1) 6 (2) 4 (3) $\frac{1}{2}$ (4) $-\frac{3}{2}$

5.(1) $f(x)$ 在 $x=a$ 可微分

(2) $f(x)$ 在 $x=a$ 不可微分

6.(1) 2 (2) 4

2.2

1.(1) $3x^2-3$ (2) $5\sqrt{2}x^4-9x^2+1$

(3) $\frac{1}{6}x^{-\frac{5}{6}}$

(4) $-\frac{1}{2}x^{-\frac{3}{2}}-\frac{3}{2}x^{-\frac{5}{2}}-\frac{5}{2}x^{-\frac{7}{2}}$

(5) $4x^3+2x+1-x^{-2}$

(6) $\frac{1-x}{(x+1)^3}$ (7) $\frac{-4x^2-20x-29}{(2x^2+3x-7)^2}$

(8) $\frac{-3x^2}{(x^3-1)^2}$ (9) $\frac{-4x}{(x^2+1)^3}$

(10) $\frac{-x^4+2x}{(x^3+1)^2}$

3.$\frac{f(x)(g'(x)+h'(x))-(g(x)+h(x))f'(x)}{f^2(x)}$

4.$\frac{f(x)[g'(x)h(x)+g(x)h'(x)]-g(x)h(x)f'(x)}{f^2(x)}$

5.b

2.3

1.(1) $64x(1+x^2)^{31}$

(2) $32x^3(1+x^4)^7$

(3) $\frac{7}{3}x^6(1+x^7)^{-\frac{2}{3}}$

(4) $15(1+x+x^2+x^3)^{14}(1+2x+3x^2)$

(5) $4\left(\frac{x^2}{x^3+1}\right)^3\frac{(-x^4+2x)}{(x^3+1)^2}$

(6) $\left(\frac{4x^2-2}{3x+4}\right)^{-\frac{1}{2}}\left(\frac{6x^2+16x+3}{(3x+4)^2}\right)$

(7) $-\frac{1}{3}(1+x+x^3)^{-\frac{4}{3}}(1+3x^2)$

(8) $3x^2(1+2x^3)^5+30x^5(1+2x^3)^4$

(9) $4(1+\sqrt[3]{x})^{11}\cdot x^{-\frac{2}{3}}$

(10) $\frac{1}{15}(1+x^{\frac{1}{5}})^{-\frac{2}{3}}\cdot x^{-\frac{4}{5}}$

2. $\frac{1}{6}(1+g^{\frac{1}{2}}(x))^{-\frac{2}{3}}\cdot g^{-\frac{1}{2}}(x)$

3. $g'(x+h(x^3))(1+3x^2h'(x^3))$

2.4

1. (1) $\frac{x\cos x-\sin x}{x^2}$　(2) $\frac{1+\sin x}{\cos^2 x}$

(3) $-6x[\cos(x^2+1)]^2\cdot\sin(x^2+1)$

(4) $-6x[\sin(x^2+1)^3](x^2+1)^2$

(5) $3x^2\sin 2x+2x^3\cos 2x$

(6) $-\frac{(1+x)\sin x+\cos x}{(1+x)^2}$

(7) $\frac{x^2}{(\cos x+x\sin x)^2}$

(8) $-2\cos(f(h(x)))\sin(f(h(x)))f'$

$(h(x))h'(x)$

(9) $3x\cdot(3x^2+1)^{-\frac{1}{2}}\sec\sqrt{3x^2+1}\tan\sqrt{3x^2+1}$

(10) $-2x\sec^2 x\tan^2 x\sin(\sec x^2)$

4. (2) $\frac{1}{3}$

5. (1) 1　(2) 1

6. (1) $\frac{n}{m}$　(2) 0

7. $f'(x)=\begin{cases}\cos x & x<0\\ 1 & x\geq 0\end{cases}$

8. $\frac{\pi}{60}\cos(3x^\circ)$ 或 $\frac{\pi}{60}\cos\left(\frac{\pi}{60}x\right)$

2.5

1. (1) $f^{-1}(x)=\frac{x-5}{3}$

(2) $f^{-1}(x)=x^3$

(3) $f^{-1}(x)=x^3-1$

(4) $f^{-1}(x)=\sqrt[5]{x-1}$

(5) $f^{-1}(x)=\frac{x-1}{x+1}$，$x\neq-1$

2.

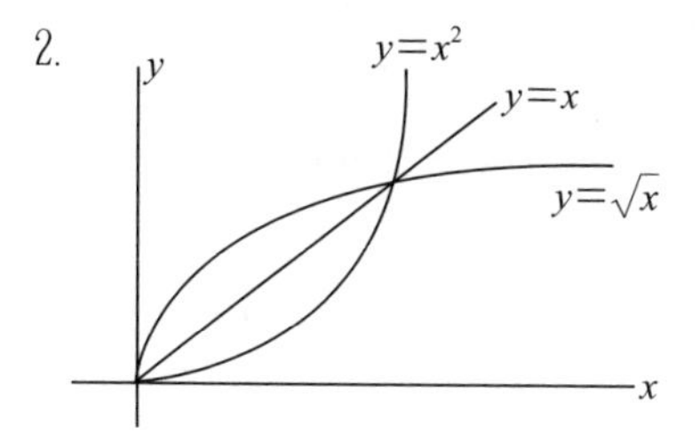

3. $\frac{1+2x}{x+3}$，$x\neq-3$

4. (1) $\frac{1}{25}$　(2) 1

5. (1) $\frac{1}{5}$　(2) $\frac{1}{5}$

2.6

1. (1) $\frac{3x^2}{\sqrt{1-x^6}}$

(2) $2[\sin^{-1}(x^3)]\cdot\frac{3x^2}{\sqrt{1-x^6}}$

(3) $3(\tan^{-1}x)^2\cdot\frac{1}{1+x^2}$

(4) $4\sec^{-1}x^2\cdot\frac{1}{x\sqrt{x^4-1}}$

(5) $\cot^{-1}\sqrt{x}\left(\frac{-1}{\sqrt{x}(1+x)}\right)$

(6) $\frac{1}{1+x^2}$

(7) $\frac{ab}{a^2\cos^2x+b^2\sin^2x}$ (8) $\frac{1}{1+x^2}$

5. (a) $\frac{\pi}{2}$ (b) 0

2.7

1. (1) $\frac{2e^{2x}}{1+e^{2x}}$ (2) $(2x+1)e^{x^2+x+1}$

(3) $\frac{1}{\sqrt{1-x^2}(1+\sin^{-1}x)}$

(4) $4x^3$ (5) $x+2x\ln x$

(6) $(\ln 10)10^{\tan^{-1}x}\cdot\frac{1}{1+x^2}$ (7) $\frac{1}{x\ln x}$

(8) $\frac{5^{\sqrt{x}}}{2\sqrt{x}}\ln 5$

2. (1) $(x^2+1)^2(x^3+1)^3(x^4+1)^4\left[\frac{4x}{x^2+1}+\frac{9x^2}{x^3+1}+\frac{16x^3}{x^4+1}\right]$

(2) $2\sin\ln x$

(3) $\frac{1}{\sqrt{x^2+9}}$

(4) $x^{\sin^2x}[2\sin x\cos x\ln x+\frac{1}{x}\sin^2x]$

3. $x^{x^x}[x^x(1+\ln x)\ln x+x^{x-1}]$

5. $24\ln 2\ln 3$

6. $\frac{1}{2}(x-3y)$

7. (1) $x^{\ln x-1}\cdot 2\ln x$

(2) $x^{\sqrt{x}}\left(\frac{1}{2\sqrt{x}}\ln x+\frac{1}{\sqrt{x}}\right)$

(3) $\sqrt{x}^{\sqrt{x}}\left(\frac{1}{2\sqrt{x}}\ln\sqrt{x}+\frac{1}{2\sqrt{x}}\right)$

2.8

1. (1) $43\cdot 42\cdot\cdots\cdot 14$ (2) $43!$ (3) 0

2. $(-1)^{n-1}(n-1)!\,2^n$

3. $y'=4x^3+2x$, $y''=12x^2+2$,

$y'''=24x$, $y^{(4)}=24$, $y^{(5)}=0$

4. (1) $\frac{(-1)^n n!}{2^{n+1}}$ (2) $\frac{20!}{2^{21}}$

5. $f''g+2f'g'+fg''$

8. (1) $e^{-x}f'(e^{-x})+e^{-2x}f''(e^{-x})$

(2) $\frac{f(x)f''(x)-(f'(x))^2}{f^2(x)}$

9. $n![f(x)]^{n+1}$

10. $\frac{(-1)^n n!}{2a}\left(\frac{1}{(x-a)^{n+1}}-\frac{1}{(x+a)^{n+1}}\right)$

2.9

1.(1) $-\dfrac{\sqrt{y}}{\sqrt{x}},\ x>0,\ y>0$

(2) $\dfrac{2x-3y}{3x-2y}$，$3x-2y\neq 0$

(3) $-\dfrac{8x+\sin y-e^x}{x\cos y}$，$x\cos y\neq 0$

(4) $-\dfrac{2x+y}{x+2y}$，$x+2y\neq 0$

2.(1) $\dfrac{e}{1-e}$　(2) 3　(3) $-\dfrac{1}{12}$

3.(1) $\dfrac{-2x}{y^5}$　(2) $-\dfrac{2}{y^3}-\dfrac{2}{y^5}$

4. $\dfrac{5}{6}$，$6y-5x=-9$

第3章　微分學之應用

3.1

1.(1) $\dfrac{1}{\sqrt{2}}$　(2) 2

5. 否

3.2

1.(1) 1　(2) 0　(3) e^{ab}　(4) $-\dfrac{1}{2}$　(5) e^8

(6) e　(7) e^2　(8) 1　(9) $\sqrt{15}$　(10) e^{-1}

2.(1) $\dfrac{1}{24}$　(2) 1　(3) 2　(4) 0

3. ln 2

3.3

1.(1) 嚴格遞增 $(1,\infty)$，嚴格遞減 $(-\infty,1)$，全域上凹，無反曲點

(2) 嚴格遞增：$(-\infty,-\dfrac{2}{3})\cup(0,\infty)$

嚴格遞減：$(-\dfrac{2}{3},0)$

上凹：$(-\dfrac{1}{3},\infty)$

下凹：$(-\infty,-\dfrac{1}{3})$

反曲點：$(-\dfrac{1}{3},\dfrac{29}{27})$

(3) 嚴格遞增：$(\dfrac{1}{e},\infty)$，嚴格遞減：$(0,\dfrac{1}{e})$，全域上凹，無反曲點。

(4) 嚴格遞增：$(-1,\infty)$，嚴格遞減：$(-\infty,-1)$，上凹：$(-2,\infty)$，下凹：$(-\infty,-2)$，反曲點：$(-2,-2/e^2)$

3. $c>0$ 為上凹，$c<0$ 為下凹

5. $\dfrac{\pi}{2}$

6. $a=\dfrac{-3}{2}$，$b=\dfrac{9}{2}$

3.4

1.(1) 相對極大值 $f(1)=\dfrac{11}{4}$，相對小值 $f(-1)=-\dfrac{5}{4}$，相對極小值 $f(3)=-\dfrac{5}{4}$

(2) 相對極大值 $f(\dfrac{1}{3})=\dfrac{31}{27}$，相對

極小值 $f(1)=1$

(3) 相對極大值 $f(-\frac{3}{2})=-\frac{4}{3}$

(4) 無相對極大值，相對極小值 $f(-1)=-e^{-1}$

2. $a=-\frac{3}{2}$，$b=-6$（提示：臨界點 $x=-1, 2$ 滿足 $y'=0$）

3. (1) 絕對極大值為 25，絕對極小值為 0

(2) 絕對極大值為 $\sqrt[3]{4}$，絕對極小值為 $-\sqrt[3]{16}$

(3) 絕對極大值為 1，絕對極小值為 0

5. $\frac{24\pi m}{4+\pi}$ 圍成圓形，其餘圍成正方形

6. 長寬各為 $\frac{l}{2}$ 時有最大面積 $\frac{l^2}{4}$

3.5

1.

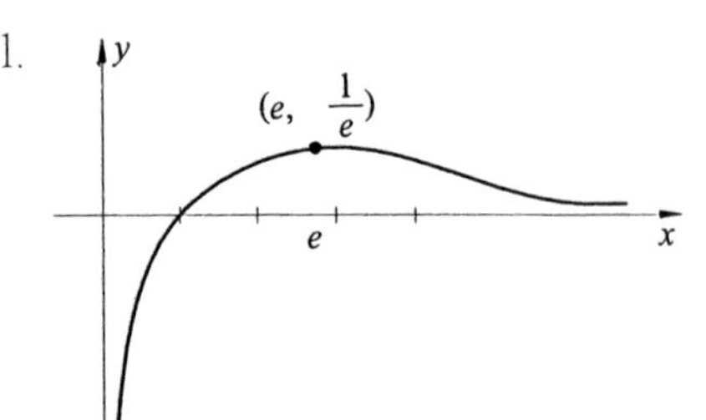

2.

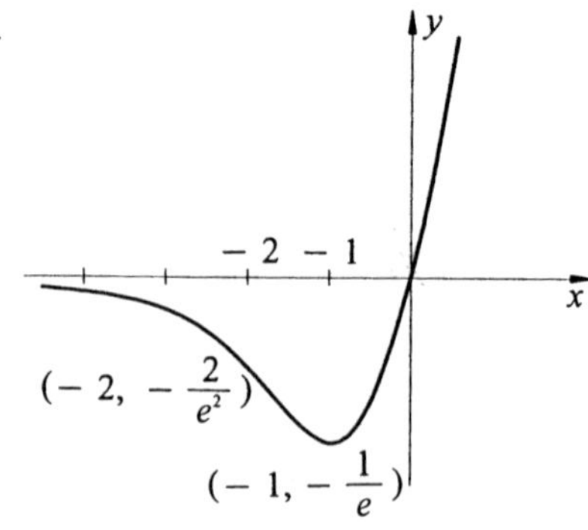

3.

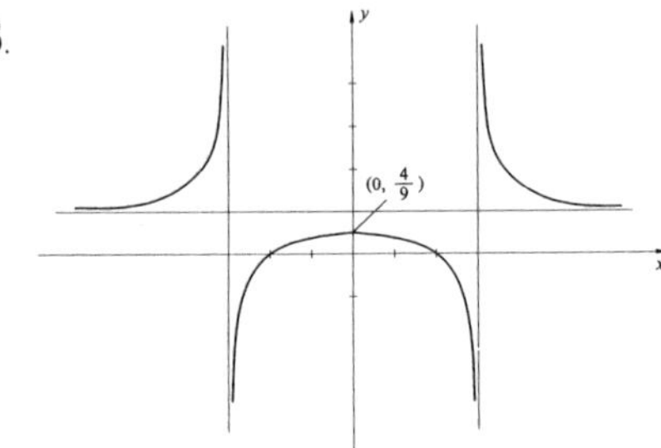

4.

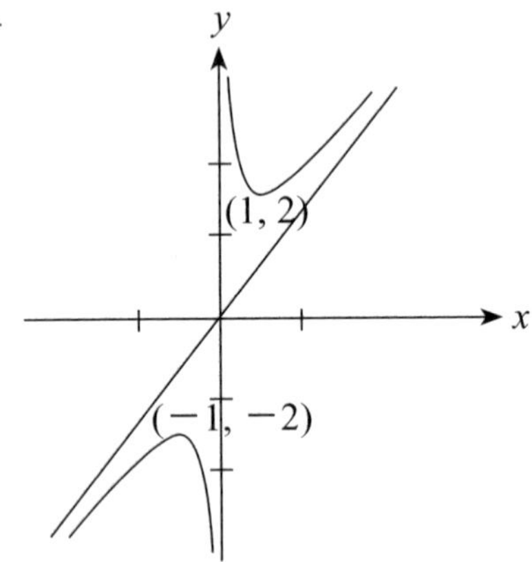

第 4 章　積分及其應用

4.1

1. (1) $\frac{1}{3}x^3+\frac{3}{2}x^2+x+c$

(2) $\frac{1}{3}x^3-4x-\frac{4}{x}+c$

(3) $ln\ |\ x\ |+3x+\frac{3}{2}x^2+\frac{1}{3}x^3+c$

(4) $\frac{2}{3}x^{\frac{3}{2}}+2x^{\frac{1}{2}}+c$

(5) $x+x^2+\frac{x^3}{3}+c$

(6) $\frac{15}{16}x^{\frac{16}{15}}-\frac{15}{31}x^{\frac{31}{15}}+c$

(7) $\frac{1}{5}x^5+\frac{1}{3}x^3+x+c$

(8) $\frac{1}{ln5}5^x+c$

2.(1) $y=\frac{1}{3}x^3+c$

(2) $y=\frac{3}{ln2}2^x+c$

(3) $y=\frac{1}{4}x^4+\frac{1}{2}x^2+x+c$

(4) $y=\frac{2}{3}x^{\frac{3}{2}}+\frac{3}{4}x^{\frac{4}{3}}+c$

4.2

1.(1) $\frac{1}{4}+\frac{a^2}{2}$ (2) $\frac{65}{4}$ (3) $\frac{4}{ln5}$

(4) $\frac{1}{ln10}(10^3-10^{-2})$

2.(1) $\sqrt{1+x^3}$ (2) $2x\sqrt{1+x^6}$

(3) $e^{sinx^2}\cdot 2x$ (4) $\frac{2}{x}tan^{-1}x^2$

3.(1) $\frac{1}{3}$ (2) 0

4.3

1.(1) $\frac{1}{10}(x^2+1)^5+c$

(2) $\frac{1}{10}(x^2+2x+2)^5+c$

(3) $\frac{1}{3}ln|\ x^3+3x+4\ |+c$

(4) $-\frac{1}{x^2+7x+4}+c$

(5) $\frac{3}{40}(5x^2+10x-2)^{\frac{4}{3}}+c$

(6) $-\frac{1}{13}(1+\frac{1}{x})^{13}+c$

(7) $\frac{1}{3}(1+\sqrt{x})^6+c$

(8) $\frac{1}{39}(1+x^3)^{13}+c$

2.(1) $\frac{-1}{2}cos(x^2+1)+c$

(2) $-2cos\sqrt{x}+c$

(3) $\frac{-1}{2}cos\,e^{2x}+c$

(4) $e^{sinx}+c$

(5) $ln|1+sin^2x|+c$

(6) $-2ln|\ cos\sqrt{x}\ |+c$

(7) $\frac{1}{22}(1+2sinx)^{11}+c$

(8) $e^{tanx}+c$

(9) $\frac{2}{3}tan^{\frac{3}{2}}x+c$

3.(1) $\frac{1}{2}\left(1+\frac{1}{x}\right)^{-2}+c$

(2) $\frac{1}{2}(1+lnx)^2+c$

4. $x+cosx+c$

4.4

1. (1) $\frac{1}{4}(4^{\frac{4}{3}}-1)$

(2) $\frac{15}{8}$

(3) $-2cos3+2cos2$

(4) $\frac{\pi}{4}$

(5) $\frac{32}{15}$ (6) $\frac{1}{11}(5^{11})$ (7) $\frac{1}{3}ln2$

(8) $\frac{4}{15}$

2. (1) 0 (2) 0 (3) 0 (4) 0

4.5

1. (1) $\frac{x}{a}e^{ax}-\frac{1}{a^2}e^{ax}+c$

(2) $1-\frac{2}{e}$

(3) 2（提示：先取 $u=\sqrt{x}$ 變換）

(4) $e-2$

2. (1) $\frac{\pi}{2}-1$ (2) $\frac{\pi^2}{64}-\frac{\pi}{16}+\frac{1}{8}$

(3) π

(4) $-\frac{x}{3}cos3x+\frac{1}{9}sin3x+c$

(5) $xsin^{-1}x+\sqrt{1-x^2}+c$

(6) $xtan^{-1}x-\frac{1}{2}ln(1+x^2)+c$

(7) $xtanx+ln\mid cosx\mid+c$

(8) $x(lnx)^2-2xlnx+2x+c$

(9) $\frac{x}{2}(cos\,ln|x|+sin\,ln|x|+c)$

(10) $\frac{x^2}{2}(ln|x|)^2-\frac{x^2}{2}ln|x|+\frac{x^2}{4}+c$

3. (1) $\frac{e^{2x}}{5}(sinx+2cosx)+c$

(2) $\frac{e^{-x}}{2}(-sinx-cosx)+c$

(3) $\frac{1}{13}(3-2e^{\pi})$

(4) $\frac{x}{2}(coslnx+sinlnx)+c$

4. (1) $x(lnx)^3-3x(lnx)^2+6x(lnx)^2$

$-6x+c$

(2) $(\frac{x^3}{2}-\frac{3}{4}x^2+\frac{3}{4}x-\frac{3}{8})e^{2x}+c$

(3) $(x^2-2x+2)e^x+c$

4.6

1. (1) $\frac{x}{2}\sqrt{9-x^2}+\frac{9}{2}sin^{-1}\frac{x}{3}+c$

(2) $sin^{-1}\frac{x}{3}+c$

(3) $-\sqrt{9-x^2}+c$

(4) $-\frac{1}{3}(9-x^2)^{\frac{3}{2}}+c$

(5) $\frac{x+1}{2}\sqrt{x^2+2x+2}+$

$\frac{1}{2}ln|(x+1)+\sqrt{x^2+2x+2}|+c$

(6) $\sqrt{x^2+2x+2}+c$

(7) $\frac{\sqrt{3}}{2}+ln(\frac{1+\sqrt{3}}{\sqrt{2}})$

(8) $-\sqrt{5+4x-x^2}-sin^{-1}\frac{x-2}{3}+c$

2.(1) $\frac{3}{16}\pi$ (2) $\frac{-1}{a}sin^{-1}\frac{a}{x}+c$ 或

$\frac{1}{a}cos^{-1}\frac{a}{x}+c$ 或 $\frac{1}{a}sec^{-1}\frac{x}{a}+c$

（只要其中任一均可）

3. $\frac{2}{\sqrt{5}}tan^{-1}\sqrt{5}\,tan\frac{x}{2}+c$

4.7

1. $\frac{1}{3}\ln|x^3+3x|+c$

2. $\frac{1}{n}\ln|\frac{x^n}{1+x^n}|+c$

3. $\frac{1}{2a}\ln|\frac{x-a}{x+a}|+c$

4. $\frac{1}{2}\ln|\frac{(x+2)^4}{(x+1)(x+3)^3}|+c$

5. $\frac{1}{8}\ln|\frac{x^2-3}{x^2+1}|+c$

6. $\frac{1}{4}\ln|\frac{1+x}{1-x}|+\frac{1}{2}\tan^{-1}x+c$

7. $\frac{-1}{x-2}-\tan^{-1}(x-2)+c$

8. $-\frac{1}{2}\ln|1+x|+\frac{1}{4}\ln|1+x^2|+\frac{1}{2}\tan^{-1}x+c$

9. $\ln|x+1|+\frac{2}{x+1}-\frac{1}{2(x+1)^2}+c$

10. $\ln|(x-2)(x+5)|+c$

4.8

1.(1) 發散 (2) -1 (3) $-\frac{1}{4}$

(4) 發散 (5) 發散 (6) 發散

(7) 發散

2.(1) 1 (2) 6 (3) 120 (4) $\frac{2}{27}$

(5) $\frac{2}{27}$ (6) $\frac{8}{27}$

4.9

1.(1) $\frac{3}{2}-\ln 2$ (2) $\frac{1}{\ln 2}-\frac{1}{2}$

(3) $b-a$ (4) $\frac{1}{6}$ (5) $\frac{9}{2}$

(6) $ab\pi$ (7) $\frac{2\sqrt{2}}{3}$

2. $(1, e^{-1})$，面積為 $2e^{-1}$

4.10

1.(1) $\sqrt{2}+\ln(1+\sqrt{2})$

(2) $\frac{118}{27}$ (3) $\frac{a}{2}(e^{\frac{b}{a}}-e^{-\frac{b}{a}})$

2.(1) 8π (2) $\frac{4}{3}\pi ab^2$ (3) $\frac{\pi}{6}$ (4) $\frac{\pi^2}{2}$

第 5 章 無窮級數

5.1

1.(1) $\sqrt[2]{3}, \sqrt[3]{4}, \sqrt[4]{5}, \sqrt[5]{6}$

(2) $sin\frac{\theta}{2}, 2sin\frac{\theta}{4}, 3sin\frac{\theta}{6}, 4sin\frac{\theta}{8}$

(3) $tan^{-1}\frac{1}{2}, tan^{-1}\frac{1}{5}, tan^{-1}\frac{1}{10}, tan^{-1}\frac{1}{17}$

2. (1) 3 (2) $\frac{2}{3}$ (3) $\frac{2}{3}$

3. (1) $\frac{7}{9}$ (2) $\frac{72}{99}$ (3) $\frac{398}{990}$ (4) $\frac{362}{900}$

4. $\frac{3}{4}$

5. $\frac{1}{2}$

5.2

1. (1) 發散 (2) 收斂 (3) 發散
   (4) 收斂 (5) 收斂 (6) 收斂
   (7) 收斂 (8) 收斂 (9) 收斂
   (10) 收斂 (11) 收斂 (12) 收斂

5.3

1. (1) 條件收斂 (2) 條件收斂
   (3) 絕對收斂 (4) 絕對收斂
   (5) 發散 (6) 發散 (7) 絕對收斂
   (8) 條件收斂
2. 絕對收斂

5.4

1. (1) $0 \leq x < 2$ (2) $2 \leq x \leq 4$
   (3) $2 \leq x < 3$ (4) $0 < x < 4$
   (5) $2 < x \leq 4$

2. (1) $x^2 + \frac{1}{2}x^3 + \frac{1}{6}x^4 + \cdots\cdots$

   (2) $1 + \frac{x}{3} - \frac{x^2}{9} + \cdots\cdots$

   (3) $1 - \frac{3}{2}x^2 + \frac{25}{24}x^4\cdots\cdots$

4. 0.861

第6章 多變數函數之微分與積分

6.1

1. (1) $xyz \geqq 0$ (2) $x \geqq 0, y \geqq 0, z \geqq 0$
   (3) $xyz \geqq 0$ 但 $y \neq 0$
2. (1) $x, y \in R, z \geqq 0$ (2) $x, y, z \in R$
   (3) $x, z \in R, y \geq 0$
3. (1) $x, y \in R$ (2) -1 (3) $2x + 3y$
   (4) $3x + 2y$
4. (1) 0 階齊次函數 (2) 1 階齊次函數
   (3) 不是齊次函數 (4) 0 階齊次函數
   (5) 不是齊次函數
5. 提示：(1)，(2) $\lim_{(x\to 0)}(\lim_{(y\to 0)} f(x,y)) \neq \lim_{(y\to 0)}(\lim_{(x\to 0)} f(x,y))$

   (3) 取 $y = mx$

6.2

1. (1) $2x, 2y$ (2) $3x^2y^2, 2x^3y$

   (3) $\frac{y}{1+x^2y^2}$，$\frac{x}{1+x^2y^2}$

(4) $yx^{y-1}, (lnx)x^{y}, x>0$

(5) $2xe^{xy}+x^2ye^{xy}, x^3e^{xy}$

2.(1) $2xy^3z^4, 3x^2y^2z^4, 4x^2y^3z^3$

(2) $yz\cos(xyz), xz\cos(xyz), xy\cos(xyz)$

3. $3f(x, y)$

5. 0

6. z

7.(1) $\frac{1}{3}$ (2) 4 (3) 5v

6.3

1.(1) $\frac{\partial z}{\partial s}=\frac{\partial z}{\partial x}\cdot\frac{\partial x}{\partial s}+\frac{\partial z}{\partial y}\cdot\frac{dy}{ds}$,

$\frac{\partial z}{\partial r}=\frac{\partial z}{\partial x}\cdot\frac{\partial x}{\partial r}$

(2) $\frac{\partial z}{\partial s}=\frac{\partial z}{\partial x}\cdot\frac{\partial x}{\partial s}+\frac{\partial z}{\partial y}\cdot\frac{\partial y}{\partial s}$

$\frac{\partial z}{\partial t}=\frac{\partial z}{\partial u}\cdot\frac{\partial u}{\partial t}$

$\frac{\partial z}{\partial r}=\frac{\partial z}{\partial x}\cdot\frac{\partial x}{\partial r}+\frac{\partial z}{\partial y}\cdot\frac{\partial y}{\partial r}+\frac{\partial z}{\partial u}\cdot\frac{\partial u}{\partial r}$

2.(1) $7t^6$

(2) $3t^2-2st-s^2$，$-t^2-2st+3s^2$

(3) $\frac{\partial z}{\partial \rho}=0, \frac{\partial z}{\partial \theta}=\frac{1}{t}, \frac{\partial z}{\partial t}=\frac{-\theta}{t^2}$

(4) x

6.4

1.(1) $\frac{y-2yz}{2xy}$；$\frac{x-2y-2xz}{2xy}$

(2) $-\frac{3y^2+1}{6xy+4}$ (3) $-\frac{3}{2}$ (4) $-\frac{1}{2}$

2.(1) $(x^{-\frac{2}{3}}y^{\frac{2}{3}}+y-e^x)\,dx+(2x^{\frac{1}{3}}y^{-\frac{1}{3}}+x)dy$

(2) $yzdx+xzdy+xydz$

(3) $y(\cos xy)dy+x(\cos xy)dy$

3. $(1, 2)$，$(-1, -2)$

4.(1) 10. 02 (2) 39.2

6.5

1.(1) (1, 1) 處有相對極小值 0，(−1, −1) 處有相對極大值 8，(1, −1)，(−1, 1) 處有鞍點。

(2) $(\frac{1}{4}, \frac{1}{2})$ 處有鞍點，(1, 1) 處有相對極小值−2。

(3) (0, 0) 處有鞍點，(1, 1) 處有相對極大值 5，(−1, −1) 處有相對極大值 5。

(4) (−1, −2) 處有鞍點，(1, −2) 處有相對極小值−4。

2.(1) 極大值為 3 發生在 (0, ±1)，極小值 2 發生在 (±1, 0)

(2) 極大值 13 發生在$(\pm\sqrt{5}, -2)$，極小值−12 在 (0, 3)

6.6

1.(1)3　(2) $\frac{1}{4}(e-1)^2$　(3) $\frac{1}{6}$　(4) $\frac{1}{6}$

(5) $\frac{1}{2}ln2$　(6) $\frac{\pi^2}{2}+2$　(7) 0

(8) $\frac{e}{2}-1$

2.(1) $\frac{1}{6}$　(2) $\frac{7}{4}$

6.7

1.(1) $\frac{1}{6}$　(2) $\frac{\pi}{4}$　(3) $\frac{1}{8}$　(4) $\frac{1}{24}$

(5) $\frac{1}{2}$　(6) $\frac{\pi}{2}$　(7) 2

6.8

1.(1) $\frac{\pi}{8}$　(2) $\frac{1}{2}ln2$　(3) 2

(4) $\frac{1}{2}(e^4-1)$　(5) $\frac{4\sqrt{2}}{9}-\frac{2}{9}$

2.(1) $\frac{\pi}{4}(1-cos1)$　(2) $\frac{\pi}{12}$

(3) $(8ln2-3)\pi$　(4) 不存在

(5) $\frac{2}{3}\pi$　(6) $\frac{\pi}{4}(1-cos4)$

國家圖書館出版品預行編目資料

基礎微積分／黃學亮著. ——七版. ——臺北市：南圖書出版股份有限公司，2024.01
面；　公分
ISBN 978-626-366-910-9（平裝）

1.CST：微積分

314.1　　112021753

5B45

基礎微積分

Basic Calculus

編　　著— 黃學亮（305.2）
發 行 人— 楊榮川
總 經 理— 楊士清
總 編 輯— 楊秀麗
副總編輯— 王正華
責任編輯— 金明芬、張維文
封面設計— 郭佳慈、王麗娟、姚孝慈
出 版 者— 五南圖書出版股份有限公司
地　　址：106台北市大安區和平東路二段339號4樓
電　　話：(02)2705-5066　　傳　　真：(02)2706-6100
網　　址：https://www.wunan.com.tw
電子郵件：wunan@wunan.com.tw
劃撥帳號：01068953
戶　　名：五南圖書出版股份有限公司

法律顧問　林勝安律師

出版日期　2001年5月初版一刷
2004年6月二版一刷（共二刷）
2006年3月三版一刷（共三刷）
2010年8月四版一刷（共三刷）
2016年11月五版一刷
2020年4月六版一刷
2024年1月七版一刷

定　　價　新臺幣450元